表面活性剂
应用配方

肖进新　赵振国　编著

BIAOMIAN HUOXINGJI
YINGYONG PEIFANG

U0288685

化学工业出版社
·北京·

内 容 简 介

本书简要介绍了表面活性剂相关应用领域的基础概念、配方原则、配方组成等内容，重点列举了表面活性剂在洗涤剂/清洗剂、化妆品、金属清洗（洁）剂、食品添加剂、钻井液、农药等农用化学品、乳化油、灭火剂等领域的应用配方，并着重介绍了氟表面活性剂和硅表面活性剂常见应用和相关配方，包含了高新技术领域的最新研究成果。

本书可供配方工程师、科研人员、技术人员等以及精细化工等专业的高校师生参考。

图书在版编目（CIP）数据

表面活性剂应用配方 / 肖进新，赵振国编著. —北
京 ：化学工业出版社，2022.3（2024.6重印）
ISBN 978-7-122-40560-9

Ⅰ.①表… Ⅱ.①肖… ②赵… Ⅲ.①表面活性剂-
配方 Ⅳ.①TQ423

中国版本图书馆 CIP 数据核字（2022）第 010326 号

责任编辑：张 艳　　　　　　　　　　　文字编辑：苗 敏 林 丹
责任校对：杜杏然　　　　　　　　　　　装帧设计：王晓宇

出版发行：化学工业出版社（北京市东城区青年湖南街 13 号　邮政编码 100011）
印　　装：北京科印技术咨询服务有限公司数码印刷分部
710mm×1000mm　1/16　印张 24¼　字数 458 千字　2024 年 6 月北京第 1 版第 6 次印刷

购书咨询：010-64518888　　　　　　　　售后服务：010-64518899
网　　址：http://www.cip.com.cn
凡购买本书，如有缺损质量问题，本社销售中心负责调换。

定　　价：98.00 元

前言

　　表面活性剂被誉为"工业味精"，其实际应用几乎涉及所有工业领域，由此，产生了与表面活性剂相关的无数工业应用配方。凡是涉及表/界面的工艺过程都会用到表面活性剂，这些工艺过程都与表/界面张力的降低或升高有关，直观来看就是与表/界面面积扩大或缩小有关，这些实际应用包括润湿、铺展、渗透、脱模、防粘、起泡、消泡、浮选、乳化、洗涤、改善分散性、改善稳定性、改善流平性等方面。

　　大多数可查阅的配方来自专利和学术期刊等文献，由于技术保密等原因，公开见诸报道的实际应用配方并不多，而工具书等提供的配方则多集中于化妆品和洗涤剂领域。为使读者对表面活性剂的应用配方有更全面的了解，我们撰写了此书。"书读百遍，其义自见"，希望读者在阅读大量相关配方后，能对配方的构建逻辑有个感性的认识，为成为合格的配方工程师打下良好的基础。

　　本书是作者已出版的《表面活性剂应用原理》（第一版、第二版）和《表面活性剂应用技术》的姊妹篇。《表面活性剂应用原理》主要讲"为什么使用表面活性剂"，《表面活性剂应用技术》介绍"如何使用表面活性剂"，本书（《表面活性剂应用配方》）主要介绍表面活性剂"用多少"以及"如何与其他助剂搭配"。

　　本书共有十一章，前三章涉及日常生活和一般工业金属器材，应用广泛，资料丰富且成熟。第四、五、六、七、十一章涉及食品工业、石油开采、农业及国民经济的多个工业部门。各种应用配方都与工艺过程、原材料性质及实际运行条件紧密相关。公开报道的多是一些基础配方，真正实际应用的配方就属专利，或者在报刊、报告、网文中偶有透露。这些偶尔见到的配方虽难有普遍意义，但也不失其参考价值。随着我国经济建设的发展、对水、旱、火灾的防范不仅对保护人民生命、财产安全，而且对发展经济、维护建设成果都有重要意义。因此，本书专列一章表面活性剂在灭火剂中的应用是有特别作用的。氟、硅表面活性剂有独特的物理、化学性质，其应用领域不断扩展。本书在第九章中对氟表面活性剂的应用做了较全面的介绍，第十章介绍了一些硅表面活性剂应用配方。

　　需要说明的是：

　　（1）本书所引用各配方的实际效果，笔者未进行过实验验证，读者采用时需经小试；

（2）各配方中组分含量（除另加说明或标识外）均为质量分数。

本书第一至五章由赵振国（北京大学化学与分子工程学院）编写，其余各章由肖进新（北京氟乐邦表面活性剂技术研究所）编写。其中第一、二、三、五章内容肖进新另做了少量补充。

在本书的编写过程中，邢航、窦增培和肖子冰进行了大量文献查阅和文字校对及其他工作，在此表示感谢。

尽管作者尽力要求内容准确，但限于水平，书中难免有疏漏或不当之处，欢迎同行和读者不吝指正。

2021年12月

目 录

第一章

日用清洗（洗涤）剂

第一节

清洗（洗涤）作用、清洗（洗涤）剂

清洗与洗涤都是指将固体表面上的某些外来物质（通称污垢）除去，以达到所需目的。清洗含义比洗涤更为广泛。被清洗（洗涤）的物体可以是各种化学成分的材料及材料制品或器件。习惯上将对工业材料和制品的清洁处理称为清洗，对日用衣物、纤维制品和常用日用品或生活用品的清洁称为洗涤，实际应用时洗涤剂和清洗剂并不加以区别[1]。

清洗（洗涤）作用是胶体与界面化学基本原理、实际应用的重要内容之一，涉及该科学领域中的吸附、润湿、乳化、增溶、界面电现象、分散、聚集、胶体稳定性等内容。

能有效、高效和完美完成清洗（洗涤）作用的化学物质称为清洗剂或洗涤剂。清洗（洗涤）剂可以是某种纯液体（如水、有机溶剂），也可以是溶液（水溶液、混合有机溶液）。常用的清洗（洗涤）剂多为多组分水溶液（以某种或几种表面活性剂为活性组分）。这种以表面活性剂为活性组分的清洗（洗涤）剂称为表面活性剂清洗（洗涤）剂。

表面活性剂具有两亲性分子结构特点，易于在界面上吸附，降低相应的界面张力，有利于污垢脱离基底物质表面，而且表面活性剂的胶束化作用对污物的增溶、乳化和分散作用对污垢的去除有重要意义（参见《表面活性剂应用原理》一书的第五章～第九章）。

人体皮肤、毛发、指甲等的清洁用品多用化妆品术语表示，一般不列入清洗（洗涤）剂中。

第二节

清洗（洗涤）剂配方原则

如前所述，除非有特殊需求，清洗（洗涤）剂多不是纯的单一化学物质，而是多种物质按一定比例组成的多组分混合物。

清洗（洗涤）剂的基本要求是：清洁效果好（高效）；对底物无伤害；应用方便；各组成物质价廉易得；无毒无害；制备工艺简便等。

为达到上述要求，对清洗（洗涤）剂的配方选择有以下原则：

① 选择表面活性高的表面活性剂为主要活性组分，以提高清洗效率，并且要求此表面活性剂在溶剂（主要是水）中有良好的溶解性，有较高的热稳定性及与其他组分有良好的兼容性，当然也要考虑价格低廉。为此，在民用洗涤剂（如洗衣粉）中多应用中等碳链长度（$C_8 \sim C_{12}$）的阴离子型表面活性剂为活性组分。

② 为保持清洗（洗涤）剂产品的稳定性，常加入某些稳定剂。

如为防止粉状洗涤剂（洗衣粉等）贮存过程中结块，常加入硫酸钠等防结块剂。为防止泡沫太多，要加入抑泡剂（如硬脂酸钠等）等。在洗涤剂应用过程中还可能有许多特殊的要求，这就要根据具体要求加入少量的各种助剂或添加剂。

③ 调节和控制洗涤剂的酸碱性很重要。如洗涤重油垢时要求洗涤剂为强碱性的，对于轻垢宜用中性的，此时不宜以三聚磷酸钠等碱性物质为主要助剂。

④ 洗涤介质的选择和处理。多数情况洗涤剂以水为介质，水可溶解水溶性污垢，但油性污垢不易溶解。在表面活性剂存在下，部分不溶于水的污垢可增溶于表面活性剂胶束并分散于水介质中。通常要对水进行软化处理，水质硬度大会降低阴离子型表面活性剂的表面活性，影响洗涤效果。有机溶剂参与洗涤剂组成，除有溶解去除油性污垢的能力，且可提高表面活性剂在水介质中的溶解度外，有时还有调

节洗涤剂产品稠度的作用。故乙醇、乙二醇、乙二醇单乙基醚、丙二醇、二乙二醇乙基醚、丙二醇甲基醚等均可用作有机溶剂添加物。

第三节
洗涤剂配方组成及各组分的作用

以表面活性剂为活性组分的洗涤剂称为表面活性剂洗涤剂或清洗剂，一般由表面活性剂、洗涤助剂（助洗剂）和添加剂（性能改进剂）组成。

一、表面活性剂[2, 3]

1.主要表面活性剂品种

表面活性剂是水剂清洗剂中的主要成分，通常使用的主要有以下品种。

（1）阴离子表面活性剂

目前洗涤剂中仍大量使用阴离子表面活性剂，非离子表面活性剂的用量正在日益增加，阳离子和两性离子表面活性剂使用量较少。这主要是由表面活性剂的性能和经济成本决定的。

最早使用的阴离子表面活性剂是肥皂，由于它对硬水比较敏感，生成的钙、镁皂会沉积在织物等被洗涤物品的表面上影响清洗效果，因此已被其他表面活性剂所取代。目前，肥皂主要在粉状洗涤剂中做泡沫调节剂使用，由于它易与碱土金属离子结合，所以在与其他表面活性剂结合使用时，可起到"牺牲剂"作用，以保证其他表面活性剂作用充分发挥。

直链烷基苯磺酸钠盐（LAS）有良好的水溶性和较好的去污和泡沫性，比四聚丙烯基苯磺酸盐和带支链的苯磺酸盐的生物降解性好，而且价格较低，是目前洗涤剂配方中使用最多的阴离子表面活性剂。在我国洗涤剂配方中的阴离子表面活性剂约 90 %是 LAS。

其他一些常用的阴离子表面活性剂有仲烷基磺酸盐（SAS）、α-烯烃磺酸盐（AOS）、脂肪醇硫酸盐（FAS）、α-磺基脂肪酸酯盐（MES）、脂肪醇聚氧乙烯醚硫酸盐（AES）等。它们虽然可以单独作为洗涤剂主要成分，但通常与直链烷基苯磺酸盐配合使用。

其中仲烷基磺酸盐（SAS）水溶性比 LAS 好，常用于配制液体洗涤剂。α-烯烃磺酸盐（AOS）抗硬水性、泡沫性、去污性好，对皮肤刺激性低，多用于皮肤清洁剂。其中尤以碳原子数为 14~18 的 α-烯烃磺酸盐性能最好。

脂肪醇硫酸盐（FAS）是重垢洗涤剂中常用的阴离子表面活性剂，去污力强。但是对硬水比较敏感，因此使用在配方中必须加螯合剂。

α-磺基脂肪酸酯盐（MES）是用油脂等天然原料制成的，生物降解性好，对人体安全，是近年来开发的新品种，随着人们对环境保护的重视，日益受到人们的重视。MES 是一种对硬水敏感性低、钙皂分散力好、洗涤性能优良的新品种，缺点是会水解，使用时要加入适当稳定剂。

脂肪醇聚氧乙烯醚硫酸盐（AES）兼有阴离子和非离子表面活性剂的特点，在硬水中仍有较好的去污力，形成的泡沫稳定，在液体状态下有较高稳定性，因此广泛用于配制各种液体洗涤剂。

（2）非离子表面活性剂

洗涤剂中使用最多的非离子表面活性剂是脂肪醇聚氧乙烯醚（AEO）。它在较低浓度下就有良好的去污能力和分散力，而且抗硬水性能好，具有独特的抗污垢再沉积作用。

过去常使用的烷基酚聚氧乙烯醚（APEO）虽然与脂肪醇聚氧乙烯醚有类似的性能，但由于其生物降解性能差，目前在洗涤剂中的用量正在减少。

用烷醇酰胺配制的洗涤剂有丰富而稳定的泡沫，而且与其他表面活性剂有良好的协同作用，有利于改进洗涤剂在低浓度和低温下的去污力，因此常作洗涤剂的配伍成分。

氧化胺水溶性好，与 LAS 配伍好，对皮肤刺激性低，有良好的泡沫稳定作用。缺点是热稳定性差，价格高，目前多用于配制液体洗涤剂。

（3）两性离子表面活性剂

两性离子表面活性剂虽然有良好的去污能力，但由于价格较高，目前只在个人卫生用品和特殊用途洗涤剂中少量使用。

（4）阳离子表面活性剂

阳离子表面活性剂去污性较差，但柔软、杀菌、抗静电性能优良，因此把阳离子表面活性剂和非离子表面活性剂配合可制成兼有洗涤、柔软、消毒功能的洗涤剂。

2.使用表面活性剂应注意的问题

（1）表面活性剂通常是不同链长同系物的混合物

洗涤剂用的工业表面活性剂与其他化工产品的不同之处在于很少是纯粹单一分子结构的表面活性剂产品，大多是不同链长同系物的混合物。制备表面活性剂的主要原料来自石油或油脂。石油是多种烃的混合物，油脂也是多种脂肪酸与甘油形成的酯，因此制成的表面活性剂产品也多是混合物。如肥皂实际上是硬脂酸钠、棕榈酸钠、月桂酸钠、油酸钠等多种脂肪酸盐的混合物，而脂肪醇聚氧乙烯醚不仅原料脂肪醇可能是不同碳链长度的混合物，而且加成的环氧乙烷数量也不完全相同，因此产品是多种不同脂肪醇、不同数量环氧乙烷加成物的混合物。在混合物中各种成分占的比例对表面活性剂的性质有很大影响。

（2）洗涤剂中其他成分对表面活性剂的影响

洗涤剂配方中的无机盐、脂肪醇等极性有机物以及水溶性高分子化合物对表面活性剂性质都会有很大影响，可使表面活性剂溶液的表面张力、临界胶束浓度以及乳化、增溶、发泡、稳泡等性能发生变化，这是由于这些成分与表面活性剂分子间复杂的相互作用。

一般表面活性剂的工业产品几乎不可避免地含有少量未被分离的副产物和原料，而这些无机物和有机物杂质往往对表面活性剂溶液的性质产生极大影响，如阴离子表面活性剂脂肪醇硫酸酯钠盐中往往含有未反应完全的脂肪醇原料，它对表面活性剂性能有很大影响，而且呈现出脂肪醇碳氢链越长影响越大的规律。而有些物质是作为添加剂加到洗涤剂配方中的，如阴离子表面活性剂 $C_{16}H_{33}SO_4Na$ 在室温下几乎不溶于水，但如在配方中加入尿素和 N-甲基乙酰胺（$CH_3CONHCH_3$）或二甲苯磺酸钠之后，它在水中的溶解度明显增大。因此在洗涤剂中常加入各种洗涤助剂和添加剂以改善表面活性剂的性能。

（3）表面活性剂的复配协同作用

在洗涤剂配方中常不使用单一表面活性剂，而是将几种表面活性剂复配使用，通常复配的方法是几种不同类型非离子表面活性剂复配或非离子表面活性剂与阴离子表面活性剂复配，如上海某合成洗涤厂生产的净洗剂 105 就是由 24 %脂肪醇聚氧乙烯醚、24 %椰油烷基二乙醇酰胺和 12 %辛基酚聚氧乙烯醚三种非离子表面活性剂加水配成的。而国产的净洗剂 826 等产品则是非离子表面活性剂与阴离子表面活性剂复配的产品。重垢洗衣粉的许多配方中都以阴离子表面活性剂直链烷基苯磺酸钠（LAS）与非离子表面活性剂脂肪醇聚氧乙烯醚复配使用。烷基苯磺酸钠或烷基硫酸钠等阴离子表面活性剂与非离子表面活性剂复配使用可以获得比单一表面活性剂更优良的洗涤性质和润湿性质。把这种作用称为表面活性剂的协同作用。产生这种作用的原因可能是不同种类的表面活性剂分子在溶液中形成混合胶束。如非离子表面活性剂的分子"插入"离子型表面活性剂胶束之中，使原来离子型表面活性剂带有相同电荷的"头基"之间的电性斥力减弱，再加上两种表面活性剂分子中碳链间的疏水相互作用，混合溶液中胶束就较易形成，临界胶束浓度降低，表面张力下降，表面活性提高。

二、洗涤助剂（助洗剂）[4]

本身没有明显洗涤能力但是添加在洗涤剂配方中却可以使表面活性剂的洗涤、去污能力得到提高的物质叫洗涤助剂或助洗剂。在洗涤剂配方中加入的洗涤助剂有无机物如三聚磷酸钠、硅酸钠、碳酸钠、硫酸钠等，有机物如氨基三乙酸盐、柠檬酸钠、聚丙烯酸等，因此可以把助洗剂分为无机物和有机物两类。它们与表面活性剂分子之间发生复杂的相互作用，使洗涤效果比单独使用表面活性剂时好，这种作用也称为协同作用。但应注意如果洗涤助剂选择、处理不当，反而会对洗涤效果产生不良影响，把这时的作用称为对抗效应，配制时应注意避免。

1.洗涤助剂的作用

（1）螯合金属离子的作用

洗涤介质中含有各种金属离子，其中以硬水中的镁、钙等高价金属离子对表面活性剂的洗涤作用危害最大，如使肥皂成为钙皂而失去去污力，并形成难以去除的钙垢，使烷基苯磺酸钠的溶解性降低，使多种表面活性剂在硬水中的去污力都明显下降。为了软化硬水，抑制钙、镁离子对表面活性剂洗涤作用的不良影响，可将硬水中的金属离子如铝、铁等离子结合成不易解离的水溶性络盐。为此在洗涤剂配方中加入有螯合作用的助洗剂，如三聚磷酸钠、柠檬酸钠、酒石酸钾钠等。螯合剂的作用在于既可以减小水的硬度，又可以把在原来带负电的物质（如纤维）和带负电污垢粒子间起桥梁作用的金属阳离子螯合形成可溶性的稳定络盐以破坏被洗物质上污垢之间的静电结合力，从而使污垢易于解离、分散而被去除。

（2）碱性介质作用

表面活性剂洗涤剂中常加入一些碱性物质作洗涤助剂，保持洗涤液的 pH 值在碱性范围，可以提高表面活性剂对污垢特别是油性污垢的洗净能力。多种表面活性剂的去污能力都受 pH 值的影响，而在碱性介质中去污能力较强。另一方面天然油脂污垢中含有 30 %左右的游离脂肪酸，在洗涤剂中加入一定量碱，可以与脂肪酸反应生成肥皂，有利于油脂乳化、分散达到去污目的，因此在工业清洗中金属材料脱脂清洗时常需加入碱性洗涤助剂发挥碱性介质的作用。以这种目的加入的洗涤助剂有碳酸钠、三聚磷酸钠和硅酸钠等。碳酸钠的碱性作用较强，缺点是有时会与水中钙离子生成碳酸钙沉淀。而各种磷酸盐和硅酸盐的耐硬水性能好，在水中还能形成活性胶体，因此使用效果较好。

（3）活性胶体的吸附分散作用

把物质分散成由几十到几百个分子，它们聚集形成的聚集体（其颗粒大小在 1~100 nm 之间）称为胶体粒子。将胶体粒子分散在水中得到的体系叫溶胶。由于胶体粒子非常小，总表面积非常大，而且表面常带有净电荷，因此胶体粒子表面有很强的吸附能力，可吸附污垢粒子使它们稳定地分散在水中。从清洗物体表面上分散解离下来的污垢能被牢牢地吸附在这些胶体粒子表面，可防止污垢再沉积到已被洗净的表面，起到防止再污染的作用。无机盐中的硅酸盐和聚磷酸盐在水中都可形成胶体，水溶性高分子化合物如羧甲基纤维素在水中也有形成胶体的倾向。因此加入这些洗涤助剂可以发挥活性胶体的吸附作用，提高表面活性剂的去污能力。

（4）增强表面活性剂的表面活性

氯化钠和硫酸钠等中性电解质盐类本身并没有洗涤能力，但加入表面活性剂水溶液中会使表面活性剂临界胶束浓度降低，促进胶束形成以及表面活性提高，还会使表面活性剂水溶液的表面张力降低，使表面活性剂在污垢和清洗物体表面的吸附能力增强，从而使表面活性剂的洗涤能力提高。

（5）防止污垢再沉积的作用

前已述及，硅酸钠、三聚磷酸钠和羧甲基纤维素在水中形成活性胶体可以吸附污垢并防止污垢再沉积。另外，这些活性胶体带有负电荷，当它们分别吸附在物体表面和污垢上时，加大了物体表面和污垢之间的静电斥力，这些作用都起到防止污垢再沉积、洗净物体的作用。

2.重要洗涤助剂

在洗涤助剂中三聚磷酸钠的作用最大，性能最好，是最常用的一种洗涤助剂。凡含有三聚磷酸钠等磷酸盐洗涤助剂的洗涤剂都称为有磷洗涤剂。

① 三聚磷酸钠的优点。能与金属离子形成环状配合物的物质称为螯合剂。三聚磷酸钠是一种很好的无机螯合剂。常用的聚磷酸盐无机螯合剂有焦磷酸钠（$Na_4P_2O_7$）、三聚磷酸钠（$Na_5P_3O_{10}$，STPP）、四聚磷酸钠（$Na_6P_4O_{13}$）和六偏磷酸钠[$(NaPO_3)_6$]。但螯合性能最好的是三聚磷酸钠。在发生螯合反应时，一个三聚磷酸钠分子与一个钙离子形成三个配位键组成的两个六元环。形成的螯合物溶解于水并在水中很稳定，解离度很小，因此可使水硬度大为降低，起到软化水的作用。烷基苯磺酸钠的去污力随水质硬度增大而迅速下降，加入三聚磷酸钠可防止这种不利影响。

三聚磷酸钠在水中形成带负电的胶体，极易吸附在污垢和织物表面上，增加了污垢与物体表面的荷电量和排斥力，有利于污垢在水中分散并防止污垢再沉积。

另外，三聚磷酸钠水解显碱性，也发挥碱性介质的作用。由此可知，三聚磷酸钠是一种性能优良的无机螯合剂，并且能发挥洗涤助剂的多种作用，而且原料易得、价格便宜，因此是洗涤剂配方中最常用的洗涤助剂。在衣用洗涤剂中三聚磷酸钠的含量一般在 20 % ~ 50 %。

② 三聚磷酸钠的缺点。由于工业的发展，排入天然水域的含磷物质和有害物质越来越多，随着化肥、人畜粪便、水土流失以及含磷洗衣粉等形式流入水中的磷有促使水中藻类生长的作用（"富营养化"），藻类大量生长消耗了水中的氧，使鱼类、浮游动物由于缺氧而死亡，它们的尸体腐烂又会造成水质污染。因此国外有关环境保护部门提议禁用含磷洗衣粉。但是目前尚未找到一种能完全替代三聚磷酸钠的理想洗涤助剂。

把不含三聚磷酸钠的洗衣粉叫无磷洗衣粉，对新型无磷洗衣粉中使用的洗涤助剂的要求是：能螯合水溶液中的钙、镁离子，能与表面活性剂发挥协同作用，对纤维和清洗物体不造成损伤，没有腐蚀性，而且具有生物降解性好，不使水质富营养化，对人、动物及水生植物均无毒等优点。价格也应与三聚磷酸钠相差不多。目前人们正努力寻找三聚磷酸钠的理想代替品。目前使用的有以下几种。

3.其他洗涤助剂

（1）4A沸石

这是一种不溶于水的正立方晶型的铝硅酸盐白色晶体，组成为 $Na_{12}Al_{12}Si_{12}O_{48}\cdot27H_2O$。沸石有天然沸石和合成沸石两种。用作洗涤助剂的是合成沸石，具有吸附量大、吸附速度快及细孔均匀规则等优点。由于它含有对阳离子有选择性吸附交换作用的钠离子（钠离子在4A沸石分子筛结晶铝硅酸盐孔穴中，可相对自由移动），可与 Ca^{2+}、Mg^{2+} 及其他金属离子进行交换，能起到软化硬水的作用，并使水显碱性。沸石还有吸附污垢粒子，促进污垢聚集，起到增强洗涤剂去污效果的作用。

4A沸石在洗涤剂中具有较好的助洗性能与配伍性，对人体无毒，使用安全，不会危害环境，不溶于水因此可漂洗去除，是磷酸盐的合适代用品，也是国外无磷洗涤剂中使用较多的助洗剂。缺点是不溶于水，价格较高，且4A沸石粉体细小，能残留在衣物上。

（2）氨基三乙酸钠

氨基三乙酸钠的分子式为 $C_6H_6NO_6\cdot3Na\cdot H_2O$，是美国开发出的用于替代洗涤剂中磷酸盐的助洗剂。这是一种对钙、镁离子有很强螯合能力的螯合剂。由于结构中含有氮元素，也会使水质产生"富营养化"问题。研究表明，它与汞、镉等重金属形成的螯合物可通过胎盘屏障造成鼠类生育缺陷，从而怀疑它对人体有害，因此许多西方国家已限制它的使用，目前只有加拿大等国仍用它代替三聚磷酸钠。

（3）柠檬酸钠

这是无磷洗涤剂中使用的洗涤助剂。它也有螯合作用，在低温和碱性条件下，对钙、镁离子及其他金属离子有较好的螯合能力。其分子结构中不含氮、磷等元素，不存在使水质营养化的问题，而且生物降解性好。缺点是温度稍高于60℃螯合能力变得很差，且价格偏高。

（4）聚羧酸盐

这是一类对生物无害、易于生物降解的高聚物螯合剂，存在多种结构，例如聚丙烯酸（盐）、丙烯酸-烯丙醇共聚物、聚α-羟基丙烯酸及丙烯酸-马来酸共聚物等。在无磷洗涤剂中，聚羧酸盐常与4A沸石配合使用，使洗涤助剂效果达到三聚磷酸钠水平。

在工业清洗中用作锅炉用水的锅垢抑制剂，有抑制碳酸钙结晶增长的效果。

与重金属离子起螯合作用的有机助洗剂还有多种，如氨基羧酸类、羟氨基羧酸类和羟基羧酸类等。

（5）硅酸钠（Na_2SiO_3）

它有极佳的碱性缓冲作用。硅酸钠在水中形成的活性胶体有吸附作用，可使污垢悬浮于溶液中，还能吸附于衣物及固体表面形成一层保护膜，对不锈钢、铝等有防止腐蚀或防止污垢在衣物上再沉积的作用。

硅酸钠有良好的润湿和乳化性能，对玻璃和瓷釉表面的润湿作用尤佳，所以特别适宜做硬表面清洗剂的助洗剂。作为助洗剂，应用最多的是偏硅酸钠五水化合物。

（6）碳酸钠（Na_2CO_3）

碳酸钠也是起碱性缓冲作用的助洗剂，能减少硬水中的钙、镁离子，使水软化，但缺乏螯合力和分散力。由于碱性较强，用量过多会对皮肤和眼睛产生刺激性。

（7）硼砂（$Na_2B_4O_7 \cdot 10H_2O$）

硼砂有 pH 缓冲、软化硬水、与洗涤剂起协同作用等功能。

（8）硫酸钠（Na_2SO_4）

硫酸钠有无水和含 10 个结晶水的两种，是一种惰性助洗剂。和其他无机盐一样，可降低表面活性剂 cmc，提高其表面活性作用，促使表面活性剂吸附于污垢和洗涤物表面，增加粒子分散稳定性，有利于防止污垢再沉积。当然，这种作用随无机盐浓度而变化。当浓度过高时，其助洗作用不仅不能提高，反而有害。这是因为表面活性剂吸附达到饱和后，无机盐浓度再增大，会引起表面电势降低，从而不利于洗涤作用。硫酸钠是合成某些重要阴离子型表面活性剂（如烷基硫酸钠和烷基苯磺酸钠）的副产品，价格低廉。硫酸钠在普通洗衣粉中的加入量可达 20%～60%。但实际应用时要注意硫酸钠的纯度，特别要注意钙、镁离子杂质对洗涤效果的不利影响。目前，浓缩洗衣粉的开发应用使硫酸钠这类无机惰性助洗剂的加入量大幅下降。硫酸钠在粉状洗涤剂中还有防结块的作用。和硫酸钠有类似作用的助洗剂还有氯化钠等。

三、添加剂（性能改进剂）

把在洗涤剂中为改进其他性能而加入的少量物质称为添加剂，又称性能改进剂。通常只在衣物洗涤剂中加入这些物质，主要有以下几种。

1.再污染防止剂（抗再沉积剂）

这些物质与污垢的结合力强，能把污垢包围并分散在水中，防止污垢与纤维接触而造成再沉积、污染。这类物质主要是一些水溶性高分子，如羧甲基纤维素（CMC）、聚乙二醇、聚乙烯吡咯烷酮、聚乙烯醇、N-烷基丙烯酰胺与低分子量乙烯醇的共聚物等。

羧甲基纤维素可吸附到污垢和织物纤维上。在水中它的分子聚集成体积较大、带有负电荷的胶体。吸附后利用它的空间位阻作用和静电排斥作用阻止污垢在织物表面再沉积，从而显著地提高洗涤剂的去污力。特别是在抗污垢再沉积能力差的烷基苯磺酸钠洗涤剂中加入它后有明显效果。有的书把羧甲基纤维素归为洗涤助剂。

羧甲基纤维素在棉纤维上有良好的抗污垢再沉积性，但不易吸附到尼龙或聚酯纤维上，因而抗沉积效果差。而聚乙烯吡咯烷酮（PVP）、聚乙烯醇、N-烷基丙烯酰胺与低分子量乙烯醇的共聚物以及 $C_{14} \sim C_{18}$ 脂肪醇聚氧乙烯醚等表面活性剂是化纤织物的良好抗再沉积剂。

2.泡沫抑制剂或泡沫稳定剂

目前家庭洗衣已普遍使用洗衣机，人们习惯上认为冲洗到没有泡沫出现才算洗干净，所以洗衣机用的洗衣粉普遍采用低泡型的，或者在洗衣粉中加入泡沫抑制剂以减少泡沫产生。常用的泡沫抑制剂是硬脂酸肥皂。而洗发香波则希望洗涤剂有持久的稳定泡沫，泡沫表面有吸附污垢的能力，人们往往认为泡沫丰富的洗涤剂去污能力好。把与表面活性剂配合能提高洗涤性能并稳定泡沫的物质称为泡沫稳定剂，主要是烷醇酰胺和脂肪族氧化叔胺等物质。

烷醇酰胺除具有泡沫稳定作用外，还有良好的渗透性和去除重油垢的作用，添加量为表面活性剂的 10 %左右即可显著提高洗涤剂的去污性能。脂肪族氧化叔胺有极好的起泡性能，也有使皮肤柔润的保护功能和抗静电性能。

3.漂白剂

使用一般的表面活性剂洗涤剂不能去除织物上的色素污垢。为去除色素污垢，要在配方中加入漂白剂，其作用是利用化学作用破坏色素的发色基团使之失去颜色，或将染料分子分解成较小分子，易溶于水或易从织物上被清除。

通常使用的漂白剂有过氧化物漂白剂和次氯酸盐漂白剂。

4.荧光增白剂

荧光增白剂是一种染料，洗涤过程中吸附并保留在织物上。荧光增白分子能吸收不可见的紫外线而发射出蓝色可见光与原来织物发射的黄光混合发生互补作用，使反射光呈白色，亮度也增加，使白色物质增白、增亮，使有色织物颜色也更鲜艳。

根据织物纤维性质，荧光增白剂分为棉织物用，耐氯漂的尼龙、羊毛织物用和聚酯纤维织物用的四类。

根据荧光增白剂的化学结构分为：二苯乙烯型、香豆素型、吡唑啉型、苯并氧氮型和苯二甲酰亚胺型五类。

5.钙皂分散剂

肥皂与硬水中钙、镁离子作用生成不溶于水的钙皂。这种皂渣沉积在衣物或物体表面难以去除。为此在肥皂中加入一种特殊的表面活性剂，它有防止钙皂沉积的作用，这种表面活性剂称为钙皂分散剂。

目前使用的钙皂分散剂主要是阴离子、非离子和两性离子型表面活性剂，它们有良好的钙皂分散力并能有效地提高肥皂的去污力。如 α-磺基牛油脂肪酸甲酯盐，椰油脂肪酸的单乙醇酰胺、二乙醇酰胺及其他乙氧基化衍生物，N-氢化牛油酸酰基-N-甲基牛磺酸盐（胰加漂 T），含酰胺基的磺基甜菜碱等。

6.柔软剂

柔软剂是降低纤维间静摩擦系数、赋予织物柔软手感的物质，工业用柔软剂分为表面活性剂柔软剂、无机柔软剂和非表面活性剂有机柔软剂三大类。

根据极性基团的解离性表面活性剂柔软剂分为阴离子、阳离子、两性离子和非离子四类。阴离子表面活性剂柔软剂有牛油醇硫酸盐、磺化琥珀酸酯。非离子型表面活性剂有硬脂酸聚氧乙烯酯（加成两个环氧乙烷）。阳离子表面活性剂柔软剂柔软效果最好，有胺盐型、季铵盐型和烷基咪唑啉型等。

无机柔软剂有超细颗粒的高岭土、蒙脱石膨润土等，它们与阴离子表面活性剂有很好的相容性，对织物有很好的柔软效果。

除表面活性剂外，还有一些有机物有使织物平滑柔软的作用，如天然油脂、聚乙烯、聚丙烯、有机硅树脂乳液。

7.增溶剂

增溶剂又称助溶剂、水溶助长剂，可以提高洗涤剂中各种组分在水中的溶解度，特别是液体洗涤剂。常用的增溶剂有工业酒精、尿素、吐温-60、甲苯磺酸钠、二甲苯磺酸钠、异丙苯磺酸钠、聚乙二醇、异丙醇、三乙醇胺等。它们有增加洗涤剂在水中溶解度、降低溶液相对密度、降低溶液黏度等作用。

8.酶制剂

洗涤剂中加入酶制剂对去污有促进作用，特别是对织物、家庭用具、地板、墙壁上的污垢。酶是生物催化剂。洗涤剂中使用的酶有蛋白酶、脂肪酶、淀粉酶和纤维素酶等。它们都是水解酶，能分别催化蛋白质、脂肪、淀粉和纤维素水解，使污垢大分子分解成小分子而被去除。目前加酶洗衣粉在洗涤剂市场中占有重要地位。

9.增稠剂

在膏状及液体洗涤剂中需加入增稠剂以使其保持适当的黏度。通常使用的增稠剂是水溶性高分子化合物和无机盐。

作为增稠剂的水溶性高分子化合物有羧甲基纤维素、羟乙基纤维素、乙基羟乙基纤维素、甲基羟丙基纤维素、聚乙二醇等。

作为增稠剂的无机盐有氯化钠、氯化钾、氯化镁、硫酸钠等。加入量要适当，如在一定浓度范围内液体洗涤剂的黏度随氯化钠的加入量增加而增大，如超过此范围，黏度反而降低。还要考虑氯化物对金属有较大腐蚀性以及对洗涤剂其他组分性质有影响的问题。

另外，烷醇酰胺、氧化胺也是液体洗涤剂很好的增稠剂。

10.结块防止剂

如果洗涤剂结块或呈坚韧的糊状，不仅难以定量切分，而且水溶性变差，因此需要防止其结块。

苯基磺酸钠、甲苯磺酸钠等物质有防止洗衣粉结块的作用。硫酸钠是一种来源广、价格低的无机化工原料，也有很好的防结块作用。硫酸钠既可以作为填料降低成本，同时又有防结块、降低表面活性剂在水中的临界胶束浓度、提高表面活性剂在织物纤维表面吸附量的作用，有利于去污。

11.杀菌消毒剂

杀菌消毒剂包括杀菌剂、抑菌剂及防腐剂等。杀菌剂指短时间内能杀灭微生物的物质。抑菌剂指在低浓度、长时间作用下能阻止微生物增长的物质。防腐剂指加入洗涤剂中使其免受微生物污染而不致变质的物质。

12.其他添加剂

为了提高洗涤剂的嗅觉效果常在洗涤剂中加入香精，使产品具有使人愉快的气息，同时可以遮盖臭味，使洗后衣物清新。洗涤剂用的香精有茉莉、玫瑰、铃兰、紫丁香、果香等多种香型。一般用量很少，在洗涤剂中占 0.1 % ~ 0.5 %。

为了提高洗涤剂外观视觉效果，克服其无色或白色的单调外观，有时加入一些染料。要求使用的染料与洗涤剂组分相容性好，对光稳定，不会吸附在织物上影响洗涤效果。

第四节
洗涤剂的类型

和许多工业制品一样，对洗涤剂分类没有统一的认识，似乎也没有必要，或者说洗涤剂可有多种不同的分类方法，如根据用途分类、根据产品形态分类、根据所用表面活性剂的类型分类等，不一而足。消费者、生产者及销售者可根据自己实际操作方便各行其便，不必要求统一。如洗衣用洗涤剂分为洗衣粉、洗衣液、洗衣膏是方便的。洗衣粉又可有普通洗衣粉、浓缩洗衣粉、加酶洗衣粉、低泡洗衣粉、无磷洗衣粉等多种，洗衣粉的特点是应用方便，水溶性好，去污能力强。洗衣液有普通洗衣液、专用洗衣液（适用于丝、毛及婴儿用品等）、局部去渍液（如衣领净等）等。洗衣液的特点是去污性好、易漂洗，对皮肤刺激性小，中性、温和，不伤衣物。

洗涤膏呈半固态，携带方便，组成与洗衣粉类似，水溶性好。按用途分，洗涤剂有衣物用、餐具用、硬表面用、地毯及室内饰品用、金属表面用、果蔬清洗用、卫生设备用、轻垢和重垢用等之分。

第五节
洗涤剂配方实例[1, 5-9]

一、洗衣用洗涤剂

1.洗衣粉

各种洗衣粉配方见表1.1~表1.27。

表1.1　含磷酸盐洗衣粉配方1

组分	含量/%	组分	含量/%
壬基酚聚氧乙烯醚	10.0	无水偏硅酸钠	12.0
碳酸钠	28.0	无水硅酸钠	17.0
三聚磷酸钠	32.0	羧甲基纤维素	1.0

制备：将壬基酚聚氧乙烯醚与碳酸钠混合，再加入三聚磷酸钠，再与无水偏硅酸钠、无水硅酸钠、羧甲基纤维素混合搅拌均匀。

性质：pH（1%溶液）11.4，相对密度0.82。

表1.2　含磷酸盐洗衣粉配方2

组分	含量/%	组分	含量/%
辛基酚聚氧乙烯(7、8)醚	8.0	羧甲基纤维素	1.0
三聚磷酸钠	38.0	光亮剂	0.05
硫酸钠	30.0	香料	微量
无水硅酸钠	5.0	水	适量
碳酸钠	16.0		

说明：本品不受硬水水质影响。辛基酚聚氧乙烯(7、8)醚为低泡类非离子型表面活性剂。

表1.3 低泡含磷洗衣粉配方

组分	含量/%	组分	含量/%
辛基酚聚氧乙烯(7、8)醚	5.0	可溶性澄清硅酸钠	10.0
三聚磷酸钠	40.0	羧甲基纤维素	1.0
硫酸钠	29.8	荧光增白剂	0.2
硼砂	14.0		

说明：本品成本低，性能好，为低泡洗涤剂。

表1.4 低磷洗衣粉配方

组分	含量/%	组分	含量/%
辛基酚聚氧乙烯(9、10)醚	10.4	硫酸钠	16.32
碳酸钠	28.0	羧甲基纤维素	1.0
可溶性澄清硅酸钠	12.0	增白剂	0.2
三聚磷酸钠	32.0	荧光增白剂	0.08

制备：将辛基酚聚氧乙烯醚喷雾分散于碳酸钠中，按序加入其他组分，搅拌均匀。

说明：低泡、低磷洗衣粉，为提高洗涤效果可增大辛基酚聚氧乙烯(9、10)醚的含量至20%。

表1.5 优质干混磷酸盐洗衣粉配方1

组分	含量/%	组分	含量/%
直链脂肪醇聚氧乙烯醚 （分子量488.60，60.4% 乙氧基）	13	硅酸钠	5
直链脂肪醇聚氧乙烯醚 （分子量322，39.6%乙 氧基）	7	抗再沉积剂	2
三聚磷酸钠	58.4	荧光增白剂	适量
碳酸钠	14.6		

说明：荧光增白剂用量不计在总量中，一般为0.1%~0.3%。

表1.6 优质干混磷酸盐洗衣粉配方2

组分	含量/%	组分	含量/%
直链脂肪醇聚氧乙烯醚 （分子量524.61，61.3% 乙氧基）	10	硅酸钠	5

续表

组分	含量/%	组分	含量/%
三聚磷酸钠	68	羧甲基纤维素	0.5
碳酸钠	16.5	荧光增白剂	适量

说明：本品为高密度洗衣粉（0.6～0.8 g/cm³）。若需要可加适量酶（0.75 %）。

表1.7 优质干混磷酸盐洗衣粉配方3

组分	含量/%	组分	含量/%
直链脂肪醇聚氧乙烯醚（分子量 524.61，61.3 % 乙氧基）	9	硅酸钠	5
十二烷基苯磺酸钠	3	硫酸钠	21
三聚磷酸钠	50	羧甲基纤维素	0.5
碳酸钠	11.5	荧光增白剂	适量

表1.8 重垢含磷洗衣粉配方1

组分	含量/%	组分	含量/%
正烷基磺酸盐（活性物含量 60 %）	10.0	羧甲基纤维素	2.0
牛脂醇聚氧乙烯醚（含 11 %乙氧基）	4.0	过硼酸钠	25.0
牛脂皂	3.0	水	约10.0
三聚硅酸钠	5.0	芳香剂、色料、光亮剂、硫酸钠	加至100
三聚磷酸钠	35.0		

说明：所有组分以 100 %活性物计。

表1.9 含磷洗衣粉配方1

组分	含量/%	组分	含量/%
直链脂肪醇聚氧乙烯醚（分子量 610.65，65.6 % 乙氧基）	7.5	三聚磷酸钠	18.0
直链脂肪醇聚氧乙烯醚（分子量 338.39，39.0 % 乙氧基）	2.5	硫酸钠	9.0
五水偏硅酸钠	39.0	碳酸钠	23.0
		羧甲基纤维素	1.0

制备：在助洗剂和添加剂充分混合均匀后，搅拌下加入表面活性剂，充分搅拌后再加入羧甲基纤维素和适量荧光增白剂。

表 1.10　重垢含磷洗衣粉配方 2

组分	含量/%	组分	含量/%
无水偏硅酸钠	87	三聚磷酸钠	9
磷酸酯化壬基酚聚氧乙烯醚	4	光亮剂	0.1～0.3

说明：将偏硅酸钠与表面活性剂磷酸酯化壬基酚聚氧乙烯醚在粉末混合机中混合 10 min 后再加入三聚磷酸钠和光亮剂，继续搅拌 10 min 即得。

表 1.11　无磷高效去污洗衣粉配方

组分	含量/%	组分	含量/%
烷基苯磺酸钠	12	二硅酸钠	12
硫酸钠	9	羧甲基纤维素钠	2
α-烯基磺酸钠	5	对甲苯磺酸钠	4
硅酸钠	8	碳酸钠	16.5
壬基酚聚氧乙烯醚	5	过碳酸钠	5
硼砂	4.4	柠檬酸钠	9
茶皂素	8	香精	0.1

性质：去污力强，洗涤效果好，洗涤废水无磷及有害物质，对人体及环境无危害。多种表面活性剂有协同效应。

表 1.12　含磷低泡洗衣粉配方

组分	含量/%	组分	含量/%
辛基酚聚氧乙烯(7、8)醚	5.0	纯碱	38.8
三聚磷酸钠	40.0	羧甲基纤维素	1.0
可溶性澄清硅酸钠	15.0	荧光增白剂	适量

说明：本品工艺简单、成本低。

表 1.13　含磷洗衣粉配方 2

组分	含量/%	组分	含量/%
直链脂肪醇聚氧乙烯醚（HLB 10）	10	五水偏硅酸钠	20
三聚磷酸钠	40	羧甲基纤维素	0.5
碳酸钠	10	硫酸钠	19.5

表1.14　含磷和氢氧化钠型洗衣粉配方

组分	含量/%	组分	含量/%
直链脂肪醇聚氧乙烯醚（分子量610.65，65.6%乙氧基）	7.5	氢氧化钠（粒状）	26.0
直链脂肪醇聚氧乙烯醚（分子量322，39.6%乙氧基）	2.5	硫酸钠	13.0
五水偏硅酸钠	32.0	羧甲基纤维素	1.0
无水三聚磷酸钠	18.0	荧光增白剂	适量

制备：将助洗剂充分混合，搅拌下缓慢加入表面活性剂并充分搅拌，然后再加入添加剂。

表1.15　优质无磷干混洗衣粉配方1

组分	含量/%	组分	含量/%
直链脂肪醇聚氧乙烯醚（分子量488.60，60.4%乙氧基）	13	硅酸钠	6
直链脂肪醇聚氧乙烯醚（分子量322，39.6%乙氧基）	7	羧甲基纤维素	2
4A沸石	45	荧光增白剂	适量
碳酸钠	27		

制备：将干组分在混合机中搅拌均匀。另将表面活性剂加热成液态，逐滴加入搅拌的混合物中直至成干粒粉体。

表1.16　优质无磷干混洗衣粉配方2

组分	含量/%	组分	含量/%
直链脂肪醇聚氧乙烯醚（分子量524.61，61.3%乙氧基）	10	硫酸钠	16
碳酸钠	68	羧甲基纤维素	1
硅酸钠	5	荧光增白剂	适量

性质：粉末密度0.6~0.8 g/cm³。

若需要可加入0.75%酶。

表1.17　普通无磷干混洗衣粉配方

组分	含量/%	组分	含量/%
直链脂肪醇聚氧乙烯醚（分子量524.61，61.3%乙氧基）	10	硫酸钠	40

组分	含量/%	组分	含量/%
碳酸钠	46	羧甲基纤维素	1
硅酸钠	3	荧光增白剂	适量

性质：粉末密度 0.6~0.8 g/cm³。

若需要可加入 0.75 %的酶。

表1.18　无磷洗衣粉配方1

组分	含量/%	组分	含量/%
甲基乙烯基醚-马来酸酐共聚物	1.5	五水偏硅酸钠	8.5
水	9.5	羧甲基纤维素	0.5
碳酸钠	50.0	壬基酚聚氧乙烯(9)醚	8.0
硫酸钠	22.0		

制备：将甲基乙烯基醚-马来酸酐共聚物预混于 80~85 ℃水中，直至呈透明液体状。加入碳酸钠，搅拌，防止结块。依序加入其他组分，最后加入壬基酚聚氧乙烯(9)醚，搅拌至混合物为均匀粉末。

性质：密度 0.87 g/cm³。

表1.19　优质无磷干混洗衣粉配方3

组分	含量/%	组分	含量/%
直链脂肪醇聚氧乙烯醚（分子量488.60，60.4 %乙氧基）	13	碳酸钠	73
直链脂肪醇聚氧乙烯醚（分子量322，39.6 %乙氧基）	7	硅酸钠	5
		羧甲基纤维素	2
		荧光增白剂	适量

性质：粉体密度 0.6~0.8 g/cm³。

制备：先将干组分搅拌混合，再将已加热成熔液的表面活性剂滴入上述混合粉体中，搅拌直至成干粉体。

表1.20　无磷洗衣粉配方2

组分	含量/%	组分	含量/%
壬基酚聚氧乙烯(9、10)醚	15.0	羧甲基纤维素	1.0
碳酸钠	50.0	增白剂	0.3
可溶性澄清硅酸钠	12.0	荧光增白剂	0.08
硫酸钠	21.62		

性质：白色粉末。使用溶液 pH 10.2。

制备：配方中的表面活性剂可用其他乙氧基数目略有不同的壬基酚聚氧乙烯醚取代，甚至其组成量可酌情增加至 20 %。

表1.21 无磷洗衣粉配方3

组分	含量/%	组分	含量/%
碳酸钠	47	氢氧化钠	15
直链脂肪醇聚氧乙烯醚（HLB 20）	12	羧甲基纤维素	2
五水偏硅酸钠	24		

表1.22 无磷重垢洗衣粉配方1

组分	含量/%	组分	含量/%
嵌段多羟基非离子型表面活性剂，可完全生物降解，分子量1000	12	羧甲基纤维素	2
无水纯碱	65	光亮剂等	1
偏硅酸钠（液体）	20		

表1.23 无磷重垢洗衣粉配方2

组分	含量/%	组分	含量/%
嵌段多羟基非离子型表面活性剂，可完全生物降解，分子量1000	12	无水偏硅酸钠（粉状）	16
无水纯碱	50	羧甲基纤维素	2
		硫酸钠、光亮剂等	20

表1.24 无磷洗衣粉配方4

组分	含量/%	组分	含量/%
直链脂肪醇聚氧乙烯醚（分子量610.65，65.6%乙氧基）	6.0	碳酸钠	33.0
直链脂肪醇聚氧乙烯醚（分子量322，39.6%乙氧基）	2.0	羧甲基纤维素	1.0
五水偏硅酸钠	58.0	荧光增白剂	适量

制备：将助洗剂充分混合后，搅拌下缓慢加入表面活性剂，充分搅拌，再加入羧甲基纤维素和适量荧光增白剂。

表1.25 家庭重垢洗涤剂配方（粉剂）1

组分	含量/%	组分	含量/%
小苏打	52.1	三聚磷酸钠	13.5
支链烷基苯磺酸钠	16.2	过硼酸钠	10.0

组分	含量/%	组分	含量/%
羧甲基纤维素	1.8	次氯酸钠水溶液（10%）	1.8
硅酸钠（40%）	4.5	荧光增白剂	0.1

表1.26 家庭重垢洗涤剂配方（粉剂）2

组分	含量/%	组分	含量/%
直链烷基苯磺酸钠	12.5	三聚磷酸钠	15.0
硫酸钠	46.0	碳酸钠	10.0
脂肪醇聚氧乙烯醚	3.0	水玻璃	9.0
羧甲基纤维素	1.0	荧光增白剂	0.03
		色料、香料	适量

表1.27 家庭重垢洗涤剂配方（粉剂）3

组分	含量/%	组分	含量/%
脂肪醇聚氧乙烯醚	6.0	硫酸钠	33.3
硅酸钠	15.0	焦磷酸钠	10.0
壬基酚聚氧乙烯醚	4.5	羧甲基纤维素	1.5
碳酸钠	10.0	荧光增白剂	0.2
三聚磷酸钠	20.0	香精	适量

2.洗衣液（见表1.28~表1.59）

表1.28 无磷洗衣液配方

组分	含量/%	组分	含量/%
直链脂肪醇聚氧乙烯醚（分子量610.65，65.6%乙氧基）	5.0	经中和处理的钾盐水溶液	6.0
硅酸钾（SiO_2：K_2O=1.6∶1）	10.0	乙醇	2.0
十二烷基苯磺酸钠	10.0	水	余量

表1.29 优质无磷洗涤液配方

组分	含量/%	组分	含量/%
直链脂肪醇聚氧乙烯醚（分子量488.60，60.4%乙氧基）	37.6	三乙醇胺	3.0

续表

组分	含量/%	组分	含量/%
十二烷基苯磺酸钠	20.8	氯化钾	1.0
乙醇	6.0	色料、香料、增白剂	适量
		水	余量

性质：黏度 105 cP（1 cP=1 mPa·s）[73 ℉（1 $t/℉=\dfrac{9}{5}t/℃+32$）]；

pH 10；

适宜使用温度 80～140 ℉。

制备：为得到透明产品，组分添加顺序对降低黏度、防止胶凝很重要，为此要在充分搅拌下进行混合。

表1.30 优质加酶洗衣液配方

组分	含量/%	组分	含量/%
直链脂肪醇聚氧乙烯醚（分子量488.60，60.4%乙氧基）[①]	30	乙醇	5
脂肪酸聚氧乙烯醚硫酸钠（60%）	20	氯化钾	4
三乙醇胺	1	荧光增白剂	0.3～0.5
蛋白酶和/或淀粉酶	1～2	色料、香料	适量
稳定剂（甲酸盐或乙酸盐）	1～3	水	余量

① 可用分子量略大的其他脂肪醇聚氧乙烯醚取代。

表1.31 洗涤液配方1

组分	含量/%	组分	含量/%
非离子型表面活性剂（HLB=12.6）	34.3	乙醇	6.0
十二烷基苯磺酸钠	5.0	水	余量
三乙醇胺	5.7		

性质：25 ℃黏度 324 cP。

表1.32 洗涤液配方2

组分	含量/%	组分	含量/%
非离子型表面活性剂（HLB=12.9）	19.7	二甲苯磺酸钠	4.0
直链烷基苯磺酸钠	10.0	水	余量
三乙醇胺	3.3		

性质：25 ℃黏度 247 cP。

表1.33 重垢洗涤液配方

组分	含量/%	组分	含量/%
氢氧化钠	2.3	乙二胺四乙酸钠（40%）	0.5
十二烷基苯磺酸	9.0	荧光增白剂	适量
二甲苯磺酸钠（40%）	适量（~10.0）	香料、防腐剂	适量
壬基酚聚氧乙烯醚 （HLB 13.0）	18.0	三乙醇胺或氢氧化钠 （调至 pH 8~10）	适量
		色料	适量
		遮光剂	需要量
		水	余量

制备：将水（温水易使表面活性剂溶解）加入反应器，搅拌下依次加入各组分。加入十二烷基苯磺酸后，反应液 pH 应高于 5，否则需加氢氧化钠调节。加二甲苯磺酸钠调节黏度。如需产品不透明，可加入遮光剂（0.15%）。

表1.34 重垢衣用洗涤液配方

组分	含量/%	组分	含量/%
辛基酚聚氧乙烯 (9、10)醚	4.0	荧光增白剂	0.2
植物油钾皂（19.1%）	52.3	色料、香料	适量
乙醇①	7.5	水	余量

① 乙醇可用甲醇或异丙醇代替。

表1.35 中泡洗衣液配方1

组分	含量/%	组分	含量/%
单乙醇胺	3.5	壬基酚聚氧乙烯(10)醚	23.7
脂肪醇三乙氧基硫酸盐	11.5	柠檬酸钠	1.1
乙醇（95%）	9.9	水	余量

制备：取 2/3 水，将表面活性剂和乙醇溶于其中。另取 1/3 水溶入柠檬酸钠。再将后者加入表面活性剂的水溶液中。

性质：原液 pH 12.4，1%原液 pH 10.1；

黏度 80 cP；密度 1.02 g/cm³。

表1.36 中泡烷基苯磺酸洗衣液配方

组分	含量/%	组分	含量/%
烷基苯磺酸	7.8	乙醇（95%）	5.0
氢氧化钠	1.5	壬基酚聚氧乙烯(10)醚	33.0

续表

组分	含量/%	组分	含量/%
月桂酸	0.4	甲酸钠	0.9
二甲苯磺酸钠	0.7	水	余量
三乙醇胺	0.3		

制备：取 1/2 水，将烷基苯磺酸溶入其中。将氢氧化钠溶入 1/4 水中。将氢氧化钠水溶液加入烷基苯磺酸水溶液中，发生中和反应。按顺序加入除甲酸钠的其他各组分。将甲酸钠溶入剩余的 1/4 水中，与上述液体混合，完成制备。

性质：原液 pH 7.1，1 %原液 pH 7.3；

黏度 200 cP；密度 1.05 g/cm³。

表1.37　中泡洗衣液配方2

组分	含量/%	组分	含量/%
烷基苯磺酸	7	壬基酚聚氧乙烯(9)醚	23.0
氢氧化钠	1.4	硫酸钠	1.5
二乙醇胺	5.0	水	余量

制备：将烷基苯磺酸溶于部分水中，剩余的水溶解氢氧化钠，用氢氧化钠水溶液缓慢中和烷基苯磺酸水溶液。再按顺序加入其他各组分。

性质：原液 pH 12.9，1 %原液 pH 10.5；

黏度 300 cP；密度 1.06 g/cm³。

表1.38　洗衣液配方

组分	含量/%	组分	含量/%
非离子型表面活性剂（HLB 12.6）[①]	18～36	二甲苯磺酸盐	按需
三乙醇胺	3～6	乙醇	按需
烷基苯磺酸盐	5～20	香料、色料、光亮剂	按需
		水	余量

① 或用 HLB 比 12.6 略大的非离子型表面活性剂替代。

制备：配制中性洗涤液时可不加三乙醇胺。

表1.39　含磷普通复配型强碱性洗衣液配方

组分	含量/%	组分	含量/%
直链脂肪醇聚氧乙烯醚（分子量610.65，65.0 %乙氧基）	3.0	氢氧化钾（45 %）	13.7
五水偏硅酸钠	7.6	羧甲基纤维素	1.0

续表

组分	含量/%	组分	含量/%
		磷酸酯阴离子型表面活性剂	5.0
焦磷酸钾	4.6	色料、香料、荧光增白剂	适量
		水	余量

性质：黏度（73 ℉）23 cP，相凝温度 172 ℉，透明点 45 ℉。[1cP=10^{-3}Pa·s，温度 $t/℃=\dfrac{5}{9}$（$t/℉-32$）]。

表1.40　无磷普通复配型强碱性洗衣液配方

组分	含量/%	组分	含量/%
直链脂肪醇聚氧乙烯醚（分子量610.65，65.6%乙氧基）	3.0	羧甲基纤维素	1.0
五水偏硅酸钠	11.9	磷酸酯阴离子型表面活性剂	5.0
氢氧化钾（45%）	6.1	色料、香料、荧光增白剂	适量
碳酸钾	3.4	水	余量

性质：黏度（73 ℉）25 cP，相凝温度>176 ℉，透明点 48 ℉。

表1.41　含磷普通复配型弱碱性洗衣液配方

组分	含量/%	组分	含量/%
直链脂肪醇聚氧乙烯醚（分子量610.65，65.0%乙氧基）	3.0	羧甲基纤维素	1.0
五水偏硅酸钠	8.8	磷酸酯阴离子型表面活性剂	5.0
焦磷酸钾	4.0	色料、香料、荧光增白剂	适量
碳酸钾	5.2	水	余量

性质：黏度（73 ℉）23 cP，相凝温度 176 ℉，透明点 50 ℉。

表1.42　无磷普通复配型弱碱性洗衣液配方

组分	含量/%	组分	含量/%
直链脂肪醇聚氧乙烯醚（分子量610.65，65.0%乙氧基）	3.0	羧甲基纤维素	1.0
五水偏硅酸钠	11.5	磷酸酯阴离子型表面活性剂	5.0
碳酸钾	6.5	色料、香料、荧光增白剂	适量
		水	余量

性质：黏度 73 ℉ 23 cP，相凝温度>176 ℉，透明点 32 ℉。

表1.43　普通洗衣液配方

组分	含量/%	组分	含量/%
直链脂肪醇聚氧乙烯醚（分子量524，61.3%乙氧基）	22.5	氯化钾	2.0
正十二烷基苯磺酸钠（60%）	12.5	荧光增白剂	0.3~0.4
三乙醇胺	3.0	色料、香料	适量
乙醇	5.0	水	余量

性质：活性物占总量的30%，黏度（73℉）140cP，透明点48℉。

说明：各组分添加顺序对降低黏度、防止胶凝很重要，故在加入各组分时要充分搅拌（前一组分溶解后再加入下一组分）且混合温度宜略高于室温（如80~90℉）。

表1.44　优质洗衣液配方

组分	含量/%	组分	含量/%
直链脂肪醇聚氧乙烯醚（分子量524，61.3%乙氧基）	30.0	氯化钾	1.0
正十二烷基苯磺酸钠（60%）	16.7	荧光增白剂	0.3~0.5
三乙醇胺	3.0	色料、香料	适量
乙醇	5.5	水	余量

性质：活性物占总量的40%，黏度（73℉）175cP，透明点27℉。

说明：同表1.43。与配方1.43比较，其他组分成分及含量基本相同，活性组分增加，产品质量提高。

表1.45　特优洗衣液配方

组分	含量/%	组分	含量/%
直链脂肪醇聚氧乙烯醚（分子量524，61.3%乙氧基）	27.5	氯化钾	1.0
正十二烷基苯磺酸钠（60%）	20.8	荧光增白剂	0.3~0.5
三乙醇胺	3.0	色料、香料	适量
乙醇	5.0	水	余量

性质：活性物占总量的50%，黏度（73℉）135cP，透明点54℉。

说明：同表1.43。活性物占比越大，洗衣液越优。

表1.46 含磷精细织物洗涤液配方

组分	含量/%	组分	含量/%
烷基磺酸盐（含活性物60%）	20.0	三聚磷酸钠	5.0
十二烷基硫酸酯盐（28%）	11.0	尿素	2.0
壬基酚聚氧乙烯(10)醚	2.0	防腐剂、香料、色料	适量
油酸	2.7	水	余量
氢氧化钾（50%）	1.2		

表1.47 无磷精细织物洗涤液配方

组分	含量/%	组分	含量/%
烷基磺酸盐（活性物60%）	28.0	椰油脂肪酸二乙醇酰胺	2.2
十二烷基硫酸钠（28%）	15.0	钾皂（含椰油基27%）	4.5
甜菜碱	4.0	水	余量

制备：先将前四种混合，再在搅拌下加入钾皂和水。

性质：透明液体，10%溶液 pH 10.0，黏度390 cP，−5 ℃稳定性好。

表1.48 无磷羊毛、细软织物用冷水洗涤液配方

组分	含量/%	组分	含量/%
椰油基丙基磺酸钠阴离子型表面活性剂（浓缩液）	10.0	荧光增白剂	0.075~0.15
十二烷基聚氧乙烯硫酸钠	30.0	水	余量
十二烷基二乙醇胺	4.0		

制备：荧光增白剂先溶于前两种表面活性剂形成的温热的混合物中，再加入其他组分。

表1.49 重垢织物柔软洗涤液配方

组分	含量/%	组分	含量/%
乙二胺四乙酸四钠	0.5	二甲苯磺酸钠（40%）	10.5
三乙醇胺	2.0	壬基酚聚氧乙烯(9)醚	25.0
咪唑啉溶液（柔软剂）（75%咪唑啉，35%异丙醇）	6.5	香料、色料、防腐剂、增白剂	适量
		水	余量

制备：搅拌下，向室温的水（约21 ℃）中依次加入各组分。

表1.50 含磷重垢洗涤液配方

组分	含量/%	组分	含量/%
正烷基磺酸盐（60%）	17.0	三聚磷酸钾（50%）	30.0
壬基酚聚氧乙烯(10)醚	5.5	五水偏硅酸钠	5.0
椰油钾皂（40%）	10.0	芳香油	0.5
水溶助长剂	5.0	防腐剂、香料、色料	适量
氢氧化钾（85%）	3.0	水	余量

表1.51 无磷重垢透明洗涤液配方

组分	含量/%	组分	含量/%
正烷基磺酸盐（60%）	30.0	水溶助长剂	4.0
壬基酚聚氧乙烯(8)醚	12.0	香料	0.3
柠檬酸钠（助洗剂）	10.0	防腐剂、色料	适量
		水	余量

表1.52 加酶洗涤液配方

组分	含量/%	组分	含量/%
月桂醇硫酸钠	5.0	二甲苯磺酸钠（40%）	5.0
脂肪醇聚氧乙烯醚硫酸钠	10.0	丙二醇	5.0
脂肪醇聚氧乙烯醚	15.0	氯化钙	0.06
硼酸钠	3.0	蛋白酶	0.6
柠檬酸钠	7.0	淀粉酶	0.16
三乙醇胺	1.5	水	47.68

表1.53 高级加酶洗涤液配方

组分	含量/%	组分	含量/%
脂肪醇聚氧乙烯醚（分子量488.60，60.4%乙氧基）	30.0	乙醇	5.0
十二烷基苯磺酸钠（60%）	10.0	氯化钾	2.0
三乙醇胺	1.0	荧光增白剂	0.3~0.5
蛋白酶和/或淀粉酶	1~2	色料、香料	适量
短链羧酸盐（稳定剂）	1.0	水	余量

黏度：（73 ℉）145 cP；透明点：18 ℉；耐温性：140 ℉一周，通过；冻融性：三次循环，通过。

表1.54 织物加酶柔软洗涤液配方

组分	含量/%	组分	含量/%
脂肪醇聚氧乙烯醚（分子量610，65.6%乙氧基）	24.0	乙醇	10.0
软化剂基料	5.0	荧光增白剂	0.3~0.5
三乙醇胺	1.0	染料、香料	适量
淀粉酶和/或蛋白酶	1.0	水	余量
短链羧酸盐	1.0		

黏度：（73 ℉）80 cP；透明点：62 ℉；耐温性：140 ℉一周，通过；冻融性：三次循环，通过。

表1.55 抗菌织物洗涤液配方[10]

组分	含量/%	组分	含量/%
十二烷基苯磺酸钠	2	月桂醇聚氧乙烯醚(2)硫酸酯钠	8
氯化钠	2.5	防腐剂	0.1
香精	0.2	水	余量

表1.56 衣物洗涤液配方[11]

组分	含量/%	组分	含量/%
月桂基聚氧乙烯醚硫酸钠	4.55	乙氧基化的醇 $C_{13~15}$	4
甘油	3.01	碳酸氢钠	3
五水偏硅酸钠	1	二亚乙基三胺五亚甲基磷酸钠	0.96
柠檬酸	0.52	香料	0.4
联苯乙烯二苯基二磺酸二钠	0.3	黄原胶	0.27
谷氨酸钠	0.25	甲酸	0.085
枯草杆菌蛋白酶	0.0528	氯化钙	0.02
纤维素酶	0.0185	甘露聚糖酶	0.0169
果胶裂解酶	0.0166	脂肪酶	0.0141
α-淀粉酶	0.0097	苯并异噻唑啉酮	0.0049
吡啶硫酮钠	0.0024	甲基异噻唑啉酮	0.00083
着色剂	0.00074	水	余量

表 1.57　抗菌抑菌型洗涤液配方[12]

组分	含量/%	组分	含量/%
直链烷基苯磺酸钠	6	脂肪醇聚氧乙烯醚硫酸钠	8
椰油酸皂	1	艾草精油	0.5
烷基聚氧乙烯醚(9)	3	氯化钠	0.5
蛋白酶	0.2	卡松	0.1
柠檬酸	0.5	水	余量

说明：抑菌率 99 %。

表 1.58　多效常温中性洗涤液配方[13]

组分	含量/%	组分	含量/%
烷基苄基聚氧乙烯醚磺酸钠	10	月桂酸单甘油酯	3
乙二胺四乙酸二钠	1	双氧水（5 %）	1
丁香精油	0.01	柠檬酸钠	5
氯化钠	0.15	去离子水	余量

表 1.59　织物洗涤液配方[14]

组分	含量/%	组分	含量/%
N，N-二甲基-9-癸烯酰胺	3	异构十三醇聚氧乙烯醚	2
十二烷基苯磺酸钠	8	脂肪酸钠	3
脂肪醇聚氧乙烯醚硫酸钠	2	二氧化硫脲	5
碳酸钠	20	沸石（4A）	10
五水偏硅酸钠	8	尿素	5
乙二胺四乙酸二钠	1.5	马来酸-丙烯酸盐聚合物	1
羧甲基纤维素钠	2.5	四乙酰乙二胺	5
荧光增白剂 CBS-X	0.1	碱性蛋白酶	0.6
香精	0.3	水	余量

3.洗衣膏（见表 1.60～表 1.67）

表 1.60　无磷洗衣膏配方 1

组分	含量/%	组分	含量/%
正烷基磺酸盐（30 %）	43.6	羧甲基纤维素（10000）	5.0

续表

组分	含量/%	组分	含量/%
十二烷基硫酸酯盐（28%）	10.7	氯化钠	8.0
壬基酚聚氧乙烯(4)醚	2.0	香料	0.2
椰油脂肪酸三乙醇酰胺	0.7	水、防腐剂	29.8

制备：将羧甲基纤维素、壬基酚聚氧乙烯醚、十二烷基硫酸酯盐和椰油脂肪酸三乙醇酰胺混合几分钟后加入水混合均匀，静置过夜。再加入正烷基磺酸盐、氯化钠、香料、防腐剂。

表1.61　含磷洗衣膏配方1

组分	含量/%	组分	含量/%
烷基磺酸钠	20~26	碳酸钠	4.0
十二烷基硫酸钠	5~6	无水硫酸钠	4~5
三聚磷酸钠	10~15	尿素或食盐	2.0
羧甲基纤维素钠	1.0	酒精（96%）	1~2
水玻璃（Bé 56）[①]	10~15	水	余量

① 指波美度（°Bé），是表示溶液浓度的一种方法。把波美比重计浸入所测溶液中，得到的度数就叫波美度。其数值与比重存在换算关系。波美度56对应的比重数值为1.634。

表1.62　无磷洗衣膏配方2

组分	含量/%	组分	含量/%
十二烷基苯磺酸钠	3~6	沸石	20~25
椰油酰二乙醇胺	1~3	香精、荧光增白剂	适量
脂肪醇聚氧乙烯醚	3~6	氯化钠	适量
油酸钾	5~8	硅酸钠	1~3
柠檬酸钠	1~3	水	余量

表1.63　无磷洗衣膏配方3

组分	含量/%	组分	含量/%
十二烷基硫酸钠	13~15	氯化钠	1~10
十二烷基苯磺酸钠	13~15	添加剂	8~10
4A沸石	10~20	水	20~50
硅酸钠	5~10		

表1.64　无磷洗衣膏配方4

组分	含量/%	组分	含量/%
脂肪醇聚氧乙烯醚	3～6	4A沸石	50～60
十二烷基苯磺酸钠	4～8	蛋白酶	1～3
烷基聚氧乙烯醚	20～28	荧光增白剂	1～2
聚丙烯酸钠	5～8	香精	适量
		水	余量

表1.65　含磷洗衣膏配方2

组分	含量/%	组分	含量/%
十二烷基磷酸酯	32	尼泊金甲酯	0.1
α-烯烃磺酸钠	7.0	氢氧化钠	6.3
十三烷基聚氧乙烯醚羧酸钠	3.0	香精	适量
甘油	25	水	余量

表1.66　洗衣膏配方

组分	含量/%	组分	含量/%
正烷基磺酸盐（活性物60%）	43.6	羧甲基纤维素	5.0
十二烷基醚硫酸盐（28%）	10.7	氯化钠	8.0
壬基酚聚氧乙烯(4)醚	2.0	芳香油	0.2
椰油脂肪酸二乙醇酰胺	0.7	防腐剂	适量
		水	余量

表1.67　衣用洗涤膏配方

组分	含量/%	组分	含量/%
碱溶性丙烯酸聚合物乳液（固含量30%）	2	壬基酚聚氧乙烯(9-10)醚（100%）	10
高分子量丙烯酸（固含量20%）	4	氢氧化钠（50%）	40
三聚磷酸钠	10	水	32
丙烯酸乳液聚合物（48%）	2		

制备：先加水，后依次加入各组分。搅拌在水面下进行，且速度不宜快，以免带入空气。加氢氧化钠前留有足够时间，以使三聚磷酸钠充分水解。

碱溶性丙烯酸聚合物乳液和高分子量丙烯酸有助于产品的稳定性、悬浮性优异。

丙烯酸乳液聚合物和壬基酚聚氧乙烯(9-10)醚有助于提高产品清洗功能。

4.干洗剂（见表1.68~表1.79）

表1.68　干洗剂配方1

组分	含量/%
琥珀酸二辛酯磷酸钠（64%）	3.2
四氯乙烯	95.8
水	1.0

表1.69　干洗剂配方2

组分	含量/%
琥珀酸二辛酯磷酸钠（64%）	3.2
斯陶达溶剂（干洗汽油）	94.8
水	2.0

表1.70　干洗剂配方3

组分	含量/%
芳香族复合磷酸酯（99.5%）	2.0
非离子型表面活性剂（润湿剂）（70%）	1.0
四氯乙烯	96.0
水	1.0

表1.71　干洗剂配方4

组分	含量/%
非离子型表面活性剂（HLB 10.9，100%）	1~5
三甘醇	5
水	0.5
四氯乙烯或三氯乙烯	余量

表1.72　干洗剂配方5

组分	含量/%
复合有机磷酸酯阴离子型表面活性剂（GAFAC PE-510）	10.0
复合有机磷酸酯阴离子型表面活性剂（GAFAC RS-610）	21.0
壬基酚聚氧乙烯(9)醚	15.0

续表

组分	含量/%
氢氧化钾（50%）	4.0
四氯乙烯	50.0

表1.73　干洗剂配方6

组分	含量/%
IGEPAL RC-520	30.0
复合有机磷酸酯阴离子型表面活性剂（GAFAC RS-610）	30.0
NEKAL WT-27（表面活性剂）	7.5
氢氧化钾（50%）	4.0
己二醇	10.0
斯陶达溶剂	18.5

制备：将前两种表面活性剂充分混合后，再加第三种表面活性剂、己二醇和斯陶达溶剂。最后缓慢加入氢氧化钾。

表1.74　毛料干洗剂配方

组分	含量/%	组分	含量/%
四氯乙烯	19～29	氯化钠	0.4～1.55
过氧乙酸	5～17	香精	6～19
皂角	4～16	白油	4～8
藁本	5～11	毛刺液	3～10
樟脑	5～10	感光剂	0.01～0.07
甲醇	9～22		

制备：手工混合各组分，用研磨机研磨成泡沫状，分离过滤，滤液即为干洗剂产品。

应用：用于毛料干洗，使用方便，不损伤衣物，有一定杀菌效果，去污效果好，适于家庭使用。

表1.75　灭菌毛织物干洗剂配方

组分	含量/%	组分	含量/%
苯	87～89	乙醇	1～3
乙酸乙酯	9～10	杀菌剂	适量
乙酸戊酯	1～3		

应用：直接擦洗毛织物去除油污，晾晒除溶剂味。此品去污能力强，原料易得，不伤衣物，但易燃、易挥发，对环境有污染。

表1.76 织物喷雾干洗剂配方

组分	含量/%	组分	含量/%
三氯乙烯	44	乙醇	1
四氯化碳	3	香精	2
三氯甲醇	12	色谱用硅胶	1
氟利昂	16	丁醇	1

应用：本品用混合有机溶剂及层析用硅胶，以氟利昂喷射，适用于各种毛料化纤服装、织物、地毯等及室内装饰物除表面油污，无需浸泡和洗涤，使用方便，易携带，清洗效果好。

表1.77 无毒干洗护肤洗手液配方

组分	含量/%	组分	含量/%
海藻酸钠	2.4	甘油	0.3
药用滑石粉	0.5	OP-10 乳化剂	1.5
蓖麻籽油	1	香料	适量
十二烷基硫酸钠	0.5	水	余量

制备：取海藻酸钠、水混合搅拌1 h，加入滑石粉、蓖麻籽油、十二烷基硫酸钠、甘油和OP-10升温至60 ℃，搅拌1 h，降至常温，加入香料，再搅拌10 min。

应用：适用于野外作业者使用。本品成本低，干洗后无黏稠感，去污力强，且无毒，对皮肤温和。

表1.78 干洗净配方

组分	含量/%	组分	含量/%
聚乙烯醇	9	洗必泰	0.1
CMC	1	甘油	1
白猫洗洁精	4	香精	6.5
异丙醇	6	水	余量

制备：先将一定量水加热至95~100 ℃，加入聚乙烯醇和CMC搅拌至完全溶解。降温至90 ℃以下，加入白猫洗洁精，继续搅拌，加入预先用温水溶解的洗必泰杀菌剂，搅拌。再加入异丙醇，搅拌，降温至80 ℃以下，加入甘油和香精，搅拌。

应用：本品适于在无水情况下洗净手上的油污，同时有抑菌和灭菌作用，对皮肤亲和性好，无刺激，工艺和配方简单。

表1.79 油污鱼腥干洗剂配方

组分	含量/%	组分	含量/%
甘露糖醛酸	0.5~20	香料	适量
甘油	0.5~5	水	余量

续表

组分	含量/%	组分	含量/%
对羟基苯甲酸酯	0.05 ~ 1		

制备：将甘露糖醛酸加入水中，加热至 80 ℃，搅拌 2 h，加入其他组分，再搅拌 2 h，静置 8 h，完成。

应用：①除矿物油污　将本品涂于油污处，油污可能溶胀、溶化，用纸或棉纱擦拭即可除去。②冰箱除异味　涂于冰箱内壁，擦拭可除异味。③除鱼腥味　涂于有鱼腥味的皮肤或器皿上，擦拭即可除鱼腥味。本品不用水洗，去污效果好，无毒无害。

二、餐具用洗涤剂

1.手洗餐具用洗涤剂（见表 1.80 ~ 表 1.106）

表1.80　手洗餐具用洗涤剂配方1

组分	含量/%	组分	含量/%
烷基硫酸钠	30	烷基聚苷	5.0
C$_{12}$ ~ C$_{14}$ 脂肪酸 N-甲基葡糖酰胺	5.0	枯烯磺酸钠	3.0
十二烷基甲基氧化胺	3.0	乙醇	4.0
氯化镁	1.5	水	余量

表1.81　手洗餐具用洗涤剂配方2

组分	含量/%	组分	含量/%
葡糖单癸酸钾	10.0	乙醇	2.0
月桂酸二乙醇酰胺	10.0	水	余量

性质：本品对皮肤温和，不发黏，广泛用作餐具和家用洗涤剂。

表1.82　手洗餐具用洗涤剂配方3

组分	含量/%	组分	含量/%
烷基硫酸钠	11.5	磺化丁二酸钾	2.6
烷基聚氧乙烯(3)醚硫酸钠	14.0	膨润土	2.5
椰油酸单乙醇酰胺	5.0	乙醇	9.5
单乙醇胺	3.0	焦磷酸钾	1.0
亚硫酸钠	12.5	碳酸钾	0.1
氨基三乙酸钠	5.0	水	余量

说明：亚硫酸钠为还原剂，单乙醇胺为蛋白质变性剂。用本品浸泡餐具有助于迅速清除蛋白质和糖类污垢。

表1.83　手洗餐具用洗涤剂配方4

组分	含量/%	组分	含量/%
十二烷基聚氧乙烯(3)醚硫酸钠	15.0	二辛基氧化胺二乙氧基化钠	10.0
乙醇	5.0	水	余量

说明：本品渗透性好，去污能力强。

表1.84　含磷餐具洗涤剂配方1

组分	含量/%	组分	含量/%
碳酸钠	10.0	三聚磷酸钠	40.0
淀粉酶	1.0	焦硅酸钠	12.0
蛋白酶	1.0	硫酸钠	10.0
EDTA	2.0	烷基聚氧乙烯醚	1.5
过硼酸钠水合物	15.0	氯化钠	0.1
稳定剂	0.4	水	余量

表1.85　手洗餐具用洗涤剂配方5

组分	含量/%	组分	含量/%
椰油酸单乙醇酰胺聚氧乙烯(10)醚	8.0	椰油酸二乙醇酰胺	8.0
月桂酸二甲基氧化胺	3.0	水	余量

说明：本品对皮肤温和，去污力强，泡沫丰富。

表1.86　餐具洗涤粉（含磷）

组分	含量/%	组分	含量/%
硅酸钠	26	月桂醇聚氧乙烯醚	1
三聚磷酸钠	25	蛋白质水解酶	3
硫酸钠	20		
碳酸钠	16		
氯化钠	9		

制备：将所有钠盐类组分搅拌混合均匀，再加入月桂醇聚氧乙烯醚和蛋白质水解酶混匀后分装。

表1.87　手洗餐具用洗涤剂配方6

组分	含量/%	组分	含量/%
氢氧化钠	4.8	EDTA-四钠	10.0

续表

组分	含量/%	组分	含量/%
硅酸钠	15.0	碳酸钾	5.0
聚丙烯酸钠	2.0	水	余量

说明：2%的本品水溶液即可使铝制品形成耐腐蚀的保护层，并可防止在玻璃和不锈钢器皿上结垢。

表1.88　含磷餐具洗涤剂配方2

组分	含量/%	组分	含量/%
三聚磷酸钠	34.8	硫酸钠	21.5
碳酸钠	19.0	液体硅酸钠	12.0
低泡非离子型表面活性剂	3.0	水	7.9
二氯异氰脲酸钠	1.8		

表1.89　手洗餐具用洗涤剂配方7

组分	含量/%	组分	含量/%
焦磷酸钾（60%）	33.3	辛基磺酸钠	3.0
液体硅酸钠	20.0	氢氧化钠（50%）	适量至 pH 12.0
次氯酸钠（15%）	8.0	水	余量

制备：将主要组分溶于水中，依次加入其他组分，搅拌均匀。本品为 pH 12.0 的透明溶液，若需增大黏度可加入 1.4%~5.0%的黏土。

表1.90　经济型餐具洗涤剂配方1

组分	含量/%	组分	含量/%
十二烷基苯磺酸钠与非离子型表面活性剂组成的混合物	7.7	尿素	4.9
氯化钠	1.3	水	余量

制备：依次将各组分加入水中，加尿素前用硫酸调 pH 至 6.5~7.5。

性质：本品为 pH 6.5~7.5 的透明溶液，25℃黏度为 180 cP，固体含量 13%~14%。

表1.91　经济型餐具洗涤剂配方2

组分	含量/%	组分	含量/%
α-磺基脂肪酸甲酯钠盐	30.0	水	余量
氯化钠	1.0		

制备：先将氯化钠加入水中，搅拌下加入表面活性剂。若需要可加入适量香料和色料。

性质：本品为 pH 6.5~7.5 的黄色透明液体，黏度约为 140 cP，固体含量 15%。

表1.92　经济型餐具洗涤剂配方3

组分	含量/%	组分	含量/%
十二烷基苯磺酸钠（60%）①	8.3	脂肪酸二乙醇酰胺	1.0
直链脂肪醇聚氧乙烯醚（分子量519, 69.5%乙氧基）	1.5	氯化铵	0.3
乙氧基化烷基硫酸钠（60%）	2.5	色料、香料、防腐剂	适量
		水	余量

① 可用适量十二烷基苯磺酸与等量氢氧化钠中和而得。

制备：加入一种组分要充分搅拌，待全部溶解后再加新组分。以水温100~120℉效果最佳。

表1.93　经济型餐具洗涤液配方

组分	含量/%	组分	含量/%
乙氧基化烷基硫酸钠（60%）	8.3	硫酸钠	0.5
十二烷基苯磺酸钠（60%）	13.5	氯化钠	1.0
脂肪酸二乙醇酰胺	1.9	色料、香料、防腐剂	适量
二甲苯磺酸钠（40%）	3.0	水	余量

性质：黏度（73℉）104 cP，透明点18℉。

用柠檬酸调pH至6.5~7.0。

表1.94　手洗餐具用洗涤剂配方8

组分	含量/%	组分	含量/%
椰油基丙基磺酸钠（45.0%）（阴离子型表面活性剂）	15.0	椰油基二乙醇胺	3.0
十二烷基苯磺酸	12.0	水	64.0
氢氧化钠（50%）	3.0		
壬基酚聚氧乙烯(9)醚	3.0		

表1.95　通用型餐具洗涤剂配方

组分	含量/%	组分	含量/%
氢氧化钠（50%）	2.5	EDTA-四钠（40%）	0.5
十二烷基苯磺酸	10.0	柠檬酸（50%，调pH至6.0~7.5）	适量
十二烷基硫酸钠（28%）	9.0	氯化钠	1.0

续表

组分	含量/%	组分	含量/%
椰油酰胺基二乙醇胺	1.0	香料、色料、防腐剂、遮光剂	按需要
		水	余量

制备：将水加入反应器中，按顺序加入各组分。加入十二烷基苯磺酸后，反应液 pH 应大于 5。
氯化钠应预先用水溶解。加入添加剂前要将混合物 pH 调至最终值（pH 6.5 ~ 7.5）。

表1.96 液体洗涤剂配方

组分	含量/%	组分	含量/%
十二烷基苯磺酸钠	18.0	甲醛	0.20
烧碱	12.5	柠檬酸（调节至 pH 7.5 ~ 8.0）	适量
椰油酰胺基丙胺	30.0	香料、色料、遮光剂等	适量
二甲苯磺酸钠	8	水	31.3

表1.97 （甜菜碱/二甲苯磺酸钠）洗涤剂配方

组分	含量/%	组分	含量/%
十二烷基苯磺酸钠	15.0	甲醛	0.2
氢氧化钠（20%）	9.5	柠檬酸（50%，调节 pH 至 6.5 ~ 7.0）	适量
甜菜碱	7.0	香料、色料、遮光剂等	适量
非离子型表面活性剂（含 9 ~ 10 个乙氧基）	3.0	水	49.3
烷基醚硫酸铵	10.0		
二甲苯磺酸钠	6.0		

表1.98 超级温和型餐具洗涤液（月桂醚硫酸盐/磺酸盐）配方

组分	含量/%	组分	含量/%
烷基苯磺酸三乙醇酰胺（含活性物 59%）	15.0	二甲苯磺酸钠（40%）	3.0
月桂醚硫酸钠（含活性物 59%）	10.0	柠檬酸、香料、色料、防腐剂等	适量
椰油酰胺丙基氧化胺（两性表面活性剂，活性物 30%）	10.0	水	42.0

表1.99　经济型餐具洗涤液（月桂醚硫酸盐/磺酸盐）配方

组分	含量/%	组分	含量/%
直链烷基苯磺酸	4.1	氯化钠	2.0
氢氧化钠（50%）	1.0	香料、色料等	适量
月桂醚硫酸钠（59%）	10.8	水	81.1
1:1型椰油基二乙醇酰胺（85%酰胺，活性物100%）	1.9		

表1.100　经济型洗涤液（月桂基硫酸盐/磺酸钠/酰胺）配方

组分	含量/%	组分	含量/%
直链烷基苯磺酸（可生物降解，97%）	4.10	氢氧化钠	1.00
月桂醚硫酸钠（59%）	10.8	香料、色料、防腐剂等	适量
1:1型椰油基二乙醇酰胺（85%酰胺，活性物100%）	1.00	水	83.10

表1.101　透明洗涤液（烷基苯磺酸钠/二甲苯磺酸钠/表面活性剂）配方

组分	含量/%	组分	含量/%
醇醚硫酸铵阴离子表面活性剂	12.50	椰油基二乙醇酰胺（表面活性剂）	2.50
直链烷基苯磺酸	19.00	磷酸（调节pH至6.4~6.8）	适量
氢氧化钠（50%）	5.20	水	47.30
二甲苯磺酸钠溶液（40%）（水溶助长剂）	13.50		

表1.102　重垢洗涤液（磺酸盐/月桂醚硫酸盐）配方

组分	含量/%	组分	含量/%
直链烷基苯磺酸盐	12.00	氯化镁	1.00
月桂醚硫酸钠（59%）	10.00	二甲苯磺酸钠（40%）	3.00
椰油酰胺丙基氧化胺（两性表面活性剂，活性物30%）	8.00	柠檬酸（调节pH至6.5~7.0）	适量
1:1型椰油基二乙醇酰胺（85%酰胺，含活性物100%）	1.00	香料、色料、防腐剂等	适量
		水	65.00

表 1.103 轻垢洗涤液配方

组分	含量/%
1∶2 脂肪酸二乙醇酰胺、混合椰油基脂肪酸（活性物 80%）	45.0
乙醇	1.0
水	54.0

表 1.104 果蔬洗涤剂配方[1][15]

组分	含量/%	组分	含量/%
N-月桂酰肌氨酸钠	20	非离子型表面活性剂	3
羧酸基甜菜碱	7.5	矿物盐	3
保湿剂	5	香精	0.2
乙二胺四乙酸二钠盐	0.1	抗菌剂	0.5
柠檬酸	适量[2]	水	余量

① 农药残留去除率 84.7%。

② 调节 pH 至 6。

表 1.105 泡沫型去渍餐具洗涤剂配方[16]

组分	含量/%	组分	含量/%
脂肪醇聚氧乙烯醚硫酸钠	12	椰油酰胺丙基甜菜碱	1.2
烷基糖苷	2	二甲苯磺酸钠	1
过氧化氢（30%）	3.33	1,2-丙二醇	0.5
柠檬酸	0.2	硅酸钠	0.1
甲基异噻唑啉酮	0.05	乙二胺四乙酸二钠	0.06
香精	0.15	去离子水	余量

表 1.106 餐具洗涤剂配方[17]

组分	含量/%	组分	含量/%
椰油酰谷氨酸钠	15	烷基糖苷（APG1214）	7
椰油酰胺丙基氧化胺	4	桑叶提取液	10
芦荟提取液	3	茶树油	0.3
谷氨酸二乙酸钠	2	柠檬酸	0.5
甲基异噻唑啉酮	0.12	柠檬香精	0.1
去离子水	余量		

2.机用餐具洗涤剂（见表1.107~表1.122）

表1.107　含磷机用餐具洗涤粉（释氯）配方

组分	含量/%	组分	含量/%
三聚磷酸钠	35	偏硅酸钠	25
碳酸钠	10	硫酸钠	25
脂肪醇聚氧乙烯醚（HLB 7）（或嵌段共聚非离子型表面活性剂，分子量1100）	3	氯化异氰尿酸盐	2

表1.108　含磷机用餐具洗涤液配方

组分	含量/%	组分	含量/%
高分子量丙烯酸（固含量20%）（稳定剂、增稠剂）	6.90	氨基聚乙二醇缩合物	3.00
氢氧化钾（45%）	1.33	色料	0.01
无水焦磷酸钾	25.00	水	55.76
无水磷酸钠	5.00		
氨基三乙酸钠（硬水螯合剂）	3.00		

制备：先加水，依次加入各组分，在液面下搅拌，防止涡流和气泡产生。前组分充分溶解后再加后组分。色料先溶于少量水中再加入混合液中。

性质：固含量37.7%，pH（0.5%）10.8，相对密度（25℃）1.33，黏度（25℃）180cP。

表1.109　机用餐具洗涤粉（释氯）配方

组分	含量/%	组分	含量/%
由辛酸和乙基己酸与单羧酸酯及二羧酸酯制取的两性表面活性剂，或辛基羧酸甘氨酸钠两性表面活性剂	0.7	五水偏硅酸钠	55.3
氨基三乙酸钠	41.0	氯化异氰尿酸钠	2.0
		聚乙二醇	1.0

表1.110　机用重垢餐具含磷洗涤剂（释氯）配方

组分	含量/%	组分	含量/%
聚烷氧基化脂肪族化合物（100%）	3.00	二氯异氰尿酸钠（二水合物）	2.00
碳酸钠	45.00	铝酸钠	1.50

续表

组分	含量/%	组分	含量/%
三聚磷酸钠	26.00	水、色料、香料等	0.50
五水偏硅酸钠	22.00		

表1.111　释氯机用餐具生物降解洗涤剂配方

组分	含量/%	组分	含量/%
烷芳基聚醚非离子型表面活性剂	3.00	无水偏硅酸钠	45.00
三聚磷酸钠	50.00	二氯异氰尿酸钠（释氯剂）	2.00

表1.112　机用洗碟剂（磺酸盐/硅酸盐/柠檬酸盐）配方

组分	含量/%	组分	含量/%
聚氧乙烯基脂肪族化合物（表面活性剂）	1.5	碳酸氢钠	31.0
Ninol 128 Extra（表面活性剂）	1.5	EDTA-4Na	1.0
柠檬酸钠（二水化合物）	20.0	硫酸钠	4.50
硅酸钠	30.0	葡（萄）糖酸钠	2.00
二氯异氰尿酸钠	7.0	铝酸钠	1.50

说明：本品为非磷酸盐洗涤剂，含螯合剂，可防止污斑形成，有良好的漂洗性。

表1.113　机用洗涤剂配方

组分	含量/%	组分	含量/%
天然绿陶土触变剂（增稠剂）	3.00	焦磷酸钾	27.00
羧甲基纤维素钠	1.00	磷酸钾	4.00
水	60.00	香料、色料、防腐剂	适量
直链脂肪醇聚氧乙烯醚（HLB 7）	5.00		

性质：本品为黏稠状液体，洗净后不留斑痕，可在低温水中使用。

表1.114　含磷机用洗涤剂配方1

组分	含量/%	组分	含量/%
表面活性剂（工业润湿剂）	2.0	无水偏硅酸钠	30.0
碳酸钠	18.0	三聚磷酸钠	50.0

表1.115　含磷机用洗涤剂配方2

组分	含量/%	组分	含量/%
环氧乙烷加成物（非离子型表面活性剂）	2.0	三聚磷酸钠	37.0
无水偏硅酸钠	37.0	碳酸钠	25.0

表1.116　机用重垢清洗剂配方

组分	含量/%	组分	含量/%
氢氧化钾（45 %）	25.0	焦磷酸钾	20.0
液态硅酸盐	10.0	次氯酸钠（15 %）	10.00
		水	35.0

表1.117　机用耐硬水洗涤剂配方

组分	含量/%	组分	含量/%
高分子量丙烯酸聚合物乳液（固含量30 %，增稠剂）	6.25	EDTA-4Na	5.0
氢氧化钾（50 %）	1.40	氨基聚乙二醇缩合物（表面活性剂，100 %）	3.0
无水焦磷酸钾	40.0	色料	0.01
		水	44.34

表1.118　机用低温用洗涤剂配方

组分	含量/%	组分	含量/%
天然绿陶土（增稠剂）	3.0	焦磷酸钾	37.0
羧甲基纤维素钠	1.0	磷酸钾	4.0
直链脂肪醇聚氧乙烯醚（HLB 7）	5.0	色料、香料、防腐剂	适量
水	60.0		

表1.119　机用经济型洗涤剂配方

组分	含量/%	组分	含量/%
三聚磷酸钠	35.0	碳酸钠	22.0
五水偏硅酸钠	41.0	氨基聚乙二醇缩合物（非离子型表面活性剂）[①]	2.0

① 可用烷芳基聚氧乙烯醚类表面活性剂替代。

表1.120　机洗用释氯型洗涤粉配方1

组分	含量/%	组分	含量/%
烷芳基聚醚非离子型表面活性剂（100%活性物）	3.0	无水偏硅酸钠	45.0
三聚磷酸钠	50.0	二氯异氰尿酸钠	2.0

表1.121　机洗用释氯型洗涤粉配方2

组分	含量/%	组分	含量/%
烷芳基聚醚（100%）	2.0	无水偏硅酸钠	40.0
三聚磷酸钠	34.0	碳酸钠	22.0
		二氯异氰尿酸钠	2.0

表1.122　机用无磷洗涤剂配方

组分	含量/%	组分	含量/%
聚烷氧基脂肪族化合物表面活性剂（100%）	1.50	二氯异氰尿酸钠	7.0
Ninol 128 Extra（表面活性剂）	1.50	碳酸氢钠	31.0
柠檬酸钠二水合物	20.0	EDTA-4Na	1.0
硅酸钠	30.0	硫酸钠	4.5
铝酸钠	1.5	葡萄糖酸钠	2.0

三、玻璃清洗剂

1.玻璃清洁剂（见表1.123～表1.131）。

表1.123　玻璃清洁剂配方1

组分	含量/%
异丙醇	10～15
水	85
嵌段多羟基化合物（非离子型表面活性剂）	1.75
改性硅油（黏度1800 cP）	0.25

表 1.124　玻璃清洁剂配方 2

组分	含量/%
乙氧基硫酸铵（59 %）	0.15
异丙醇	5.0
氨水	0.15
水、色料	余量

表 1.125　玻璃清洁剂配方 3

组分	含量/%
乙氧基硫酸钠（59 %）	0.15
焦磷酸钾	0.02
乙二醇单丁醚	0.10
水、色料	余量

表 1.126　玻璃清洁剂配方 4

组分	含量/%
丙二醇甲醚	8.0
氨水（28 %）	1.5
液态多元醇表面活性剂（HLB 12 ~ 18）	0.1
水	余量

说明：特别适宜喷雾使用。

表 1.127　玻璃清洁剂配方 5

组分	含量/%
丙二醇甲醚或一缩二丙二醇甲醚	5.0
丙二醇	5.0
异丙醇	35.0
水	余量

说明：特别适宜喷雾使用。

表 1.128　玻璃清洁剂配方 6

组分	含量/%
一缩二丙二醇甲醚	4.0
异丙醇	4.0

续表

组分	含量/%
氨水（28%）	1.0
液态多元醇表面活性剂（HLB 12~18）	0.4
水	余量

说明：特别适宜喷雾使用。

表1.129 玻璃清洁剂配方7

组分	含量/%
烷基萘磺酸钠溶液（50%）	0.1
异丙醇	10.0
丁基溶纤剂	5.0
色料	适量
水	余量

表1.130 玻璃清洁剂配方8

组分	含量/%
改性硅油	0.2
润湿剂（非离子型表面活性剂）	0.2
乙氧基化脂肪醇	0.5
异丙醇	10.0
水	余量

表1.131 玻璃清洁剂配方9

组分	含量/%
N-甲基-2-吡咯烷酮	4.0
异丙醇	4.0
氨水（28%）	1.0
改性直链脂肪醇聚醚	0.1
水	余量

2.窗玻璃清洗剂（见表1.132~表1.144）

表1.132 窗玻璃清洗剂配方1

组分	含量/%
异丙醇	35.0

续表

组分	含量/%
丙二醇单甲醚	7.5
非离子型表面活性剂（HLB=13.2，100%）	0.5
水	57.0

表1.133　窗玻璃清洗剂配方2

组分	含量/%
异丙醇	8.0
辛酸和乙基己酸与单羧酸酯及二羧酸酯制取的两性钠盐表面活性剂（浓缩液）	0.3
乙二醇丁醚	1.0
水	90.7

表1.134　窗玻璃清洗剂配方3

组分	含量/%
异丙醇	10.0
N-甲基-2-吡咯烷酮	5.0
直链脂肪醇聚醚	0.1
氨水（30%）	1.0
水	83.9

表1.135　窗玻璃清洗剂配方4

组分	含量/%
异丙醇	10.0
乙二醇正丁醚	2.0
壬基酚聚氧乙烯(9)醚	0.1
十二烷基硫酸钠	0.3
氨水	0.2
色料、香料	适量
水	余量

表1.136　窗玻璃清洗剂配方5

组分	含量/%
酸式磷酸酯阴离子型表面活性剂（90%活性物）	0.5

续表

组分	含量/%
氨水（28%）	2.5
甲醇	47.0
异丙醇	50.0

说明：将表面活性剂加到溶剂中，最后加氨水。

使用时 1 份本品加 5 份水。

表1.137　窗玻璃清洗剂配方6

组分	含量/%
辛基酚聚氧乙烯(9、10)醚（100%）	0.3
甲醇	50.0
异丙醇	49.3

说明：使用时 1 份本品加 3 份水。

表1.138　窗玻璃清洗剂配方7

组分	含量/%
异丙醇	35.0
丙二醇单甲醚	7.5
壬基酚聚氧乙烯醚	0.5
水	余量

表1.139　窗玻璃清洗剂配方8

组分	含量/%
去离子水	87.8
烷基硫酸钠	2.0
异丙醇	7.0
氢氧化铵（28%）	0.2
乙二醇正丁醚	3.0

表1.140　窗玻璃清洗剂配方9

组分	含量/%	组分	含量/%
焦磷酸钠	6.0	乙二醇丁醚	4.0
二甲苯磺酸钠	6.0	十二烷基苯磺酸钠	2.0

组分	含量/%	组分	含量/%
五水偏硅酸钠	3.0	月桂醇聚氧乙烯醚	2.0
水	77		

制备：将焦磷酸钠、二甲苯磺酸钠、五水偏硅酸钠、水四种组分混合，搅拌使其充分溶解，再依次加入乙二醇丁醚、十二烷基苯磺酸钠、月桂醇聚氧乙烯醚，搅拌。

说明：用毛刷或纱布蘸取本品擦玻璃、瓷砖，有良好的去污能力。

表1.141 窗玻璃清洗剂配方10

组分	含量/%	组分	含量/%
C_4烷基聚氧乙烯醚	10.0	十二烷基苯磺酸钠	2.0
甲苯磺酸钠	5.0	水	余量
乙醇	3.0		

说明：本品无溶剂味，可有效清洗玻璃上的油渍。

表1.142 窗玻璃清洗剂配方11

组分	含量/%
丙二醇甲醚	8.0
氨水（28%）	1.5
聚醚F108	0.1
水	余量

说明：本品适于喷雾应用。通过改变丙二醇甲醚的用量可调节蒸发速度。

表1.143 窗玻璃清洗剂配方12

组分	含量/%
三聚磷酸钠	8.0
碳酸钠	20.0
硫酸钠	2.0
磷酸钠	14.0
EDTA-4Na	1.5
氢氧化钠	45.0
硅酸钠	9.0
EO-PO聚醚	0.5

说明：本品适用于玻璃、陶瓷和金属表面清洗。

表1.144　窗玻璃清洗剂配方13

组分	含量/%
葡萄糖酸洗必泰	0.02
EDTA-4Na	0.1
辛基酚聚氧乙烯醚	0.5
硼酸	1.0
硼砂	适量
水	余量

说明：本品可用于显微镜物镜上的污物清除。

3.玻璃瓶清洗剂（见表1.145～表1.153）

表1.145　玻璃瓶清洗剂配方1

组分	含量/%
氢氧化钠（50%）	98
磷酸酯表面活性剂（90%）	0.5
葡萄糖酸钠	1.5

表1.146　玻璃瓶清洗剂配方2

组分	含量/%
酸式磷酸酯阴离子表面活性剂（80%）	1.25
葡萄糖酸钠	1.00
氢氧化钠	97.75

使用时1加仑（约3.8 L）水中加1～4盎司（28～112 g）清洗剂。

表1.147　玻璃瓶清洗剂配方3

组分	含量/%
非离子型表面活性剂（70%）	0.5
氢氧化钠（50%）	95.0
葡萄糖酸钠	2.5
水	2.0

说明：本配方为机洗用。将清洗液加热后喷到瓶子上使用。

表 1.148　玻璃瓶清洗剂配方 4

组分	含量/%
脂肪醇聚氧乙烯醚（100 %）	0.15
非离子型表面活性剂（70 %）	0.35
氢氧化钠（50 %）	95.0
葡萄糖酸钠	2.50
水	2.0

说明：本配方为机洗用，且为低泡型。将清洗液加热后喷到瓶子上使用。

表 1.149　玻璃瓶清洗剂配方 5

组分	含量/%
氢氧化钠（50 %）	98.0
烷基磷酸酯（90 %）	0.50
葡萄糖酸钠	1.50

说明：使用浓度 15～30 g/L（水溶液）。

表 1.150　玻璃瓶清洗剂配方 6

组分	含量/%
氢氧化钠	97.75
烷基磷酸酯（80 %）	1.25
葡萄糖酸钠	1.00

说明：使用浓度 7.5～30 g/L（水溶液）。

表 1.151　玻璃瓶清洗剂配方 7

组分	含量/%
氢氧化钠	20.0
二羧基咪唑啉二钠	1.0
二缩二乙二醇单乙醚	1.0
水	78.0

制备：将氢氧化钠溶于水中（50 ℃），搅拌下依次加入另外两个组分。

说明：本品适用于机洗各种玻璃瓶。

表 1.152　玻璃瓶清洗剂配方 8

组分	含量/%
脂肪酶	0.1

组分	含量/%
赋形剂/表面活性剂，色素	23.6
蛋白酶	2.7

说明：用于奶瓶清洗。

表 1.153　玻璃瓶清洗剂配方 9

组分	含量/%
小苏打	40.0
蔗糖酯	3.6
柠檬酸	30.0

说明：用于奶瓶清洗。

4.玻璃防雾剂（见表 1.154、表 1.155）

表 1.154　玻璃防雾剂配方 1

组分	含量/%
乙二醇	30.0
异丙醇	20.0
乙醇	10.0
Triton X-100	4.0

表 1.155　玻璃防雾剂配方 2

组分	含量/%
丙二醇	5.0
甲醛（28%）	1.0
水	30.0

5.汽车挡风玻璃清洗剂（见表 1.156～表 1.164）

表 1.156　汽车挡风玻璃清洗剂配方 1

组分	含量/%
丙二醇甲醚	5.0
异丙醇	80.0
乙二醇	14.0

组分	含量/%
壬基酚聚氧乙烯(9、10)醚	1.0

说明：用水按1∶1稀释，适合冬天使用。

表1.157　汽车挡风玻璃清洗剂配方2

组分	含量/%
丙二醇甲醚	12.0
丙二醇	12.0
异丙醇	76.0

说明：冬天用时，用水1∶1稀释；夏天用时再用水稀释5倍。

表1.158　汽车挡风玻璃清洗剂配方3

组分	含量/%
一缩二丙二醇甲醚	6.0
丙二醇甲醚	16.0
异丙醇	10.0
壬基酚聚氧乙烯(9、10)醚	1.0
水	余量

说明：夏天用，用水1∶1稀释。

表1.159　汽车挡风玻璃清洗剂配方4

组分	含量/%
琥珀酸二己酯磺酸钠（80%溶液）	3.5
非离子型表面活性剂（HLB 12.9，100%）	0.5
异丙醇	51.0
水	45.0

说明：每升水约加35 g本品稀释使用。加异丙醇可防冻。

表1.160　汽车挡风玻璃清洗剂配方5

组分	含量/%
2-乙基己醇	5.0
琥珀酸二辛酯磺酸钠（75%汽油溶液）	1.0
异丙醇	47.0
水	47.0

说明：每升水约加70 g本品使用。

表 1.161 汽车挡风玻璃清洗剂配方 6

组分	含量/%
琥珀酸二辛酯磺酸钠（75 %汽油溶液）	3.5
邻苯二甲酸二丁酯或甘油	0.5 ~ 2.0
异丙醇	48
水	余量

说明：每升水约加 35 g 本品稀释使用。加异丙醇可防冻。

表 1.162 汽车挡风玻璃清洗剂配方 7

组分	含量/%
直链醇聚氧乙烯醚（分子量 488，60.4 %乙氧基）	1.0
异丙醇	39.0
水、色料	余量

表 1.163 汽车挡风玻璃清洗剂配方 8

组分	含量/%
直链醇聚氧乙烯醚（分子量 488，60.4 %乙氧基）	1.5
乙氧基硫酸钠（59 %）	2.0
异内醇	47.5
水、色料	余量

表 1.164 汽车挡风玻璃清洗剂配方 9

组分	含量/%
甲醇	40.0
氢氧化铵（30 %）	1.0
非离子型乳化剂	4.0
水	余量

四、地毯及室内装饰清洗剂

1.地毯清洁剂（见表 1.165 ~ 表 1.171）

表 1.165 地毯清洁剂配方 1

组分	含量/%
铝硅酸镁	1.5

续表

组分	含量/%
汉生胶	0.3
苯乙烯-马来酸酐共聚物	1.0
氢氧化铵（28%）	0.25
N-月桂酰肌氨酸钠（30%）	15
月桂醇硫酸钠	15
水	余量

表 1.166 地毯清洁剂配方 2

组分	含量/%
甲醛（37%）	0.4
异丙醇	2.0
乙二醇单丁醚	2.0
香精、色素	适量
水	余量

表 1.167 地毯清洁剂配方 3

组分	含量/%
EDTA-4Na	3.0
脂肪酸二乙醇酰胺	11.5
丙二醇丁基醚	5.0
原硅酸钠	4.5
水	余量

表 1.168 地毯清洁剂配方 4

组分	含量/%
十二烷基二苯醚二磺酸钠（45%）	7.0
三乙醇胺	10.0
丙二醇单甲醚	4.0
油酸钾	1.0
水	余量

说明：本品为低泡型清洁剂。

表 1.169 地毯清洁剂配方 5

组分	含量/%
二缩二丙二醇单甲醚	5.0
磷酸三钠	2.0
十二烷基硫酸钾（40%）	3.0
水	余量

说明：本品为中泡型清洗剂。

表 1.170 地毯清洁剂配方 6

组分	含量/%
水	70.0
三乙醇胺	10.0
丙二醇单甲醚	4.0
辛烷基磺酸钠	16.0

说明：本品 pH=10.2，透明液体，中等泡沫，黏度（25℃）25 mPa·s，活性成分 19.6%。

表 1.171 地毯清洁剂配方 7

组分	含量/%
过氧化氢	9.0
异丙醇	10.0
氢氧化铵（调节 pH 至 9.5）+水	余量

说明：本品适用于合成纤维地毯。

2.多功能地毯清洁剂（见表 1.172～表 1.177）

表 1.172 地毯吸尘器清洁剂配方

组分	含量/%
辛基和异辛基咪唑啉二羧酸钠（33%～35%）	5.0
一缩二乙二醇丁醚	2.0
焦磷酸钾	4.0
水	余量

表 1.173 尼龙地毯漂白清洁剂配方

组分	含量/%
过硼酸钠	35.0

续表

组分	含量/%
丙烯酸树脂	3.0
PEG	1.0
荧光增白剂	0.1
水	余量

表1.174　地毯擦洗机用清洁剂配方

组分	含量/%
水	23.3
水溶性丙烯酸聚合物	40.0
一缩二丙二醇甲醚	1.0
十二烷基硫酸铵（28%）	35.7

说明：用10~40倍水稀释使用。

表1.175　小地毯低泡清洗剂配方

组分	含量/%
阴离子型表面活性剂（45%）	7.0
三乙醇胺	10.0
丙二醇甲醚	4.0
油酸钾	1.0
水	78.0

表1.176　小地毯中泡清洗剂配方

组分	含量/%
一缩二丙二醇甲醚	5.0
磷酸钠	2.0
表面活性剂（液体）	7.0
水	86.0

表1.177　小地毯高泡清洗剂配方

组分	含量/%
阴离子型表面活性剂（45%）	7.0
三乙醇胺	10.0
一缩二丙二醇甲醚	4.0
十二烷基二乙醇酰胺	78.0

3.室内装饰品及小地毯清洁剂（见表1.178~表1.180）

表1.178　室内装饰品及小地毯清洁剂配方1

组分	含量/%
直链醇聚氧乙烯醚（分子量729，71.8%乙氧基）	13.0
乙氧基硫酸钠（59%）	9.0
焦磷酸钠	7.0
磷酸酯阴离子型表面活性剂	6.0
水、色料、香料	余量

表1.179　室内装饰品及小地毯清洁剂配方2

组分	含量/%
直链脂肪醇聚氧乙烯醚（分子量719，71.8%乙氧基）	6.0
乙氧基硫酸钠（59%）	3.0
焦磷酸钾（或硅酸钠）	3.0
水、色料、香料	余量

表1.180　室内装饰品及小地毯清洁剂配方3

组分	含量/%
直链脂肪醇聚氧乙烯醚	4.0
焦磷酸钾	8.0
二甲苯磺酸钠	2.0
水、色料、香料	余量

说明：本配方为经济型清洁剂。

五、家具及地板清洁剂

1.家具清洗剂（见表1.181~表1.183）

表1.181　家具清洗剂配方1

组分	含量/%	组分	含量/%
硅油（上光剂）	2.0	氧化微晶蜡（上光剂）	2.0
石油溶剂	4.0	鲸蜡聚氧乙烯（20）油酰（乳化剂）	2.0
十八碳醇	1.0	水	余量

表1.182 家具清洗剂配方2

组分	含量/%	组分	含量/%
磷酸三钠	19.0	氢氧化钠	1.2
肥皂粉	2.3	水	余量

说明:用热水稀释30~50倍使用。

表1.183 家具清洗剂配方3

组分	含量/%	组分	含量/%
月桂基硫酸三乙醇胺 (40%)	40.00	水	55.00
葡萄糖酸钠	5.00		

说明:先将葡萄糖酸钠溶于水,搅拌下加入月桂基硫酸三乙醇胺,稀释10倍使用。

2.地板清洁剂(见表1.184~表1.192)

表1.184 地板清洁剂配方1

组分	含量/%
丙二醇甲醚	14.0
油酸	16.0
三乙醇胺	12.0
水	58.0

表1.185 地板清洁剂配方2

组分	含量/%
水	58.0
三乙醇胺	12.0
N-甲基-2-吡咯烷酮	14.0
油酸	16.0

表1.186 地板清洁剂配方3

组分	含量/%
复合有机磷酸酯钠阴离子型表面活性剂	6.0
三聚磷酸钠	3.00
焦磷酸钠	3.00
水	88.0

表1.187 地板清洁剂配方4

组分	含量/%
1：2 脂肪酸二乙醇酰胺、混合椰油基脂肪酸（80%）（洗涤剂）	20 ~ 14.29
水	80 ~ 85
香料、防腐剂等	适量

表1.188 地板清洁剂配方5

组分	含量/%
1：2 脂肪酸二乙醇酰胺、混合椰油基脂肪酸（100%）（洗涤剂）	15.0
水	85.0
香料、防腐剂	适量

表1.189 地板清洁剂配方6

组分	含量/%
复合有机磷酸酯（100%）	5.0
椰油基二乙醇胺	1.0
焦磷酸钾	15.0
水	79.0

表1.190 地板清洁剂配方7

组分	含量/%
水	82.75
高分子量丙烯酸（固含量20%）（增稠剂）	4.25
氢氧化钠	0.15
防腐剂	0.05
辛基酚聚氧乙烯醚（100%）	10.00

表1.191 地板清洁剂配方8

组分	含量/%
烷基苯磺酸盐（30%）	3.00
脂肪酸烷基醇酰胺	3.00
二甲苯磺酸钠	3.00
磷酸钠	4.00

组分	含量/%
三聚磷酸钠	4.00
水、色料、香料等	83.00

表1.192　地板清洁剂配方9

组分	含量/%
脂肪酸烷基醇酰胺（100%）	6.00
烷基磺酸钠	7.00
二甲苯磺酸钠	1.50
磷酸钠	5.00
水、色料、香料等	80.50

六、机动车清洗剂

1.机动车清洗剂（见表1.193~表1.195）

表1.193　机动车清洗剂配方1

组分	用量/g
次氯酸钙	750
精制水	7500
十二烷基二甲基氧化胺（30%水溶液）	166
四氯乙烯	1500
2,4,6-三丁基苯基醚	50

说明：本品黏度低，泡沫多，适用于洗刷机动车漆面，去污力强，易冲洗。

表1.194　机动车清洗剂配方2

组分	含量/%
辛基咪唑啉二羧酸钠（38%~40%）	6.0
丁基溶纤剂	2.0
壬基酚聚氧乙烯醚	3.0
氢氧化钾（45%）	4.0
妥尔油	3.4
焦磷酸钠	4.0

续表

组分	含量/%
五水偏硅酸钠	4.0
水	余量

表1.195　机动车清洗剂配方3

组分	用量/g
三乙醇胺	0.1
苯甲酸钠	0.4
泡沫稳定剂	1.0
烷基烯丙基磺酸钠	43.0
烷基磺酸钠	9.5
葡萄糖酸钠	5.0

说明：配方不含磷，生物降解性好，对环境污染小，使用时用25倍水稀释，对胶状油污和尘埃清洗效果好。

2.汽车洁亮剂（上光剂）（见表1.196~表1.198）

表1.196　汽车洁亮剂（上光剂）配方1

组分	用量/g
三乙醇胺	120
油酸	300
硅藻土粉	225
白油	3（L）
水	11.5

说明：本品适宜洗汽车外壳，可使汽车外壳洁亮如新，且无反光。

表1.197　汽车洁亮剂（上光剂）配方2

组分	用量/g
巴西棕榈蜡	9
蜂蜡	4
纯矿地蜡	4
石脑油	75
硬脂酸	7
三乙醇胺	2.7

组分	用量/g
水	75
磨料	25～60

说明：制备时先加前七组分，升温搅拌均匀，再加磨料，混合均匀。本品为棕黄色软膏状洁亮剂。

表1.198　汽车洁亮剂（上光剂）配方3

组分	用量/g
轻质矿物油	8
甘油	5
巴西棕榈蜡	1
水溶性树胶	0.2
三乙醇胺油酸酯	0.2
硅藻土	17
水	68.6

说明：将各组分升温搅拌均匀即可。

3.小汽车清洗剂（见表1.199～表1.207）

表1.199　小汽车清洗剂配方（水溶液剂）1

组分	含量/%
壬基酚聚氧乙烯(9、10)醚	12.0
烷基磺酸钠（60%）	16.0
月桂酸二乙醇酰胺	2.0
水	70.0

表1.200　小汽车清洗剂配方（水溶液剂）2

组分	含量/%
辛基酚聚氧乙烯(9、10)醚	20.0
烷芳基聚醚阴离子型表面活性剂（20%）	10.0
水	70.0

表1.201　小汽车清洗剂配方（水溶液剂）3

组分	含量/%
辛基酚聚氧乙烯(9、10)醚	12.0

续表

组分	含量/%
烷基磺酸钠	16.0
月桂酸二乙醇酰胺	2.0
水	70.0

表1.202 小汽车清洗剂配方（水溶液剂）4

组分	含量/%
烷芳基磺化三乙醇胺（60%活性物）	3
1:1型烷醇酰胺、椰油基脂肪酸	6.0
MAZER MACOL OP-10sp①	10.0
乙氧基化脂肪醇	10.0
水	34.0

① 疑为芳基酚聚醚类非离子型表面活性剂。

表1.203 小汽车清洗剂配方（水溶液剂）5

组分	含量/%
烷芳基磺化三乙醇胺（60%）	40.0
壬基酚聚氧乙烯醚（HLB 12.8）	5.0
水	55.0

表1.204 小汽车清洗剂配方（水溶液剂）6

组分	含量/%
烷基聚醚磺酸钠	15.0
壬基酚聚氧乙烯醚（HLB 12.8）	5.0
烷芳基磺化三乙醇胺	40.0
水	40.0

表1.205 小汽车清洗剂配方（粉剂）1

组分	含量/%
三聚磷酸钠	85.0
辛基酚聚氧乙烯(7、8)醚	15.0

表1.206　小汽车清洗剂配方（粉剂）2

组分	含量/%
辛基酚聚氧乙烯(7、8)醚	7.5
辛基酚聚氧乙烯(5)醚	7.5
无水偏硅酸钠	20.0
羧甲基纤维素	1.0
碳酸钠	10.0
六偏磷酸钠	5.0
三聚磷酸钠	49.0

表1.207　小汽车清洗剂配方（粉剂）3

组分	含量/%
壬基酚聚氧乙烯(10～12)醚	10.0
三聚磷酸钠	50.0
五水偏硅酸钠	5.0
碳酸钠	35.0

七、厨房、卫生间清洁剂

1.瓷砖清洁剂（见表1.208～表1.215）

表1.208　万能擦净剂配方

组分	含量/%
天然方解石磨料（约2～40 μm，常用约5 μm）	10.0
C_{13}～C_{19}烷基苯磺酸钠	5.0
C_{17}～C_{19}脂肪醇聚氧乙烯醚	2.5
无水碳酸钠	2.7
碳酸氢钠	1.3
椰油酸	0.7
香料	0.4
水	77.4

表1.209　瓷砖清洁剂配方1

组分	含量/%
磷酸（85%）	12.0
羟基乙酸（50%）	10.0
烷基酚聚氧乙烯醚（60%）	4.0
EDTA-4Na	0.5
黄原胶（增稠剂）	1.0
水	72.5

表1.210　瓷砖清洁剂配方2

组分	含量/%
胶体硅酸镁铝	4.3
碳酸钙	30.0
直链脂肪醇聚氧乙烯醚（HLB 10）	5.0
水	60.7

表1.211　瓷砖清洁剂配方3

组分	含量/%
二甲苯磺酸钠（40%）	6.0
乙二醇丁醚	4.0
烷基苯磺酸盐（60%）	2.0
直链脂肪醇聚氧乙烯醚	2.0
五水偏硅酸钠	3.0
焦磷酸钠	6.0
水	77.0

表1.212　瓷砖清洁剂配方4

组分	含量/%
烷基聚醚磺酸钠	1.0
次氯酸钠	2.0
氢氧化钠	1.0
水	96.0

表1.213　瓷砖清洁剂配方5

组分	含量/%
十二烷基苯磺酸钠	3.0
EDTA-4Na（40%）	10.0
两性表面活性剂（31%）	3.0
乙二醇单丁醚	3.0
水	81.0

表1.214　瓷砖和浴盆清洁剂配方1

组分	含量/%
黄原胶（增稠剂）	0.23
复合胶体硅酸铝镁稳定剂	2.27
碳酸钙（100目）	36.37
癸/辛基甜菜碱（40%）	2.27
水	58.86

表1.215　瓷砖和浴盆清洁剂配方2

组分	含量/%
直链烷基磺酸钠	10.0
脂肪酸二乙醇酰胺	3.0
EDTA-4Na	1.0
对羟基苯甲酸甲酯	0.1
水	85.9

2.便池、马桶清洁剂（见表1.216~表1.224）

表1.216　便池、马桶清洁剂配方1

组分	含量/%
碱溶性丙烯酸聚合物乳液（30%）、增稠剂	6.70
烷基苯磺酸盐	25.0
椰油酸二乙醇酰胺	3.0
碳酸钠（10%）	1.0
盐酸（37%）	13.5
水	50.8

表 1.217　便池、马桶清洁剂配方 2

组分	含量/%
硫酸氢钠	75.0
碳酸钠	12.0
氯化钠	11.0
草酸氢钠	1.0
阴离子型表面活性剂（40%）	1.0

表 1.218　便池、马桶清洁剂配方 3

组分	含量/%
烷基萘磺酸钠	5.0
过碳酸钠	25.0
碳酸氢钠	25.0
柠檬酸	25.0
硫酸钠	20.0
蓝色料	适量

表 1.219　便池、马桶清洁剂配方 4

组分	含量/%
磷酸（85%）	5.9
盐酸（37%）	13.5
酸性浓缩增稠剂（可生物降解）	10.0
水	70.6

表 1.220　便池、马桶清洁剂配方 5

组分	含量/%
复合有机磷酸酯（100%）	2.0
磷酸二氢钠	8.0
蓝色料	0.5
水	89.5

表 1.221　便池、马桶清洁剂配方 6

组分	含量/%
直链脂肪醇聚氧乙烯醚 （分子量 519，69.5%乙氧基）	3.0

续表

组分	含量/%
尿素	10.0
EDTA-4Na	0.5
水、蓝色料	86.5

表1.222 便池、马桶清洁剂配方7

组分	含量/%
壬基酚聚氧乙烯醚（100 %）	35.0
尿素	5.0
无水硫酸钠	60.0
色料、香料、消毒剂等	适量

表1.223 便池、马桶清洁剂配方8

组分	含量/%
壬基酚聚氧乙烯醚	18.0
尿素	82.0
色料、香料、消泡剂、消毒剂等	适量

表1.224 便池、马桶清洁剂配方9

组分	含量/%
十二烷基苯磺酸钠	2.0
盐酸	20.0
阴离子表面活性剂	3.0
水	75.0

八、卫生消毒剂

1.卫生洗手液（见表1.225 ~ 表1.232）

表1.225 卫生洗手液配方1

组分	含量/%	组分	含量/%
海藻酸钠	2.2	甘油	0.3
药用滑石粉	0.5	乳化剂	1.5

续表

组分	含量/%	组分	含量/%
蓖麻籽油	1.0	香料	适量
十二烷基硫酸钠	0.5	水	94.0

制备：先将海藻酸钠加入室温下的水中，搅拌 1 h，再加入除香料外的其他组分，混匀后升温至约 50 ℃搅拌 1 h，降温至室温，加入香料，略加搅拌即可。

应用：去污能力较好，无毒无害、无刺激性。

表1.226 卫生洗手液配方2

组分	含量/%	组分	含量/%
明胶	1.0	苯甲酸钠	0.16
十二烷基硫酸钠	4.16	氯化钠	2.5
四硼酸钠	0.83	香精、色素	适量
脂肪酸聚氧乙烯醚	0.83	沸水	余量
十二烷基聚氧乙烯硫酸钠	5.0		
脂肪醇酰胺	2.5		

制备：先将明胶溶于沸水中，依次加入各表面活性剂，温度降低后再加入盐类和香精等。

应用：可有效清除手上油污，也可用于衣领等处的洗涤和卫生间清洗。

表1.227 卫生洗手液配方3

组分	含量/%	组分	含量/%
聚乙烯醇	6~8	甘油	0.5~1.0
十二烷基硫酸钠	6~8	三聚磷酸钠	1~2
椰油酸二乙醇酰胺	6~8	三氟三氯乙烷	1~2
羧甲基纤维素钠	2~3	对羟基苯甲酸甲酯	0.2~0.5
尿素	0.3~0.5	甲醛	0.1~0.3
乙酰羊毛脂	1~2	乙醇	6~8
液体石蜡	1~2	香精	适量
		水	余量

应用：有去污、杀菌和护肤作用，可不用冲洗。

表1.228 免水冲洗洗手液配方

组分	含量/%	组分	含量/%
十二烷基硫酸钠	5.0	尼泊金甲酯	0.1

组分	含量/%	组分	含量/%
椰油酸烷基醇酰胺	4.0	维生素C	0.01
氯化钠	2.0	三聚磷酸钠	0.2
柠檬酸	0.2	水	87.44
甘油	1.0	色素、香精	适量
甲基硅油	0.05		

应用：可在无水条件下除手上油污，也可用作液体皂广泛用于各方面。

表1.229　免水洗洗手液配方1

组分	含量/%
甘油	20.0
冰片	8.0
聚乙烯醇	28.4
三乙醇胺	19.6
四氧月桂醇醚	20.0

应用：简便、合理、去污力强。

表1.230　免水洗洗手液配方2

组分	含量/%
十二烷基硫酸钠	3.70
月桂酸二乙醇酰胺	4.0
辛基酚聚氧乙烯(5)醚	4.0
氯化钠	2.0
水	86.3

应用：除油污力强，配制简便。

表1.231　消毒免水洗洗手液配方

组分	含量/%	组分	含量/%
乙醇	67.13	维生素E（护肤剂）	0.05
卡波泊（增稠剂）	3.0	茶树油	1.0
三氯生（广谱杀菌剂）	0.05	三乙醇胺	1.0
甘油	1.0	吐温-20	0.05
芦荟油（护肤剂）	0.5	水	26.22

应用：特别适用于医院、家庭和野外净手、消毒。

表1.232 洗手液配方

组分	配方（A）含量/%	配方（B）含量/%
C$_{12}$～C$_{13}$脂肪醇聚氧乙烯醚（分子量488，60.4%乙氧基）	10.0	—
C$_{12}$～C$_{15}$聚氧乙烯（EO3）硫酸钠（59%）	12.0	25.0
脂肪酸酰胺	3.0	3.0
氯化钠	1.0	2.5
水、香料、染料等	余量	余量

制备：将NaCl溶于水中，先加聚氧乙烯醚，再加硫酸盐。

性质：黏度（27℃）451 cP（A）、159 cP（B）；透明点7.2℃（A）、7.8℃（B）。

用柠檬酸调pH至7.5～8.0。

2.清洗液（见表1.233～表1.236）

表1.233 清洗液配方1

组分	含量/%
烷基磺酸盐（30%）	10.0
烷基二甲基氧化胺（30%）	10.0
氢氧化钠	1.0
月桂酰肌氨酸钠（30%）	2.5
次氯酸钠（活性物150 g/L）	50.0
烷芳基聚乙二醇醚	5.0
水	21.5

表1.234 清洗液配方2

组分	含量/%
烷基磺酸盐（60%）	15.0
壬基酚聚氧乙烯(6)醚	3.0
十二烷基二甲基氧化胺（30%）	5.0
磷酸（85%）	10.0
水	余量

制备：先将烷基磺酸盐溶于水，再加入其他组分。

表1.235 清洗液配方3

组分	含量/%
烷基磺酸盐（60%）	7.5
氧化胺（30%）	5.0
壬基酚聚氧乙烯(9)醚	5.0
盐酸（37%）	10.0
磷酸（85%）	10.0
水、色料、香料	余量

表1.236 清洗液配方4

组分	含量/%
烷基磺酸盐（60%）	2.5
氧化胺	3.3
氢氧化钠	1.0
次氯酸钠（活性物150 g/L）	50.0
水、香料	43.2

3.消毒液（见表1.237~表1.239）

表1.237 消毒液配方1

组分	含量/%
月桂基甜菜碱（35%）	17.0
氯化苄烷铵（50%）	10.0
乙二醛（40%）	5.0
水	68.0

说明：先将氯化苄烷铵溶于水，再加入其他组分。

表1.238 消毒液配方2

组分	含量/%
直链脂肪醇乙氧基化合物（分子量610，65.6%乙氧基）	7.5
季铵盐（50%）	10.0
焦磷酸钾	8.0
水、色料、香料	余量

说明：使用浓度10~20 g/L。

表 1.239 医院用消毒液配方

组分	含量/%
直链脂肪醇乙氧基化合物 （分子量 610，65.6%乙氧基）	7.0
季铵盐（50%）	15.0
乙二胺四乙酸	6.0
碳酸钠	3.0
季铵盐卫生洗涤化合物（50%）	10
二甲苯磺酸钠	5.0
水	余量

九、其他清洁剂

1.皮革清洁剂（见表 1.240 ~ 表 1.243）

表 1.240 皮革清洁剂配方 1

组分	含量/%
壬基酚聚氧乙烯(9、10)醚	10.0
丙二醇甲醚	5.0
异丙醇	2.5
乙酸戊酯	1.0
水	81.5

表 1.241 皮革清洁剂配方 2

组分	含量/%
聚硅氧烷乳液	25.0
壬基酚聚氧乙烯醚	12.0
八甲基环四硅氧烷	2.0
去离子水	61.0

表 1.242 皮革清洁剂配方 3

组分	含量/%
硅氧烷油	4.8
油酸	2.0

续表

组分	含量/%
石油溶剂	19.0
吗啉	1.0
脂肪酸和树脂酸的聚环氧乙烷酯的混合物	2.0
丙烯聚合物	0.2
水	余量

表1.243 皮革清洁剂配方4

组分	含量/%
两性甘氨酸衍生物（50%）	15.0
α-烯烃磺酸盐	15.0
聚乙烯吡咯烷酮-碘	10.0
氯化苄烷铵（50%）	2.0
烷醇酰胺	3.0
水	55.0

2.塑料制品清洁剂（见表1.244～表1.248）

表1.244 塑料制品清洁剂配方1

组分	含量/%	组分	含量/%
过硼酸钠一水化合物	30.0	硫酸镁	2.0
硅酸钠	20.0	脂肪酸聚氧乙烯醚	5.0
三聚磷酸钠	30.0	硫酸钠	13.0

使用说明：配成水溶液使用。

表1.245 塑料制品清洁剂配方2

组分	含量/%
过氧化硼酸钠一水化合物	35.0
三聚磷酸钠	30.0
碳酸钠	20.0
硅酸钠	5.0
十二烷基苯磺酸钠	10.0

说明：将组分混匀，用水溶解使用。

表1.246　塑料制品清洁剂配方3

组分	含量/%
聚氧乙烯(10)醚油酸酯	5.5
三乙醇胺	2.0
乙醇	10.0
甘油	5.0
水	77.5
香料、防腐剂等	适量

表1.247　塑料制品清洁剂配方4

组分	含量/%
脂肪醇聚氧乙烯醚	10.0
二元醇醚	5.0
异丙醇	2.5
乙酸戊酯	1.0
水	81.5

表1.248　塑料制品清洁剂配方5

组分	含量/%	组分	含量/%
聚二甲基硅氧烷	5	丙烯酸树脂聚合物	0.2
油酸	2	溶剂油	20
吗啉	1	水	余量
聚乙二醇(16)树脂酸酯	2		

制备：将聚二甲基硅氧烷和油酸溶于溶剂油中，得油相。将吗啉和聚乙二醇(16)树脂酸酯溶于一半水中，丙烯酸树脂分散于另一半水中，得水分散体。充分搅拌下将油相加入水相中，混合至均匀。

3.橡胶制品清洁剂（见表1.249~表1.253）

表1.249　橡胶制品清洁剂配方1

组分	含量/%	组分	含量/%
精制水	43.7	聚丙烯酸溶液	0.5
异丙醇	35.0	三乙醇胺	0.8
乙二醇单丁醚	5.0	壬基酚聚氧乙烯醚	15.0

制备：将水加入混合器中，搅拌下将异丙醇和乙二醇单丁醚加入水中，充分混合后加聚丙烯酸溶液和三乙醇胺，最后加壬基酚聚氧乙烯醚。本品清洗效果极佳。

表1.250　橡胶制品清洁剂配方2

组分	含量/%
乙烯-丙烯共聚物	1.85
氯化钙	2.05
烷基磺酸钠	0.1
水	余量

说明：将本品配方各物质混合、压片、造粒。可用于有效清洗被含炭黑硅橡胶玷污的挤压机内壁。

表1.251　橡胶制品清洁剂配方3

组分	含量/%
2-氨基-2-乙基-1-丙醇	90.0
乙醇	1.0
水	余量

使用：对乙-丙橡胶热模具喷洒本品溶液，清洗效果好。

表1.252　橡胶制品清洁剂配方4

组分	含量/%	组分	含量/%
妥尔油脂肪酸	6	三聚磷酸钠	1
三乙醇胺	3	水	86
乙二醇单甲醚	4		

说明：用于载人电梯等橡胶扶手清洗。

表1.253　橡胶制品清洁剂配方5

组分	含量/%	组分	含量/%
聚丙烯酸乳化剂	0.2	硅油（DC-Q2-5211）	0.5
硅油（350 mm²/s）	16.0	三乙醇胺	0.25
硅油（5000 mm²/s）	4.0	异丙烯酸（Dood Rite K752）	0.5
硅油（DC1403）	2.0	去离子水	余量

说明：用于橡胶垫清洗，可恢复其弹性和密封性。

4.鞋用除臭剂（见表1.254～表1.256）

表1.254　鞋用除臭剂配方1

组分（A组）	含量/%	组分（B组）	含量/%
乙醇	80.0	水	10.0

续表

组分（A组）	含量/%	组分（B组）	含量/%
香豆素	1.0	甘油	5.0
薰衣草香精	1.0	甲醛溶液	3.0

制备：将A、B两组物质分别混合溶解，将B液加入A液中，搅匀即可。将本品喷洒于鞋内，可有效除去脚汗引起的臭味。

表1.255　鞋用除臭剂配方2

组分	含量/%	组分	含量/%
酒精	55.0	十二烷基硫酸钠	4.7
三氯化铝	30.0	六氯苯	0.2
丙二醇	10.0	苯并噻唑	0.1

制备：将各组分充分混合均匀，并溶解成溶液。

使用：将毡制鞋垫浸泡于本品中，取出晾干即可。经处理的鞋垫能吸汗、除臭，且能防治脚气。

表1.256　鞋用除臭剂配方3

组分（A组）	含量/%	组分（B组）	含量/%
水	75.0	酒精	93.0
碱式氯化铝	20.0	六氯苯	5.0
硼酸	3.0	苯甲酸	1.0
四硼酸二钠	2.0	甲醇	1.0

制备：将A、B各组分分别混合溶解备用。

使用：将鞋垫浸于A液中，干燥后喷涂B液。经处理的鞋垫有除臭、灭菌作用。

5.驱蚊虫剂（见表1.257～表1.259）

表1.257　驱蚊虫剂配方1

组分（A组）	质量/g	组分（B组）	质量/g
丙烯菊酯	80.0	叶绿素铜	4.0
胡椒基丁醚	20.0	香精	3.0
叔丁基羟基甲苯	10.0		

制备：A组分混合溶解后，加B组分。

使用：将浸有药液的纸片置于80～100℃的电热器上即可起驱灭蚊虫作用。

表1.258　驱蚊虫剂配方2

组分（A组）	含量/%	组分（B组）	含量/%
细锯末	60.0	敌百虫	4.0
艾粉	20.0	淀粉	10.0
氯酸钾	6.0		

制备：将A组分研细混合，将B组分混入A组分中，搅匀，加适量水制成条（棒）状物，干燥后备用。

使用：点燃上述条（棒）状物，即可起灭蚊作用。

表1.259　驱蚊虫剂配方3

组分	含量/%	组分	含量/%
除虫菊粉	30	丙烯菊酯	5
透明火山灰	10	胶	5
木屑（锯末）	50		

6.特殊类洗涤剂（见表1.260、表1.261）

表1.260　高含水量的单位剂量洗涤剂制品配方[18]

组分	含量/%	组分	含量/%
直链烷基苯磺酸钠	24	聚乙二醇200	16
甘油	4	水	15
十二酸	4	油酸	2
单乙醇胺	5.8	C_{12-14}醇乙氧基化物	5
乙氧基化和丙氧基-2-丙基庚醇	12	脂肪酸甲酯乙氧基化物	8
聚乙烯亚胺乙氧基化物	2	柠檬酸钠	0.4
色素	0.02	酶	0.6
香精	0.6	微量组分	余量

表1.261　高效去污的凝胶型洗涤剂配方[19]

组分	含量/%	组分	含量/%
月桂醇聚氧乙烯醚	5	柠檬酸钠	8
葡萄糖酸钠	5	硅酸钠	2
蛋白酶	0.1	柠檬酸	3
卡松	1	水	76.8

参考文献

[1] 肖进新，赵振国.表面活性剂应用技术[M].北京：化学工业出版社，2018.

[2] 赵国玺，朱珍瑶.表面活性剂作用原理[M].北京：中国轻工业出版社，2003.

[3] 肖进新，赵振国.表面活性剂应用原理[M].2 版.北京：化学工业出版社，2015.

[4] 童晓梅.浅谈洗涤助剂的性能及作用机理[J].日用化学品科学，2004，27(10):22-25.

[5] 化工部科技情报研究所.新型清洗用品配方集[M].1991.

[6] 李东光，翟怀凤.精细化学品配方（五）、（六）[M].南京：江苏科技出版社，2007，2008.

[7] 化工部科技情报所.精细化学品配方集[M].1987.

[8] 谭勇军，陈波.精细化工小产品新配方生产与研制[M].长沙：中南工业大学出版社，1992.

[9] 李东光.实用洗涤剂配方手册（三）[M].3 版.北京：化学工业出版社，2014.

[10] 卢志敏，陈文，张世林，等.一种抗菌织物洗涤剂：CN 110982629A[P]. 2020-04-10.

[11] 彼得曼·迪特尔.液体衣物洗涤剂：CN 111218349A[P]. 2020-06-02.

[12] 刘英，屠吉利，郭宁，等.一种抗菌抑菌型液体洗涤剂组合物：CN 111471541A[P]. 2020-07-31.

[13] 庞旺.一种多效常温中性液体洗涤剂及其制备方法：CN 111286423A[P]. 2020-06-16.

[14] 付东青，杨冬梅，付东振.一种织物洗涤剂及其制备方法和应用：CN 111304022A[P]. 2020-06-19.

[15] 钟晓明，叶伟杰，钟秀欣，等.一种天然果蔬洗涤剂：CN 109456856A[P]. 2019-03-12.

[16] 叶霄，施爱琴，石荣莹.一种泡沫型去渍餐具洗涤剂及其制备方法：CN 110157554A[P]. 2019-08-23.

[17] 张次勇.一种含氨基酸表面活性剂的餐具洗涤剂及制备方法：CN 111234955A[P]. 2020-06-05.

[18] 马玉杰，李东华，高南，等.一种高含水量的单位剂量洗涤剂制品：CN 110343580A[P]. 2019-10-18.

[19] 张述文，麦贤杰，胡程伟，等.一种高效去污的凝胶型洗涤剂及其制备方法：CN 110862876A[P]. 2020-03-06.

第一节

化妆品的定义与分类[1-3]

一、什么是化妆品

　　化妆品是指以涂抹、喷洒或其他任意方法散布于人体表面（如皮肤、毛发、指甲、唇齿等）以达到清洁、护理、保养、美化、修饰和改变外观或者改善人体气味，保持良好状态为目的的化学工业品或精细化工产品。有些天然物质也可用于制备化妆品。化妆品的应用有益于增进人类的身心健康，改善人际交流和促进社会和谐。

　　自古以来人类就不断追求美化自身体貌，在原始社会就有将动物油脂涂抹于皮肤上以显示体魄健康的本能行为。在公元前七世纪古埃及有用黏土卷头发，以铜绿画眼圈的记载。我国在殷商时期已使用胭脂涂腮，战国时期有以白粉敷面，以墨画眉和以头油滋润、美观头发的传统。

　　化妆品在人们生活中得以广泛应用得益于化学工业特别是石油化学工业的发展。石化工业提供了制造化妆品的丰富的原材料和必要的生产技术和设备。现代化妆品的生产与应用已不再是原始的以天然原料为主的小手工业、作坊式的生产和简单的以手涂抹的方式应用。随着我国对外开放、经济迅速发展，人民生活水平日益提高，对化妆品的认识和需求日益提高，化妆品生产得到巨大发展，产量和产值直线式增加，化妆品成为热销商品。

科学使用化妆品和树立正确的美容观是当前化妆品消费中需要认真对待的问题。科学使用化妆品与生命科学和生物化学的发展紧密关联。人体基因，特别是对人体皮肤结构的研究和人体衰老有关基因的破解对指导化妆品的生产和使用具有极为重要的意义。爱美之心人皆有之，但何为美？可以有不同的看法。化妆品可以护肤、营养人体毛发等，掩饰某些局部的缺陷，使人总体给人以干净、舒服的形象和精神焕发的状态。但过分化妆（即如所谓的"浓妆艳抹"）使别人感到粗俗、低级、市侩气。据报道，现在拒绝报考艺术院校的考生整容和浓妆，应当说是一种社会审美观的进步。

二、化妆品的分类

化妆品品种繁多，并且不断出现新的产品。化妆品的分类方法很多（如按使用部位分、按使用目的分、按化妆品剂型分、按使用者性别与年龄段分、按产品的特点分等）。我国将化妆品按功能分为清洁类化妆品、护理类化妆品和美容修饰类化妆品三大类。每一类又可按使用部位分为皮肤用、发用、指甲用、唇用等化妆品。

国际上多将化妆品分为两大类：基础化妆品和美容化妆品。基础化妆品包括护肤、护发类用品，如沐浴液、雪花膏、冷霜、润肤霜、洗发水、护发素等。美容类用品有面膜、香粉、粉饼、指甲油、眉笔、发胶、发蜡、摩丝、染发剂等。美容类用品还可以包括某些具有特殊用途的化妆品，如防晒霜、脱毛剂、祛斑霜。

上述两种分类方法看似简单，实际应用中仍难以将众多化妆品分得清。例如含药物的化妆品、口腔用化妆品和香水类化妆品就难以分类。因此，基于上述两种分类方法，有人提出表2.1中的分类方法。

表2.1 化妆品的一种分类方法及使用目的和制品实例

分类	使用目的	实例	分类	使用目的	实例
基础化妆品	清洁	洗面奶	头发用化妆品	洗发	洗发水
	润肤	润肤霜		护发	护发乳
	保护	保湿乳		整型	摩丝、发蜡、发油
美容化妆品	基础美容	粉底霜		烫发	烫发剂
	重点美容	胭脂		染发	染发剂
	美甲			生发	生发水
体表用化妆品	沐浴	沐浴液	唇、齿、口腔用化妆品	皓齿	牙膏、唇膏
	防晒	防晒霜		口腔清爽	口腔清爽剂
	抑汗、祛臭	抑汗剂	芳香类化妆品	芳香	香水
	脱毛	脱毛剂			花露水

基础化妆品是以面部皮肤为主的化妆品，特别注重根据皮肤生理特性选择化妆品。美容化妆品也称装饰化妆品，特别关注化妆品对润色和保健的作用。体表用化妆品也称身用化妆品，是指对除颜面部分外人体躯干及其他部分施用的化妆品。头发用化妆品指对头发进行清洗、护理、塑型以至烫发、染发和生发用的化妆品。唇、齿、口腔用化妆品专指适用于口腔、牙齿、唇部的化妆品，以口腔清洁液（漱口水等）、牙膏为主，其中唇膏等也可列入美容化妆品。芳香类化妆品以各种香水为主。

第二节

化妆品的成分

成百上千种的化妆品，形态各异，作用不同，但其基本成分（原料）大致可分为两类：基质（或基本）成分与辅助成分。

基质成分也可称为基质原料，是构成化妆品的主要原料。辅助成分也称配合原料或添加剂。

一、基质原料

基质原料主要包括油性原料、胶质原料、溶剂原料和粉质原料等。

1.油性原料

油性原料有油脂类，蜡类，高级脂肪酸类，高级脂肪醇、酯类。

各种动、植物油脂和蜡是化妆品中应用最多的。这类油性原料有椰子油、棕榈油、橄榄油、茶籽油、马油、蛇油、蜂蜡等。油脂在化妆品中的作用是能在皮肤上形成疏水性膜，使皮肤有柔润光滑感，并能抑制水分蒸发保护皮肤。蜡类物质可作为固化剂提高产品稳定性、提高液态油脂的熔点，改善皮肤的柔润性能。蜡类物质熔点高，能改善化妆品的成型性能。

长碳链脂肪酸（如硬脂酸、棕榈酸等）、脂肪醇（如十八醇、十六醇等）、磷脂、长碳链的金属皂类、长链烃（如液体石蜡，液体石蜡常称为白油）、固体石蜡（长链饱和烃）和凡士林（油脂状石油产品，含微量不饱和烃的液体石蜡与固体石蜡的混合物）都是化妆品的重要原料，长链烃类在化妆品中多起溶剂作用，能净化皮肤并能在皮肤上形成疏水性保护膜，控制水分蒸发，提高化妆效果。这类原料多用于膏、霜类化妆品。长链脂肪酸和醇可以参与乳状液的形成，因为它们也有表面活性。

2.胶质原料

化妆品中用的胶质原料有天然胶质原料（如动物明胶、植物树胶、淀粉等）和合成的水溶性高分子化合物（如聚乙烯醇、聚丙烯酸、聚丙烯酰胺、聚乙烯吡咯烷酮等）。胶质原料常用于皮肤或头发上形成薄层或薄膜状物的化妆品（如面膜、摩丝、发胶等）。

3.溶剂原料

溶剂是除粉类化妆品外多数乳液、浆液、水液、膏等化妆品不可缺少的重要原料。即使是粉类化妆品，有的也需要一定量液态物质参与（如溶解香料、固体粉状物成型等）。最常用的溶剂是去离子水和蒸馏水。水是多种乳剂型化妆品的重要原料。香水、花露水常用低碳醇为溶剂（如乙醇等）。高碳醇有时可作为某些香料的溶剂。

4.粉质原料

粉质原料有滑石粉、钛白粉、云母粉及各种精制黏土。滑石粉虽吸油性较差，但其为层状结构，散布皮肤上有滑动感，故常用于制造爽身粉、痱子粉及香粉类化妆品。高岭土黏附性强，有抑制皮脂分泌及吸收汗液的性能，宜与滑石粉配合取长补短。钛白粉主要成分是 TiO_2，有极强的着色力和遮盖力，能阻止紫外线透过，故是美白类化妆品及防晒类化妆品的重要原料。

二、辅助原料

辅助原料主要在化妆品的色、香味和成型时起作用。化妆品的辅助原料主要是香料、色素、防腐剂、抗氧化剂、保湿剂、成型剂等。有特殊功效的化妆品还可针对性地加入少量添加剂。一般来说，化妆品中含有的辅助原料都很少，其用量常需要"经验"地加入，用量常用"适量"表示。

1.色素

美容化妆品特别注重色素的应用。化妆品用的色素分为有机合成色素、无机颜料和动植物性天然色素。

有机合成色素中以染料最为重要。染料是能溶解于某种溶剂中并能以溶解状态存在于被着色物质中，用于化妆品的染料将主要存在于人体某些部位的表面，使着色物质带有某种颜色的物质。染料有水溶性的和油溶性的两大种类。

某些无机物带有特殊的颜色，如二氧化钛和氧化锌都有稳定的白色，氧化铁有红棕色，氢氧化铬为青色，炭黑为黑色等。它们可以作为颜料在化妆品中应用，炭黑可用于眼部化妆品。

天然色素现已大多被有机合成色素取代。

2.香料

香料有天然香料（动、植物香料）和合成香料两类。植物香料有各种植物花油（如玫瑰油、薰衣草油等）和从多种植物中提炼出来的精油、浸膏、胶质物等。动物香料有龙涎香、麝香、灵猫香、海狸香四种。

香精是指用多种天然、合成香料，按香型、用途、价格等实际要求调配成的混合物。许多香精中含有溶剂及其他添加剂。

三、表面活性剂[4-6]

大多化妆品中都有表面活性剂成分，这是因为化妆品都是由固、液、气三态物质中的一种（包括不相混溶的两种液体）、两种（如固、液，气、液）形成的有一定稳定性的分散系统，为此必须加入表面活性物质。表面活性剂可以视为基质原料，也可将其划入辅助原料，本文将其单独列出。

化妆品是一种含多种组分的多元分散体系，多以水和油相物质为基本组成，并加入辅助原料（香精、色素、防腐剂、抗氧化剂）以保持其稳定、持久和给人愉悦感。此外还必须加入表面活性剂。在一切应用中，表面活性剂最根本的作用是降低实际系统中各界面的界面张力和在液相中及界面上形成胶束或其他的分子有序组合体。

1.化妆品中表面活性剂的主要作用

（1）乳化作用

许多化妆品都是乳状液，即将水相分散到油相中形成的油包水（W/O）型乳液系统或者水包油（O/W）型乳状液系统。这一过程称为乳化作用，起乳化作用的表面活性剂称为乳化剂。利用乳化作用生成的化妆品主要有乳液、霜、膏类化妆品，例如常用的雪花膏（为 O/W 型乳状液）、冷霜（为 W/O 型乳状液）。

（2）分散作用

无论是将一种液体分散到另一种与其不相混溶的液体中形成乳状液，还是将一种固体粉体分散到某种液态介质中形成固液分散系统，都需要表面活性剂参与，这种表面活性剂称为分散剂。良好的乳化剂也常是良好的分散剂。化妆品中应用的固体粉体多是无机颜料（如钛白粉、滑石粉等）和有机颜料，常用的分散剂有烷基磺酸盐、烷基萘磺酸盐（如二正丁基萘磺酸钠，俗称拉开粉）、脂肪醇聚氧乙烯醚[如 C_{12} ~ C_{16} 烷基脂肪醇聚氧乙烯(15、16)醚，俗称平平加]等。

（3）增溶作用

在化妆水、生发油、指甲油等化妆品中，香料、油溶性维生素、油脂等需要利用表面活性剂胶束的增溶作用，以较大浓度稳定地存在于化妆品中，达到化妆的目的。胶束增溶作用只有在表面活性剂浓度达到其临界胶束浓度（cmc）时才能发生，且增溶量的大小与被增溶物及表面活性剂性质有关。

（4）润湿、渗透作用

化妆品都要涂敷于皮肤、毛发表面上才能起到洗涤、清洁、滋润、美化等功效，因此化妆品必须能润湿皮肤、毛发及表面污垢才能起作用，这就要求使用的表面活性剂不能刺激、伤害皮肤且要尽可能地保持皮肤正常状态的油脂及水分。人体皮肤性质各异，要求有多种性能的化妆品适应各自的需要。一般来说，非离子型表面活性剂比离子型表面活性剂更温和，特别是两性型表面活性剂，常用以制造婴幼儿和老年人使用的化妆品，但其价格较高。阴离子型表面活性剂生产工艺成熟，原料丰富、价格低廉，是一般化妆品最常用的。阳离子型表面活性剂价格虽较高，但其易在带负电表面吸附（多数固体表面在中性水中均带负电荷），故能使表面更为柔顺、光滑，手感好，并且季铵盐类阳离子型表面活性剂有杀菌、消毒能力，更适用于有医疗效果的化妆品。磷脂类表面活性剂对人体肌肤有良好的渗透性和保湿性。在化妆品中添加的生命活性物质如维生素衍生物、胶原蛋白、细胞生长因子等物质可能会渗入皮肤，参与新陈代谢，改变皮肤组织结构，达到防衰老、抗皱、增白等效果。

2.化妆品中常用的表面活性剂

（1）阴离子型表面活性剂

长链脂肪酸皂（如十二酸钠、钾等，硬脂酸钠，油酸三乙醇胺等）可用于制造O/W型乳液型化妆品，高价金属皂可制W/O型乳液，三乙醇胺可用于制备乳液型化妆品。

烷基磺酸盐（如十二、十四、十六烷基磺酸钠等）用于制造O/W型乳液及洗发水，牙膏和膏、霜类化妆品。

琥珀酸磺酸盐（如十二烷基琥珀酸单酯磺酸钠、蓖麻籽油酰单乙醇胺琥珀酸单酯磺酸钠等）有皮肤舒适感，用于制造O/W乳液、洗发水、沐浴液等。

肌氨酸盐（如月桂酰肌氨酸钠、硬脂酰肌氨酸钠等）适用于弱酸性配方中，用于制O/W型乳液、牙膏、洗发水等。

牛磺酸盐（如 N-甲基椰油酰牛磺酸钠，N-烷酰基-N-甲基牛磺酸钠等）刺激性小，对皮肤、毛发亲和性好，适于制作高档洗发水、沐浴露等。

脂肪醇聚氧乙烯醚硫酸酯盐（如月桂醇聚氧乙烯醚硫酸钠、月桂醇聚氧乙烯醚三乙醇胺等）在高碱性配方中较稳定，用于制造O/W型乳液、透明洗发水、沐浴液等。

单烷基磷酸酯盐（如月桂醇聚氧乙烯醚磷酸酯钠盐，烷基酚聚氧乙烯醚磷酸酯钠盐等）亲和性好，起泡性佳，适宜制作洗面奶、沐浴露、婴幼儿洗发水等。

（2）阳离子型表面活性剂

单烷基季铵盐（如十六烷基三甲基溴化铵、十二烷基二甲基苄基氯化铵等）可在酸性膏、霜类化妆品中做 O/W 乳化剂，具有杀菌性。季铵盐烷基支链化可减小其降低表面张力的能力，用作头发调理剂，可提高头发的梳理性，减弱其油感性。季铵盐类表面活性剂可用作护发素、漂发剂的抗静电剂，也可用于消毒剂、沐浴液和婴幼儿洗发水。

聚氧乙烯烷基胺是一种同时具有非离子性和阴离子性的表面活性剂，可用作乳化剂，也具有一定的杀菌性。

烷基咪唑啉盐类（如 2-烷基-羟乙基咪唑啉、2-烷基乙酰胺基乙基咪唑啉等）具有杀菌性、抗静电性，可用于制洗发水和头发定型剂。

（3）非离子型表面活性剂

此类表面活性剂品种极多，大致可分为以下几大类。

脂肪醇、胆固醇、烷基酚聚氧乙烯醚类（如月桂醇聚氧乙烯醚、辛基酚聚氧乙烯醚、壬基酚聚氧乙烯醚等）多用作乳化剂、增溶剂、润湿剂等，在各种化妆品中均有应用。

聚氧乙烯酯类（如各种油类的聚氧乙烯脂肪酸酯、聚氧乙烯失水山梨醇脂肪酸酯等）常用作化妆品的乳化剂、分散剂、柔顺剂、增溶剂等。

多元醇脂肪酸酯类（如甘油单脂肪酸酯、失水山梨醇脂肪酸酯，即 Span 系列）可用作乳化剂，用于制作各种类型乳液。

（4）两性型表面活性剂

此类表面活性剂主要包括咪唑啉型、甜菜碱型、氨基酸型、牛磺酸型、卵磷脂型、氧化胺型等。此类化合物的共同特点是在酸、碱性介质中都比较稳定，对皮肤无刺激性（或刺激性小），且与其他类型表面活性剂有良好的兼容性，能复配使用。此类表面活性剂能用于制备高档次的洗发水、护肤用品，由于价格较高，多与价格低廉的阴离子表面活性剂复配使用，充分发挥各自的优势。

第三节
化妆品的选择与使用

无论男女老幼，皆有爱美之心，或多或少地使用化妆品在所难免。但是若不能正确选择和使用化妆品不仅不会使自己的颜面、皮肤得到滋润、美容，而且可能出现过敏、痤疮等。因此，至少有以下几点值得注意。

① 了解自己的皮肤特点，使用合适的化妆品。皮肤有油性、干性、中性等类

型。除中性皮肤可使用大多数化妆品外，其余则要注意选择可适用化妆品。如油性皮肤不宜用油脂含量大的化妆品。

② 有些化妆品在使用前要求对皮肤进行"预处理"。如皮肤干痒，不能直接应用滋润乳膏涂抹，油腻化妆品易刺激敏感皮肤，可选用乳液类化妆品。洁面乳不能涂抹后就搓洗，而应先用手搓起泡沫后再涂到脸上，直接涂抹搓洗会损伤皮肤上的脂膜。

③ 皮肤发炎时一般要停用化妆品。不要试图用化妆品掩饰发炎或有损伤部分的皮肤。因为此时化妆品对皮肤有更强烈的刺激性，而且涂抹化妆品后透气性变差，炎症更难以治愈。

④ 要知道加有药物的化妆品基本功能还是润肤、养护，不是药膏，不能起到治疗的作用。以牙膏为例，牙膏的基本（主要）功能是清洁牙齿，不留食物残渣。各种药物牙膏大多只是宣传，即使真含有一些药物，含量很低，在口中停留时间最多也只有几分钟，不可能起到大的作用。

正常情况下，皮肤上存有有益无害或无益无害的常在菌，这些细菌能维持皮肤的正常生理循环。药物化妆品在杀灭有些有害病菌的同时也可能杀灭常在菌，破坏了正常的生理平衡，而且也有可能使某些病菌产生抗药性。为此，药物化妆品不可长期、连续使用。药物牙膏也最好常换品牌使用。

⑤ 使用化妆品要讲究顺序。一般来说，先用水溶液类的化妆品，再用乳液型的，后用油性的化妆品。这是因为油性化妆品使用后分子量大的油性分子在皮肤表面会形成保护层，阻碍水性小分子类物质渗入和被皮肤吸收，降低了化妆品的护肤作用。

⑥ 每种化妆品都有一套正确的使用程序，应认真了解。如面膜在敷用前要用化妆水打底，以保持皮肤水脂膜平衡。保湿类面膜在使用后不用水清洗，偏油性皮肤者可少用些滋润性产品，干性皮肤者则需涂面霜等锁住水分。

⑦ 虽然化妆品对人体有保护和美化作用，但化妆品的大多数成分是化学合成物质，有些不仅对人体有刺激作用，而且可能有毒害作用。如一些染料和表面活性剂都是以石油化工产品为原料制备的，其中有些原料和产品有致癌作用。许多无机颜料含有重金属成分，对人体也会产生毒害作用。因此对化妆品的选择要理性、慎重，使用方法得当，不盲目追求，一旦产生过敏或其他异常症状及时停用和救医。

第四节
化妆品配方实例[1, 7-9]

一、护肤类化妆品

1.雪花膏与冷霜（见表2.2～表2.22）

表2.2　雪花膏配方1

组分	含量/%	组分	含量/%
硬脂酸	17.0	甘油	6.0
十六醇	1.0	香精	0.5
氢氧化钾	0.5	防腐剂	适量
吐温-60	1.0	蒸馏水	72.0
单硬脂酸甘油酯	2.0		

表2.3　雪花膏配方2

组分	含量/%	组分	含量/%
硬脂酸	16.0	香精	0.5
Span-80	2.0	防腐剂	适量
吐温-60	1.5	水	70.0
甘油	10.0		

表2.4　雪花膏配方3

组分	含量/%	组分	含量/%
硬脂酸	13.0	甘油	4.0
鲸脂酸	1.0	尼泊金异丙酯	0.2
硬脂醇	0.9	氢氧化钾	0.4
甘油硬脂酸单酯	1.0	香料	适量
矿物油	0.5	水	余量
橄榄油	1.0		

表2.5 雪花膏配方4

组分	含量/%	组分	含量/%
三压硬脂酸	10.0	氢氧化钾	0.5
甘油单硬脂酸酯	1.5	香精、防腐剂	适量
十六醇	3.0	水	75.0
甘油	10.0		

表2.6 侧柏叶黄酮雪花膏配方

组分	含量/%	组分	含量/%
硬脂酸	10.0	液体石蜡	2.0
硬脂酸丁酯	8.0	氢氧化钾	0.5
甘油单硬脂酸酯	2.0	氢氧化钠	0.05
十八醇	4.0	苯甲酸钠、柠檬酸、香精	适量
甘油	8.0	侧柏叶提取液 10 mL+水	至 100

说明：侧柏叶提取液浓度为 0.024 mg/mL。

此雪花膏有美白、保湿功效。

表2.7 雪花膏配方5

组分 A	含量/%	组分 B	含量/%
十六醇	3.5	三聚甘油	3.0
尼泊金丁酯	0.2	脱臭羊毛脂	5.0
硬脂酸	2.0	木糖醇	5.0
		凡士林	2.0
		甲基葡糖苷$(PO)_5(EO)_5$ 醚	2.0
		三十碳醇	8.0
		调和粉末	15.0
		甘油单硬脂酸酯	2.5
		去离子水	50.85
		山榆基$(EO)_{10}$ 醚	0.5
		氢氧化钾	0.25
		尼泊金乙酯	0.2

制备：分别将 A、B 各组分加热至 70 ℃溶解，搅拌下将 A 加入 B 中，乳化，冷却。

表2.8 雪花膏配方6

组分A	含量/%	组分B	含量/%	组分C	含量/%
硬脂酸	5.0	1,3-丁二醇	5.0	多孔硅粉弹性素-金缕梅糖萃取液混合物	3.0
尼泊金酯	0.2	三十烷	15.0	吐温-85	1.5
山榆醇	0.5	去离子水	55.6	去离子水	5.0
		吐温-80	1.0	甘油单硬脂酸酯	3.0
				香精	0.2
				辛酸十六醇酯	5.0

制备:将组分A加热至78℃,溶解,加入组分B,加热至80℃,然后冷却至50℃,加入C混合液中,搅拌冷却至室温。

表2.9 冷霜配方1

组分	含量/%			
	配方A	配方B	配方C	配方D
蜂蜡	10.0	10.0	10.0	10.0
白凡士林	5.7	7.0	—	10.0
白油18#	48.0	34.0	25.0	40.0
鲸蜡	—	4.0	4.0	2.0
失水山梨醇单油酸酯	—	10	—	—
聚氧乙烯失水山梨醇单硬脂酸酯	—	—	—	1.0
失水山梨醇单硬脂酸酯	—	—	—	2.0
杏仁油	—	—	8.0	—
乙酰化羊毛醇	—	—	2.0	—
棕榈酸异丙酯	—	—	5.0	—
精制水	36.4	41.4	45.3	35.0
硼砂	0.6	0.6	0.7	—
香料、防腐剂、抗氧剂	适量	适量	适量	适量

说明:在近代冷霜配方中,蜂蜡、硼砂乳化体系已逐渐为非离子乳化剂代替,但为操作效果,往往采用非离子乳化剂和蜂蜡、硼砂体系相结合的方法。

表2.10 冷霜配方2

组分	含量/%		
	配方 A	配方 B	配方 C
三压硬脂酸	1.2	7.0	7.0
蜂蜡	1.2	2.0	2.0
水解蜂蜡	—	0.2	—
天然地蜡75 ℃	7.0	—	—
合成地蜡90 ℃	—	7.5	8.0
白油18#	47.0	52.0	52.7
双硬脂酸铝	1.0	—	—
丙二醇单硬脂酸酯	1.5	0.3	—
氢氧化钠10 %	—	4.0	4.0
氢氧化钾8 %	—	0.3	0.3
氢氧化钙	0.1	—	—
精制水	41.0	26.7	26.0
香料、防腐剂、抗氧剂	适量	适量	适量

表2.11 冷霜配方3

组分	含量/%	组分	含量/%
固体石蜡	6.0	聚氧乙烯(20)失水山梨醇单油酸酯	0.8
微晶石蜡	4.0	皂粉	0.3
蜂蜡	6.0	精制水	22.7
凡士林	12.0	香料	0.5
液体石蜡	44.5	防腐剂、抗氧剂	适量
失水山梨醇倍半油酸酯	3.2		

说明：将皂粉加入水中，加热至70 ℃，其他组分混合加热保持70 ℃，将水相加入油相中，冷却。

表2.12 冷霜配方4

组分	含量/%	组分	含量/%
固体石蜡	5.0	皂粉	0.1
蜂蜡	10.0	硼砂	0.2
凡士林	15.0	精制水	23.7
液体石蜡	41.0	香料	1.0

续表

组分	含量/%	组分	含量/%
甘油单硬脂酸酯	2.0	防腐剂、抗氧剂	适量
聚氧乙烯(20)失水山梨醇单油酸酯	2.0		

表2.13　冷霜配方5

组分	含量/%	组分	含量/%
微晶石蜡	11.0	甘油单油酸酯	3.0
蜂蜡	4.0	聚氧乙烯(20)失水山梨醇单油酸酯	1.0
凡士林	5.0	丙二醇	2.5
含水羊毛脂	7.0	精制水	22.0
异三十烷	34.0	香料	0.5
己二酸十六烷基酯	10.0	防腐剂、抗氧剂	适量

表2.14　冷霜配方6

组分	含量/%	组分	含量/%
蜂蜡	10.0	聚氧乙烯(20)失水山梨醇单油酸酯	2.0
十六醇	5.0	丙二醇	5.0
含水羊毛脂	8.0	精制水	30.0
异三十烷	37.5	香料	0.5
甘油单硬脂酸酯	2.0	防腐剂、抗氧剂	适量

表2.15　冷霜配方7

组分	含量/%	组分	含量/%
环氧乙烷-环氧丙烷嵌段共聚物	3.6	脂肪醇聚氧乙烯醚	10.0
丙二醇	6.4	精制水	30.0
液体石蜡	35.0	香料	0.1
羊毛脂	2.0	防腐剂	适量
凡士林	12.0		

表2.16　冷霜配方8

组分	含量/%	组分	含量/%
甘油单硬脂酸酯	15.0	对羟基苯甲酸丙酯	0.1

续表

组分	含量/%	组分	含量/%
矿物油	18.0	精制水	54.8
鲸蜡	5.0	甘油	5.0
鲸蜡醇	2.0	对羟基苯甲酸甲酯	0.1

表2.17 冷霜配方9

组分	含量/%	组分	含量/%
硬脂酸	14.0	三乙醇胺	1.8
无水羊毛脂	9.3	丙二醇	7.5
白蜂蜡	7.5	精制水	44.4
松油醇	0.1	香料	适量
白矿油	15.4		

制备：将硬脂酸、羊毛脂、蜂蜡溶于矿物油中，加热至70℃，加入松油醇得混合物。另外，将水加热至70℃，加入三乙醇胺，加入以上混合物，搅拌成乳液，再加入溶有香料的丙二醇，继续搅拌得乳膏，冷却至室温。

表2.18 冷霜配方10

组分	含量/%	组分	含量/%
矿物油	49.1	甘油	0.9
蜂蜡	2.2	硼砂	0.9
羊毛脂	5.2	水	34.4
硬脂酸	5.5	防腐剂	0.9
三乙醇胺	0.9	香料	适量

制备：前四组分混合加热至75℃（油相），将甘油、硼砂、三乙醇胺溶于水，加热至75℃（水相），将水相加入油相中，冷却至50℃，加香料、防腐剂。

表2.19 冷霜配方11

组分	含量/%	组分	含量/%
蜂蜡	10.0	精制水	35.2
羊毛脂	3.1	硼砂	0.7
山梨醇倍半油酸酯	1.0	防腐剂、香料	适量
白油	50.0		

表2.20　冷霜配方12

组分	含量/%	组分	含量/%
蜂蜡	17.0	精制水	33.0
白油和羊毛脂醇	3.0	硼砂	1.0
乙酰化羊毛脂	1.0	防腐剂、香料	适量
白油	45.0		

表2.21　冷霜配方13

组分	含量/%	组分	含量/%
丙二醇单、二硬脂酸酯	6.5	对羟基苯甲酸丙酯	0.1
矿物油	24.0	精制水	63.7
油酸	3.0	三乙醇胺	1.5
羊毛脂	1.0	对羟基苯甲酸甲酯	0.15
二月桂基硫代二丙酸盐	0.05	香料	适量

表2.22　冷霜配方14

组分	含量/%	组分	含量/%
乙氧基化羊毛脂	3.0	地蜡	5.0
羊毛脂脂肪酸异丙酯	2.0	硼砂	0.66
蜂蜡	10.0	精制水	33.4
矿物油	44.0	香料、防腐剂	适量
甘油单硬脂酸酯	2.0		

说明：搅拌下将85℃水相加入85℃的油相中进行乳化，冷却至室温。

冷霜制备和贮存中的问题：

① 瓶装冷霜渗油。这是由于乳化不稳定或白油用量过多。一般可加少量地蜡改善。地蜡与白油不仅有良好的协同效应，而且可提高乳液中油脂的熔点，不易渗油。

皮肤的角质层是保护层，可阻止外来化学物质通过皮肤进入体内，而冷霜有可能会对角质层有伤害（使角质层变薄），特别是有皮肤病的患者，要小心地使用冷霜。

② 地蜡用量太多时，用三辊研磨制备冷霜可能会出水。为此必须控制地蜡用量，且严格控制在28℃停止搅拌（有时需采取降温措施）。

③ 冷霜膏体过粗。可能的原因是回流冷却水不够，或三辊研磨机的辊筒间距大，或膏体内混有气泡。

④ 膏体泛黄。可能是地蜡本身泛黄，或者在制备过程中某些添加物（如香料、色料等）变色。

2.沐浴液（见表2.23 ~ 表2.27）

表2.23　沐浴液配方1

组分	含量/%	组分	含量/%
竹醋液或竹醋液精制液	17.0	甘油	2.0
十二烷基硫酸钠	15.0	氯化钠	2.0
十二烷基二甲基甜菜碱	11.0	香精	适量
三乙醇胺	2.6	水	余量

说明：竹醋液又称竹酢液。在竹材深加工时，竹材受热分解气化，这些带有水汽的气化产物冷凝即为竹醋液。

制备：将各组分依次溶于水中，搅拌均匀即得本品。

应用：本品易将皮肤深层角质层污物吸收。本品有杀菌、抑菌性能，无毒副作用，安全可靠。

表2.24　沐浴液配方2

组分	含量/%		
	配方A	配方B	配方C
十二烷基醇醚硫酸钠	8.0	12.0	20.0
烷基糖苷	1.0	8.0	12.0
硅油	0.5	2.0	5.0
椰油脂肪酸二乙醇酰胺	0.5	2.0	5.0
酰胺丙基甜菜碱	1.0	5.0	10.0
季铵盐	1.0	2.2	6.0
珠光紫	0.5	2.0	5.0
恰木吾尔[①]提取物	0.05	0.1	3.0
香精	0.1	0.2	1.0
防腐剂	0.01	0.03	3.0
柠檬酸	0.05	0.15	0.5
水	加至100	加至100	加至100

① 恰木吾尔即芜菁或蔓菁。其提取物有抑菌作用。

制备：在40 ~ 50℃的水中加入组分十二烷基醇醚硫酸钠和烷基糖苷，搅拌溶解。将组分椰油脂肪酸二乙醇酰胺、酰胺丙基甜菜碱和季铵盐加入上述混合液中，搅拌至溶解。将剩余组分加入上述混合液中搅拌均匀，即为成品。

应用：本品有清洁、润肤、止痒等功效。

表2.25　沐浴露配方

组分	含量/%	组分	含量/%
月桂醇醚硫酸钠 （70%）	10.0	葡糖苷聚氧乙烯(20)醚	0.5

续表

组分	含量/%	组分	含量/%
月桂醇醚硫酸三乙醇胺（70%）	6.0	五水硫代硫酸钠	2.0
十二烷基甜菜碱（35%）	6.0	薄荷脑	0.5
椰油酸二乙醇酰胺	4.0	防腐剂	0.005
乙二醇硬脂酸双酯	3.2	去离子水	余量
香精	0.5		

特性：本品利用了几种表面活性剂的增效、护肤作用，用于洗发、沐浴，去污性能优，护肤效果好。

表2.26　润肤沐浴露配方

组分	含量/%	组分	含量/%
脂肪酸	10~16	聚丙烯酸	1~4
阴离子表面活性剂	18~28	香精	0.4~1.5
碱	4~8	尼泊金甲酯	0.1~0.3
月桂羟磺丙基甜菜碱	4~10	原料①	0.1~0.4
C_{22}~C_{36}蜡	2~4	去离子水	25~60
乙二醇硬脂酸双酯	1~3		

① 二羟甲基二甲基乙内酰脲和3-碘-2-丙炔基氨基甲酸丁酯的混合物。

应用：本品可用于清垢，也有润肤效果。

表2.27　驱蚊沐浴液配方

组分	含量/%	组分	含量/%
N,N-二乙基间甲苯甲酰胺	31.0	烷基糖苷	9.0
月桂基硫酸铵	35.0	聚铵盐	6.0
月桂醇醚硫酸钠	12.0	烷基醇酰胺	7.0

制备：混合均匀，调节 pH ≤6 即可。

应用：正常沐浴即可将驱蚊分子均匀分布于皮肤表面。一次沐浴可在 6~8 h 内有效驱蚊。

二、护发类化妆品

1.洗发水（见表 2.28~表 2.36）

表2.28　透明类洗发剂配方[10]

组分	含量/%	组分	含量/%
甲基椰油酰基牛磺酸钾	10	椰油酰胺丙基甜菜碱	5

续表

组分	含量/%	组分	含量/%
阳离子化纤维素 A	0.5	氯化钠	1.5
椰油酰胺	3	水	80

表2.29 艾草去屑洗发剂[11]

组分	质量份	组分	质量份
表面活性剂①	15	艾草	23
菜籽油	11	聚二甲基硅氧烷	4
抗静电剂②	2.3	乙二醇硬脂酸酯	1.5
增稠剂	0.8	甲基异噻唑啉酮	1.5
艾草香精	3		

① 由 17.4 %月桂醇聚醚硫酸酯钠、34.1 %烷基硫酸钠、8.9 %椰油酰胺、34.8 %椰油酰胺丙基甜菜碱和 4.8 %月桂酰肌氨酸钠组成。

② 由质量比 1∶2 的聚季铵盐-10、聚季铵盐-7 混合而成。

表2.30 致密型洗发剂配方[12]

组分	质量份	组分	质量份
椰油酰谷氨酸二钠	5	月桂醇聚氧乙烯醚磺基琥珀酸酯二钠	5
月桂酰胺丙基甜菜碱	5	瓜尔胶羟丙基三甲基氯化铵	0.2
乙二胺四乙酸四钠四水合物	0.16	乙二胺二琥珀酸三钠	0.23
苯甲酸钠	0.24	卡松	0.03
香料	0.9	DL-Panthanol 50L	0.05
D/DI 泛醇聚醚	0.03	柠檬酸	适量①
水	适量		

① 至 pH 达到 6。

表2.31 洗发剂配方[13]

组分	含量/%	组分	含量/%
月桂醇聚醚硫酸酯钠	12	丙烯酸酯/棕榈油醇聚醚-25 丙烯酸酯共聚物	0.4
云母	0.2	椰油酰胺丙基甜菜碱	1.6
香味剂	0.7	瓜尔胶羟丙基三甲基氯化铵	0.2
防腐剂	0.55	黏度调节剂	0.75

续表

组分	含量/%	组分	含量/%
pH 调节剂	0.62	二甲基聚硅氧烷	1.5
水	余量		

表2.32 普通洗发剂配方

组分	含量/%	组分	含量/%
脂肪醇聚醚硫酸钠	20.0	香料、色素	适量
脂肪醇酰胺	4.0	去离子水	余量
氯化钠	1~2		

说明：选用浊点低的表面活性剂可使产品在低温时（0 ℃/24 h）保持透明清澈，故常选用脂肪醇醚硫酸钠、脂肪醇硫酸酯（胺盐、钠盐）、烷基醇酰胺等，用盐（氯化钠）调节黏度，用柠檬酸调节 pH 至 7~7.5。

表2.33 珠光洗发剂配方

组分	含量/%	组分	含量/%
脂肪醇聚醚硫酸钠	20.0	色素、香精、防腐剂	适量
脂肪醇酰胺	4.0	去离子水	余量
乙二醇单硬脂酸酯	2.0		

说明：与普通洗发剂比较，配方中加入长链醇（十六醇、十八醇）、硬脂酸镁、乙二醇单硬脂酸酯，其中以后者更为广泛。珠光形成是由于结晶形成，与制备方法有关（如搅拌速度、冷却速度及温度控制等，以及香料和添加剂的选择等）。

表2.34 膏状洗发剂配方

组分	含量/%	组分	含量/%
十二醇硫酸钠	20.0	氢氧化钾（约 19 %）	5.0
烷基醇酰胺	1.0	香精、色素、防腐剂	适量
单硬脂酸甘油酯	2.0	去离子水	余量
硬脂酸	5.0		

说明：膏状洗发剂（亦称洗头膏）的表面活性物质比普通洗发剂含量高，通常加入硬脂酸和碱形成赋形剂、遮色剂，故本品碱性强，刺激性大。通常膏状洗发剂中还加入增脂剂（如羊毛脂、甘油、白油等）、增稠剂（羧甲基纤维素等）、抗硬水剂（EDTA 等）等。

表2.35 婴幼儿洗发剂配方

组分	含量/%	组分	含量/%
咪唑啉系洗涤剂	35.0	丙二醇	1.0

续表

组分	含量/%	组分	含量/%
吐温-20	7.0	色素、香精、防腐剂	适量
聚乙二醇（6000）双硬脂酸酯	2.0	水	余量

说明：婴幼儿洗发剂的最大特点是刺激性小和使用安全，为此对原料的刺激性要求高。在表面活性剂中非离子型的比离子型的刺激性小，两性型的表面活性剂对皮肤刺激性小，且可与离子型表面活性剂复配应用。故婴幼儿洗发剂常用两性表面活性剂和非离子型表面活性剂。

表2.36 儿童洗发乳配方

组分	含量/%	组分	含量/%
脂肪醇聚醚硫酸钠	2~3	药物提取液	2~5
烷基酰胺	1~4	氯化钠	1~3
咪唑啉衍生物	10~20	尼泊金乙酯或卡松	0.5~1
吐温-20	7~10	柠檬酸	适量①
丙三醇	1~2	香精	适量
乙二醇单硬脂酸酯	1~3	精制水	余量
聚乙二醇双硬脂酸酯	0.5~0.6		

① 以柠檬酸调节 pH 至 6.8~7.0。

说明：选用某些具有生物活性和抗菌能力的药物（如丝石竹、桔梗等）经粉碎提取药液。经粗、细、精滤，浓缩，灭菌得到各药物提取液。本品有保湿、润发、软化皮肤、改善血液循环、促进头发生长、防止产生头屑等功效，刺激性小。

药物提取液的组成如下：丝石竹 1%，桔梗 0.5%~1%，白鲜皮 0.2%~0.5%，知母 0.1%~0.2%，黄芩 0.6%，山茱萸 1%，当归 1.5%，何首乌 1%，枸杞子 1%。

2.护发素（见表2.37~表2.41）

常用的护发素有两类：透明型和乳液型。

表2.37 透明护发素配方

组分	含量/%	组分	含量/%
烷基二甲基苯基氯化铵	5.0	尼泊金甲酯	0.2
丙二醇	3.0	色素、香精	适量
乙醇	5.0	水	余量

说明：用洗发剂（主要活性组分常为阴离子表面活性剂）洗发后头发带有更多的负电荷，梳理不便。护发素可使头发柔软，减少负电荷，便于梳理，并显光泽。因此护发素中常含阳离子表面活性剂，其在带负电的头发上吸附形成疏水基向外的吸附层，使头发柔软、油润、有光泽。

表2.38　乳液护发素配方

组分	含量/%	组分	含量/%
烷基三甲基氯化铵	2.0	丙二醇	5.0
十六醇	3.0	香精、色素	适量
		水	余量

说明：除阳离子型表面活性剂外，还可用双烷基二甲基氯化铵。此外，乳液护发素中还常加有乳化剂和油脂类物质，以形成稳定的乳状液。通常应用碳氢链碳原子数为 $C_{16} \sim C_{18}$ 的表面活性剂，以使其刺激性较小。

表2.39　人参护发乳配方（O/W型护发乳）

组分	含量/%	组分	含量/%
白油	25.0	远红外陶瓷粉	12.5
十八醇	6.25	人参提取液	0.625
单硬脂酸甘油酯	3.75	柠檬酸	适量
甘油	10.0	香精	0.625
吐温-80	1.75	去离子水	余量
尼泊金乙酯	0.25		

说明：人参提取液中含有多种氨基酸，能改善皮肤的血液循环，增强发质营养。吐温-80是形成 O/W 型乳状液的乳化剂，并有良好的洗涤能力。远红外陶瓷粉能有效保护头发。本品能滋润头发，使头发柔顺、有光泽和不易脱落。

表2.40　多效护发乳配方

组分	含量/%	组分	含量/%
辣椒酊（10%）	1.0	硼砂	2.0
侧柏叶酊（10%）	2.0	水杨酸	1.0
首乌酊（10%）	1.0	维生素 B_{12}	0.01
丹参液（15%）	3.0	维生素 C	0.1
间苯二酚	0.5	蒸馏水	40.0
胆固醇	1.5	白油	45.5
卵磷脂	0.5	乙醇（95%）	6.0
维生素 E	0.5	红色素	适量
蓖麻籽油	33.0	香精	适量

说明：蓖麻籽油未经漂白，含多种维生素，其中维生素 E 是天然抗氧剂。间苯二酚、乙醇、硼砂、水杨酸、侧柏叶酊为杀菌防腐剂。辣椒酊可轻度刺激皮肤，使头皮下血管轻度扩张，促进毛发生长。胆固醇、卵磷脂有营养、健发功能。维生素 E、维生素 C、维生素 B_{12} 可调节神经功能，可抗衰老和对头发有调理作用。首乌酊和丹参液为乌发剂。

本品有润发、乌发、健发、去头屑、防止头发断裂、止痒和防脱发的作用。

表2.41 W/O型护发乳配方

组分	含量/%	组分	含量/%
白油	37.5	硬脂酸锌	1.0
白凡士林	10.5	去离子水	45.5
蜂蜡	2.0	硼砂	0.5
失水山梨醇倍半油酸酯	3.0	香精、防腐剂、抗氧化剂	适量

说明：配方中失水山梨醇倍半油酸酯的HLB=3.7，易形成W/O型乳状液；硬脂酸锌是二价皂，也易形成W/O型乳状液。这两种物质复合更能制得稳定的W/O型护发乳。

本品涂敷于头发上光亮持久（比O/W型的护发乳），但会有油腻感，对头发梳理、成型不如O/W型的效果好，且清洗费水。

3.摩丝（见表2.42~表2.45）

表2.42 喷发定型摩丝配方

组分	含量/%	组分	含量/%
壳聚糖	3.0	香料	适量
异丙醇	10.0	推进剂	5.0
十二醇聚氧乙烯(3)醚	2.0	去离子水	余量
十六烷基三甲基氯化铵	1.0		
防腐防霉剂	0.1		

说明：喷发摩丝是指液体和推进剂共存，在外界施压时推进剂携带液体喷出气雾，在常温常压下形成泡沫的产品。

液体中有溶剂、成膜剂（多为高聚物，如壳聚糖、聚甲基丙烯酸甲酯等）、保湿剂、表面活性剂（有起泡、稳泡作用）。成膜剂在头发表面干化定型使发型稳定。

推进剂常用丙烷、丁烷。推进剂在压力下呈液态储于罐中。喷出后汽化、膨胀，带出混在一起的药液，形成摩丝泡沫。

表2.43 护发美发摩丝配方1

组分	含量/%	组分	含量/%
沙枣树胶	1.0	白兰香精	0.07
辛基酚聚氧乙烯(9、10)醚	0.87	去离子水	96.82
聚乙二醇醚（JFC）	0.21	氟利昂F-22	20 g/100 g 摩丝胶
苯甲酸钠	0.03		

说明：将沙枣树胶粉成10~50目粉末，将该粉末浸入水中，升温至60~100 ℃，搅拌1~10 h，得胶体系。经脱色、过滤，制成浓度为0.5%~5%的沙枣树胶胶体体系。

按配方比例混合各组分，搅拌0.5~3 h，再加热至25~60 ℃，过滤即得摩丝胶体，装罐，封口，并充入气体推进剂[异丁烷、丙/丁烷（40/60或25/75)，氟利昂F-12、F-22或F-13等]。

本品含天然营养素和微量元素，透气、透湿性好，泡沫稳定，成膜快，定型效果好，发型持久。

表2.44 护发美发摩丝配方2

配方 A		配方 B	
组分	含量/%	组分	含量/%
沙枣树胶	3.2	沙枣树胶	0.67
聚氧乙烯十六醇	0.1	十六烷基二甲基苄基氯化铵	0.1
氯化亚铁	0.2	月桂酰二乙醇胺	0.08
3,4-二羟基苯乙醇	0.4	羟乙基纤维素	0.3
硼砂	0.3	兔耳香精	0.2
精馏甾兰香油	0.1	山梨醇硬脂酸酯	0.4
蒸馏水	95.5	蒸馏水	98.25
氟利昂 F-12	20 g/100 g 摩丝胶	丙烷/丁烷 (40/60)	10 g/100 g 摩丝胶

说明：表面活性剂可选用任一种类型的一种或多种，优先选用羧酸盐、硫酸酯盐、磺酸盐等阴离子型的，季铵盐、胺盐等阳离子型的，氨基酸、甜菜碱型两性型的，以及聚乙二醇型和多元醇型的非离子型的。杀菌防腐剂用苯甲酸、硼砂等。香精可任意选用。有机溶剂可用丙酮、短链醇等。其他可参见该配方。

表2.45 变色摩丝配方

组分 A	含量/%	组分 B	含量/%
甘油	1.5	聚乙烯吡咯烷酮	6.0
苯甲醇	0.08	LCH-季铵壳聚糖	1.5
十八醇	1.8	聚乙烯吡咯烷酮与醋酸乙烯共聚物	3.0
脂肪醇聚氧乙烯醚	1.0	尼纳尔（椰油脂肪酸二乙醇酰胺）	1.5
变色染料	0.5 ~ 1.0	乙醇	11.0
乙氧基化氢化羊毛脂	0.5	紫外线吸收剂、香精、防腐剂	适量
		水	余量

说明：将 A 组分混合加热至 65 ℃，乳化，搅拌均匀。将 B 组分混合均匀。再将 A、B 混合，过滤，滤液灌入喷雾罐。

变色染料有活性紫-K-2RA，活性黄棕 K-GR，活性金黄 K-2RA，酸性媒介红 S-80，酸性媒介黑 T，直接红棕 RN，活性艳橙 X-GN 等。

本品有定型、保湿、护发作用。

4.发胶（见表2.46、表2.47）

表2.46 发胶配方

配方 A		配方 B	
组分	含量/%	组分	质量份
壳聚糖	0.5	沙枣树胶	45

续表

配方 A		配方 B	
组分	含量/%	组分	质量份
乙酸	2.0	葡萄树汁	950
乙醇	30.0	思亚但油	3
保湿剂	0.02	杏仁油	4
香料	适量	尿囊素	2
去离子水	余量	卵磷脂	1

说明：发胶也是一种对头发塑型的工具，可用以塑造轻便、稳定的发型，并可增加头发的光泽、光滑度和闪光感。发胶多是水性的，难以产生持久稳定的效果。发胶用量大时，头发会黏糊糊，有不舒服的感觉。若欲改变发胶定型的发型，需用热水软化发胶，别无他法。

发胶的组成成分有成膜物（多是天然或合成的高分子物质，如壳聚糖、沙枣树胶等）、有机溶剂、表面活性物质、防腐剂、香料和去离子水等。发胶可以喷雾应用（如配方 A），也可以涂抹应用（如配方 B）。发胶不仅能塑型，而且有促进头发生长、减少头屑、补充头发营养、使头发光亮的功能，为此需加入适宜的添加剂。

表 2.47　黑发发胶配方

组分 A	含量/%	组分 B	质量份
聚乙烯吡咯烷酮	8.0	对苯二胺（粉状）	0.5
乙醇	85.0	炭粉	0.5
松香丙烯酸酯	2.0	十二醇硫酸钠	0.5
松香液	2.0	双氧水	0.5
白矿油	0.2		
蓖麻籽油	0.3		
香精	0.3		
白糖液	0.2		

说明：将 A 组前七组分混合、搅拌成液状后加入白糖液得 A 液。将 B 组前三组分混合后再加双氧水调成膏状得 B 液。将 B 加入 A 中搅拌，过滤得成品。

本品可使头发有光泽、不干燥、不分叉。

三、美容类化妆品

1.面膜（见表 2.48 ~ 表 2.58 ）

表 2.48　面膜配方 1[14]

组分	含量/%	组分	含量/%
失水山梨醇单月桂酸酯	1	改性分子筛	7

组分	含量/%	组分	含量/%
二氧化钛	5	橄榄油	2
角鲨烷	2	甘油	3
透明质酸	3	羧甲基纤维素钠	6
聚乙烯吡咯烷酮	6	水	余量

表2.49　面膜配方2[15]

组分	含量/%	组分	含量/%
月桂酰谷氨酸钠	0.6	椰油酰两性基乙酸钠	0.9
聚甘油(10)月桂酸酯	1.5	卡波姆	0.4
汉生胶	0.1	全氟己烷	0.5
全氟萘烷	0.1	全氟甲基环戊烷	0.3
全氟全氢化菲	0.1	全氟二甲基环己烷	0.2
甘油	3	丙二醇	2
丁二醇	2	己二醇	0.5
辛酰羟肟酸	0.5	柠檬酸	1
柠檬酸钠	0.5	香精	0.5
去离子水	余量		

表2.50　面膜配方3[16]

组分	质量份	组分	质量份
吐温-20	1	多功效组分①	2
聚乙烯醇	5	甘油	15
乙醇	5	苯甲酸钠	0.
去离子水	80		

① 由白蔹1份、白及1份、白蒺藜1份、菟丝子1份、苍耳子5份、地肤子5份、皂角刺5份、丁香0.5份和黄柏1份组成。

表2.51　面膜配方4[17]

组分	含量/%	组分	含量/%
椰油酰甘氨酸钾	15	椰油酰基苹果氨基酸钠	12
辛酰/癸酰胺丙基甜菜碱	3	癸基葡糖苷	3
甲基全氟异丁基醚	3	乙基全氟丁基醚	3

续表

组分	含量/%	组分	含量/%
海藻糖	2	木糖醇	1.5
甘油	5	1,3-丙二醇	3
辛酸/癸酸甘油酯	2	硅酸铝镁	5
汉生胶	0.8	膨润土	10
丙烯酸(酯)/C$_{10\sim30}$烷醇丙烯酸酯交联聚合物	0.5	高岭土	10
伊利水云母	2	海淤泥	1
炭黑	0.1	颜料红	0.3
群青类	0.3	尿囊素	0.2
甘草酸二钾	0.2	库拉索芦荟叶和甘蓝提取物	1.5
葡萄籽提取物	1.5	复合氨基酸混合物	1
复合植物提取物	1.5	羟苯甲酯	0.1
氯苯甘醚	0.1	苯氧乙醇/羟苯甲酯/羟苯乙酯/乙基己基甘油混合物	0.4
香精	0.03	桃柁酚	0.1
埃及蓝睡莲花提取物	1.5	莲花提取物	1.5
鲸蜡硬脂醇橄榄油酸酯	1	山梨坦橄榄油酸酯	1
去离子水	余量		

表2.52 乳剂状面膜配方

组分	含量/%	组分	含量/%
单硬脂酸甘油酯	12.0	甘油	1.0
蓖麻籽油	3.0	硫黄	3.0
肉桂酸苄酯	3.0	水	69.0
鲸蜡	5.0	香精、防腐剂	适量

制备:(1)将蓖麻籽油与肉桂酸苄酯混合。

(2)将除香精外的其余组分混合搅拌加热至 60~65 ℃时加入(1)的混合物。待温度降至 40~45 ℃时加入香精。

性质:此面膜适用于油性皮肤,敷施面膜后 10 min 即可洗去。

表2.53 美容涂敷乳液面膜配方

组分	质量份	组分	质量份
天然胶乳液	100~120	2,6-二叔丁基-4-甲基苯酚	0.5~1

续表

组分	质量份	组分	质量份
胶体硫黄	1~2	氢氧化钾	0.5~1
二乙基二硫化氨基甲酸锌	0.5~1	酪素与四硼酸钠混合液	1~2
氧化锌	0.5~1	天然香精	适量

性质：本品使用方便，成膜快，美容效果明显，过敏反应少，安全性良好。

表2.54　可溶性面膜配方

组分	质量份	组分	质量份
蜡质	1~3	维生素E	3~5
硬脂质	3~5	甘油醛	2~4
水解蛋白	5~7	麸氨酸	1~4
维生素B_1	1~2	胶原蛋白	10~20
水	25~35		
维生素C	3~5		

制备：将各组分混合成固态流体，均匀喷洒于模具上形成0.1~0.3 mm薄层，低温干燥，焙干、压平。

性质：本品易吸水，体温下融化，渗透性好，使用方便，安全，美容效果好。

表2.55　胶原蛋白面膜配方

组分		质量份		
		配方A	配方B	配方C
胶原蛋白		1.0	1.2	0.8
去离子水		300	300	290
纤维素及其衍生物	木质纤维素	2	—	—
	草质纤维素	—	2.5	1.5
	羧甲基纤维素	—	—	0.5
保湿剂	丙二醇	—	3	—
	丙三醇	1.2	—	1
	丁二醇	—	—	0.8

制备：（1）将胶原蛋白溶于水中（20~25 ℃）搅拌均匀，备用。

（2）将纤维素类加入反应器中，注入水，搅拌均匀后，将（1）液缓慢加入，搅拌20~30 min。然后加入保湿剂，继续搅拌20~30 min。

（3）将混合液倒入模具中成膜，并在70~150 ℃干燥即得成品。

注意事项：用配方A、B、C制得的面膜性质有差异，不同人使用效果可能有差异，选适合者自制。

性质：工艺简便，对环境无污染。面膜对皮肤温和、无刺激性，安全方便。

最简单的胶状面膜用醇溶性羧基乙烯聚合物、聚丙烯酸树脂、聚乙烯醇等制备。配方如表2.56所示。

表2.56　胶状面膜配方

组分	含量/%	组分	含量/%
乙醇	45.0	色素、抗氧化剂、香精等	适量
醇溶性聚合物	1.0	去离子水	余量
异丙醇胺	0.18		

制备：先将色素抗氧剂、香精等溶于乙醇，再加入部分水，逐渐加入醇溶性聚合物溶解成透明胶状液体。将碱性异丙醇胺加入剩余水中溶解，将此液加入上述透明胶液中，轻轻缓慢搅匀即得稠厚透明面膜液。

说明：若在制备过程中添加护肤、保健、医疗等其他组分，即可得多功能美容护肤医疗保健面膜。

表2.57　美容护肤保健湿面巾配方

组分		质量份
保湿剂	甘油	5
	丙二醇	3
	1,3-丁二醇	3
润肤护肤增白剂	维生素E	0.8
	硬脂酸	3
	丝素	2
	2,3-二甲氧基-5-甲基-6-癸二烯基-1,4-苯二醇	3.5
消毒杀菌剂	凯松	0.08
	苯氧基乙醇	0.11
表面活性剂	聚氧乙烯硬化蓖麻籽油	1
	聚氧乙烯失水山梨醇单硬脂酸酯	1
溶剂	乙醇	8
	纯水	100
辅助添加剂	香精	适量

制备：（1）在纯水中加入丙二醇、1,3-丁二醇、2,3-二甲氧基-5-甲基-6-癸二烯基-1,4-苯二醇，室温下完全溶解形成溶液。

（2）将乙醇、甘油、表面活性剂、硬脂酸、维生素E混合溶解形成溶液。

（3）将（1）、（2）溶液混合搅拌，并升温至60℃，加入凯松及苯氧基乙醇继续搅拌，待温度降至40~50℃，加入丝素和香精，继续搅拌，直至温度降至室温。

（4）将上述混合液过滤，除去不溶物，得湿面巾药液。

（5）用药液浸湿面巾得成品。

性质：本品工艺合理，使用方便，对人体无毒、无害，有护肤、保健、增白和消毒灭菌作用。

表2.58 营养美白面膜配方

组分		质量份	组分		质量份
粉剂	杏仁	10	粉剂	珍珠粉	2
	白芷	10		川芎	4
	茯苓	5		白蔹	5
	冰片	3		白术	5
	当归	2		白附子	2
	人参粉	2		糯米粉和绿豆粉	10
湿剂	芦荟浆	适量	湿剂	蜂蜜	适量
	橄榄油	适量		马齿苋浆	适量

制备：将各组分混合调匀即可。

说明：本品由粉剂和湿剂组成。

粉剂以杏仁和白芷为主剂，可任意与其他几种原料混合。甜杏仁有润肤增白作用，苦杏仁有散风消炎作用。白芷有祛脓燥湿、排脓止痛、扩张血管、促进血液流动作用。人参可促进毛细血管的血液循环，调节皮肤水分平衡，并抑制黑色素还原。茯苓有保持水分作用。当归含多种氨基酸和矿物质。白蔹、白术、白附子、川芎、冰片均有祛风散结、抑菌的功效。

湿剂中有一定水分，是溶解粉剂的溶剂。试剂中的植物浆液有丰富的营养物质，可滋润、营养皮肤，并能将粉剂调合成稠浆状便于施敷。

应用：本品有美白润肤，祛斑祛痘，消除皱纹、瘢痕，止痒止疼，消肿消炎等功效。过敏皮肤一般施用一两次症状可明显改善。

本品用于祛痘，每天用一次，每次1 h，连续一个月青春痘可消失。

对于油性皮肤者，每天一次，每次1 h，连续十余日可使皮肤白嫩细腻。

该配方中粉剂也可用以下成分：

组分	质量份	组分	质量份
白茯苓	500	泽泻	20
白术	20	黄芪	20
当归	20	沉香	20
白蔹	20	木香	20

制备：将上述原料精选后洗净、烘干、粉碎、过100目筛，混合均匀，灭菌包装。

用湿剂调合上述粉料即可施敷。

性质：可深入皮肤基层清除已角质化的角质细胞和阻滞毛孔的分泌物，淡化黑色素，防止色斑生成，增白。

2.美容护肤液（见表2.59）

表2.59　芦荟美容化妆水配方

组分	含量份	组分	含量份
甘油	11.11	芦荟鲜汁胶	22.2
聚乙二醇	2.22	香精	0.22
聚氧乙烯（15）油醇醚	2.22	去离子水	余量
乙醇	12.2		

说明：芦荟中含有羟基蒽醌类衍生物（如黄酮苷、鲜汁胶，芦荟大黄素等），芦荟中含有的多糖聚合物有提高人体免疫力的作用，可以使皮肤软化、保湿、消炎等。

制备：室温下将甘油和聚乙二醇溶于水中，将香精和聚氧乙烯(15)油醇醚溶于乙醇中，再将乙醇体系加入水体系中，搅拌，全部混溶后加入芦荟鲜汁胶，继续搅拌30 min，用200目真空过滤机过滤，得芦荟美容化妆水。

特性：本品有杀灭真菌和霉菌的作用，故有消炎、解毒效果。

3.洗面奶（见表2.60 ~ 表2.64）

表2.60　洗面奶配方[18]

组分	质量份	组分	质量份
表面活性剂①	100	氨基酸发泡剂	5
甘油	3	辛酸/癸酸甘油三酯	10
硬脂醇	5	大豆蛋白	3
三七提取物	25	芦荟	5
石榴	3	海藻粉	5
水	50		

① 由质量比为5∶3∶1的月桂醇醚硫酸钠、十二烷基硫酸铵、椰油酰胺丙基甜菜碱混合而成。

表2.61　保湿洗面奶配方[19]

组分	含量/%	组分	含量/%
月桂酰谷氨酸钠	16	椰油酰甘氨酸钠	5
硬脂酰谷氨酸钠	3	保湿剂①	4
聚甘油-3-甲基葡糖二硬脂酸钠	1	保湿控油组合物②	2.2
增稠剂③	1.5	防腐剂④	0.08
pH调节剂⑤	0.012	去离子水	余量

① 质量比为1∶2∶2∶1的肉豆蔻酸异丙酯、甘油、丁二醇、透明质酸的混合物。

② 质量比为2∶2∶1的北美金缕梅提取物、人参根提取物、黄檗提取物的混合物。

③ 质量比为2∶1∶1∶1的丙烯酸(酯)共聚物、卡波姆、羟丙基甲基纤维素、羟乙基纤维素的混合物。

④ 质量比为2∶1的羟基苯乙酮、羟苯丙酯的混合物。

⑤ 柠檬酸和氢氧化钠。

表2.62 中草药植物祛痘洗面奶配方[20]

组分	含量/%	组分	含量/%
月桂酰肌氨酸钠	1.41	甲基椰油酰基牛磺酸钠	4.23
烷基糖苷	1.41	椰油酰胺丙基甜菜碱	8.45
氨基酸保湿剂	12.4	植物提取液	1.15
水	50.65	甲基葡糖三硬脂酸酯	5.2
活性成分①	15		

① 由黄芪2份、野菊花6份、茵陈12份、杏仁22份、薄荷2份、黄连5份、苍术3份的活性提取物组成。

表2.63 氨基酸纯露洗面奶（液）配方[21]

组分	质量份	组分	质量份
月桂酰谷氨酸钠	120	玫瑰花纯露	750
甘油	50	硬脂酸	5
单甘酯	50	椰油酰羟乙基磺酸钠	30
烷基糖苷	40	苯氧乙醇	1

表2.64 美容洗面奶配方

组分		含量/%	组分		含量/%
油相	十八醇	2.0	羊毛脂		2.0
	硬脂酸	1.5	Span-40		3.0
	单硬脂酸甘油酯	1.0	吐温-20		3.5
	白油	8.0	抗氧化剂		0.05
水相	甘油	5.0	添加剂	防腐剂	0.05
	水	68.7		香精	0.2
				宝电石粉	2.0

制备：将油相和水相分别加热至80～85℃，0.5 h后将油相液加到水相液中搅拌15 min，冷却至40℃，羊毛脂、Span-40、吐温-20、抗氧化剂，再加入添加剂[其中宝电石细粉（<300目）预先用2%甘油浸润]，搅拌均匀即得洗面奶成品。

性质：此品可吸附、排出皮肤中的重金属物质，也可在光催化作用下分解有害物和灭菌，有光、电、磁效应，对皮肤有理疗、活化和促进新陈代谢的作用等。

四、功能性化妆品

1.中药面膜（见表2.65）

表2.65 祛瘢中药面膜配方

组分	含量/%	组分	含量/%
中药提取液	20	对羟基苯甲酸乙酯（尼泊金乙酯）	0.1
液态PVA面膜基料	40~50	水	余量

中药提取液的制备：将中药女贞子、白及、白芷、白僵蚕、薏米按一定比例混合（比例为60：12：25：20：30，也可采用其他比例），洗净，加水煎煮三次，合并煎液，浓缩，用两倍于浓缩液的乙醇（95%）与浓缩液混合，搅拌，得混合液。冷藏一天，抽滤，用水浴法将滤液中乙醇蒸发得中药提取液。

液态PVA面膜基料制备：将聚乙烯醇（干品）用蜂蜜及蒸馏水浸泡（聚乙烯醇、蜂蜜、水的比例可以是15：5：80，也可是其他配比），水浴加热使其溶解成液态PVA面膜基料。

面膜制备：将中药提取液与液态PVA面膜基料及用少量乙醇溶解的尼泊金乙酯混合，添加足量水搅拌均匀，过滤，得黏稠状淡黄色液态物成品。

应用：清水洗净面部，用本品涂抹患处，药液成膜，约20min后揭下面膜即可，每天一次，2月一疗程。

性质：所用中药药源丰富，工艺简便，成本低，效果好，无污染，无毒无害，无副作用。

用类似方法，改变中药品种和液态面膜基料组成可以制备有不同疗效和功能的面膜。例如，以竹营养精华素、荷营养精华素、桑叶提取物、葛根提取物按50：15：15：20比例混合成中药提取物原料。以丙二醇、山梨醇、聚乙烯醇、羧甲基纤维素、甲基纤维素、尼泊金乙酯、尼泊金甲酯、抗氧剂、香精和水按5：0.3：9：5：5：0.3：0.2：0.1：0.1：75的比例混合成液态成膜基料。另取新鲜苦瓜、南瓜、冬瓜、黄瓜、胡萝卜榨汁，上清液煮沸、过滤得到活性液。将中药提取物、液态成膜基料和活性液按5：5：2.5比例混合得到用于消炎、抗皱、祛斑、祛痘、祛污、去死皮、去眼袋、恢复皮肤弹性的面膜（竹营养面膜）。

2.祛狐臭化妆品（见表2.66~表2.68）

表2.66 狐臭膏配方

组分	含量/%	组分	含量/%
硬脂酸	10.0	氢氧化钾	0.5
甘油	7.0	水杨酸	6.0
十八醇	3.0	非那西丁	3.0
水	70.0	咖啡因	0.5

制备：将硬脂酸、甘油、十八醇加入水中，加热至90℃，搅拌至溶化，再加入氢氧化钾，搅拌，保持30min，制成膏状物。加入水杨酸、非那西丁、咖啡因搅拌均匀即得成品。

应用：本品可减轻汗腺分泌，灭患部细菌，适用于治疗狐臭、汗脚。本品直接涂于患部，每日早晚各一次。本品无毒副作用，安全方便。

表2.67　狐臭喷剂、粉剂配方

喷剂配方		粉剂配方	
组分	含量/%	组分	含量/%
茶多酚（儿茶素）	2.0	茶多酚（儿茶素）	5.0
酒精	50.0	滑石粉	80.0
水	47.0	黄丹粉	1.0
香料	1.0	氧化锌	14.0
		香料	适量

制备：将各组分混合均匀即可制成喷剂、粉剂成品。

应用：本品工艺简单，无毒副作用，治疗狐臭有特效。

表2.68　狐臭灵配方

组分	含量/%	组分	含量/%
黄连	3.0	五倍子	9.0
肉豆蔻	3.0	胡椒	3.0
苹果	2.3	草香草	2.0
连心草	2.2	草茴香	2.5
七里香	9.0	麝香	0.1
干姜	9.0	无水乙醇	25.0

制备：将各固体原料粉碎成粉末，加无水乙醇，汽化高温蒸制24 h，凉3～4天，药液取出即可。

应用：对狐臭有特效，对脐眼臭、腹股沟臭、阴部臭、脚臭也有疗效。

3.祛腋臭化妆品（见表2.69～表2.71）

表2.69　腋臭霜配方

组分	含量/%	组分	含量/%
铜绿	12.0	O/W 型乳状液基质	88.0

制备：研磨铜绿过100目筛。配制O/W型乳状液基质（见表2.70）。将铜绿细粉加入O/W型乳状液基质中，混合均匀即为成品。铜绿为碱式碳酸铜，作为中药材，有祛腐、敛疮、杀虫、退翳等功效。

表2.70　O/W型乳液状的腋臭霜配方

组分	质量份	组分	质量份
硬脂酸	112	十二烷基硫酸钠	10
单硬脂酸甘油酯	70	尼泊金乙酯	1
甘油	5	蒸馏水	667

续表

组分	质量份	组分	质量份
白凡士林	85		

制备：将硬脂酸、单硬脂酸甘油酯、白凡士林混合加热熔融。另将十二烷基硫酸钠、尼泊金乙酯、水混合加热，溶解后再加入甘油，搅拌均匀。最后将熔融好的混合液缓慢加入其中，搅拌均匀，冷却成膏状，即为成品。

应用：本品有收敛大汗腺异常分泌功能，且有抑菌功能。

日涂一次，连续15天可有良好效果。本品无毒副作用，无刺激性。

表2.71 腋臭凝露配方

组分	含量/%	组分	含量/%
羟丙基纤维素	1.5	冰片	0.3
三氯新	0.25	无水乙醇	7.5
乌洛托品	2.5	1,2-丙二醇	7.5
乙二胺四乙酸二钠	0.15	香精	适量
吐温-80	1.5	水	78.5
薄荷脑	0.3		

制备：将羟丙基纤维素加入适量水中，搅匀，放置数小时，得无色透明凝胶。将三氯新、乌洛托品、乙二胺四乙酸二钠、吐温-80加水溶解，加入上述凝胶中。将薄荷脑、冰片、无水乙醇溶解后加入凝胶中。随后加入1,2-丙二醇及香精，搅拌片刻即得成品。

应用：适用于腋臭、体臭、多汗症治疗，无毒副作用，无刺激性。

4.其他特定用途配方（见表2.72～表2.84）

表2.72 脚癣洗液配方

组分	含量/%	组分	含量/%
十二烷基硫酸铵	0.5～1.0	硅酸镁铝	1～2
皮肤专用表面活性剂	2～3	白油	2～2.5
椰油酸酰胺基甜菜碱	0.7～1	吐温	3～4
硫酸钠	8～8.5	薄荷醇	0.2
十一烯酸衍生物（止痒剂）	3～4	香料	0.5
水杨酸	0.5～1	色料	适量
羧甲基纤维素	1～1.5	去离子水	余量
碳酸氢钠	3.5～4		

制备：在反应釜内加入水升温至50～60 ℃，依次加入硫酸钠、碳酸氢钠、水杨酸、十二烷基硫酸铵、皮肤专用表面活性剂、椰油酸酰胺基甜菜碱、羧甲基纤维素、硅酸镁铝、白油、吐温，搅拌至各组分完全溶解，保温50～70 min后降至30～40 ℃，然后加入薄荷醇、十一烯酸衍生物、香料、色料，加完后停止搅拌，静置24 h，得成品。

应用：用于治疗脚癣、脚臭，并具有防晒、防裂功能。此品用后在皮肤表面形成保护膜，有杀、抑菌作用，无其他毒副作用。

表2.73 护肤粉刺霜配方

组分	含量/%	组分	含量/%
聚氧乙烯失水山梨醇单月桂酸酯	1.5	石龙芮	0.4
甘油单硬脂酸酯	1.2	尿素	0.4
维生素甲酸	0.08	香料	0.8
红霉素	0.55	蜂蜜	35
牛黄	0.2	纯水	余量
薏米提取物	5.5		

制备：将维生素甲酸、甘油单硬脂酸酯加热至85 ℃完全熔融。另将水、尿素、聚氧乙烯失水山梨醇单月桂酸酯、石龙芮、牛黄混合加热至35 ℃。将以上两混合液合并，搅拌，升温至65 ℃，加入剩余组分，搅拌均匀，降温至室温。

说明：本品中红霉素起抗菌作用，为消粉刺剂。牛黄有消毒化瘀作用。石龙芮为消粉刺除疤痕剂。尿素起护肤作用。

应用：本品对青春痘、粉刺、雀斑、黄褐斑、皮炎均有疗效。

表2.74 美容（去疤痕）霜配方

组分	质量份	组分	质量份
大葱提取物	15	氮酮	0.7
尿囊素	10	硬脂酸	5
十二烷基硫酸钠	0.4	尼泊金乙酯（防腐剂）	适量
平平加	0.7	香料	适量
十八醇	2.5	水	适量

大葱提取物制备：将大葱洗净，用去离子水洗2次，晾干。取大葱与去离子水以1∶（0.6～1）进行蒸煮，得大葱挥发油水。待蒸煮罐内液体为原料大葱质量的1/4时，取液体过滤，得水相大葱提取物。蒸煮过程中收取的挥发油水用乙醚萃取，除去乙醚后得油相大葱提取物。本品用的大葱提取物是上述水相提取物和油相提取物以50∶0.1形成的混合物。

本品制备：将尿囊素、十二烷基硫酸钠、平平加和水在95 ℃加热30 min（水相物），另将十八醇、氮酮、硬脂酸在95 ℃加热30 min（油相物）。将油相物加入水相物中，冷却后加入大葱提取物、香料、防腐剂，即得本品。

说明：氮酮为渗透剂，多用于各类膏药和涂抹剂。

应用：本品有软化、平复疤痕功能，对女性面部蝴蝶斑、青春痘疤痕、冰疮疤痕也有一定疗效。本品无毒副作用，安全可靠。

表2.75 灵芝祛斑霜配方

组分	含量/%	组分	含量/%
灵芝孢子粉	30	液体石蜡	10
水	10	十二烷基硫酸钠	1
甘油	10	尼泊金乙酯（防腐剂）	0.2

续表

组分	含量/%	组分	含量/%
凡士林	30	香料	0.8
甘油单硬脂酸酯	8		

制备：将灵芝孢子粉、水、甘油、防腐剂、十二烷基硫酸钠混合加热至80℃搅拌得水相物。另将甘油单硬脂酸酯、凡士林、液体石蜡混合加热至80℃，得油相物。将水相物加到油相物中剧烈搅拌，待降温至50℃时加入香料，降至40℃时停止搅拌，冷却至室温，得本品。

应用：本品为药物膏剂，主要治老年斑及其他面部色素斑。

表2.76 美白霜配方

组分	含量/%	组分	含量/%
聚氧乙烯脂肪醇醚	1.5	二甲基硅油	1.0
甘油单硬脂酸酯	2.0	尼泊金甲酯（防腐剂）	0.1
甘油	10.0	美白组合物	14.0
白油	10.0	去离子水	51.05
棕榈酸异丙酯	5.0	香精	0.3
$C_{16} \sim C_{18}$混合醇	5.0	异噻咪唑酮	0.05
美白组合物配方			
熊果苷	4.0	尿囊素	1.6
超细钛白粉	3.2	果酸	2.0
内皮素拮抗剂	0.8	绿茶提取物	2.4
		去离子水	86.0

美白霜制备：将前七组分加热至85℃，并搅拌，得油相物。另将美白组合物、防腐剂、水加热至80~85℃，得水相物。

将油相物加到水相物中，搅拌均匀，冷却至55℃，加入香精和异噻咪唑酮，冷却至40℃，得本品。

表2.77 健身祛病沐浴液配方1

组分	质量份	组分	质量份
去离子水	100.0	乙氧基化羊毛脂	1.0
草药浓缩液[①]	48.6	茶皂素	0.2
十二烷基二甲苄基氯化铵	10.0	二硫化硒	0.2
十六烷基三甲基氯化铵	10.0	非离子型增稠剂	3.0
阳离子蛋白肽	5.0	水杨酸	0.5

组分	质量份	组分	质量份
十二烷基二甲基甜菜碱	5.0	四硼酸钠	0.5
烷醇酰胺	10.0	薄荷脑	0.2
高分子阳离子纤维素醚	5.0	香精	适量

① 由具有去腐生肌活血、消炎抗菌、去屑生发、护肤止痒、抗癌等功效的80味草药经蒸煮、除渣、过滤、脱色、浓缩等工序而成。

应用：本品不仅可去污洁肤，而且对真菌性皮肤病、细菌性皮肤病、病毒性皮肤病、寄生虫性皮肤病、皮炎及传染性皮肤病均有疗效。

表2.78 健身祛病沐浴液配方2

组分	质量份	组分	质量份
草药提取液①	100.0	硼砂	2.0
脂肪醇聚氧乙烯醚硫酸钠	5.0	水杨酸	2.0
十二烷基硫酸钠	5.0	碘	2.0
十二烷基二甲基苄基甜菜碱	5.0	冰片	2.0
脂肪酸脂肪醇酰胺	5.0	乙二醇硬脂酸酯	5.0
聚乙二醇双硬脂酸酯	8.0	无水羊毛脂	3.0
甘草酸	2.0	珍珠粉	1.0
桂酸	2.0	薄荷脑	1.0
月桂氮酮	2.0	十一烯基单乙醇酰胺琥珀酸酯磺酸钠	5.0

① 由58味草药提取而成。

应用：本品有清热解毒、去腐生肌、止痛止痒、防病功能。本品可沐浴用也可涂抹用。

表2.79 抗疲劳按摩液配方

组分	质量份	组分	质量份
北黄芪	80	天麻	25
川芎	35	北五味子	25
血三七	40	露蜂房	20
雪莲花	20	白人参	20

制备：将各组分以清水浸泡，再用蒸馏法提纯、净化后备用。

应用：本品为外擦剂，以按摩20天为佳。

表2.80　抗疲劳、抗高血压按摩液配方

组分	质量份	组分	质量份
天麻	120	旱三七花	60
黄菊花	30	夏枯球	40
旱三七	120	地龙	60

制备：将各原料以芹菜汁浸泡，再以蒸馏法提纯、净化后备用。

应用：按摩多日方能有效，也可用于抗疲劳。

表2.81　老年美容抗皱祛斑按摩乳配方

组分	含量/%		组分	含量/%	
	配方A	配方B		配方A	配方B
按摩乳基质	80.0	80	丝肽（500）	1.0	0.98
乳清液	0.5	0.5	维生素B$_1$	—	—
维生素C	0.01	—	精制水	18.47	18.45
维生素A	0.01	0.01			
维生素B$_{12}$	0.01	0.01			
黄芩黄素	—	0.05			

按摩乳基质配方

组分	含量/%	组分	含量/%
月桂酸	1.5	精制水	67.29
羊毛脂	3.4	十六醇	3.2
硬化棕榈油	2	角鲨烷	6
吐温-60	2.5	Span-60	2.5
甘油	6	香料	0.6
维生素E	0.01	抗氧剂	0.4
乙醇	4	苯甲酸钠	0.6

按摩乳基质制备：将水溶性组分加入水中，在60~95℃下搅拌，完全溶解，得水溶液。将油溶性组分也在60~95℃搅拌溶解，得油溶液。将香料、防腐剂溶解得防腐液。再将油溶液与水溶液混合、搅拌，利用均化器使其乳化，最后加防腐液，搅拌均匀，即得按摩乳基质。

按摩乳制备：将按摩乳基质加热至40~95℃，搅拌。将水溶物和醇溶物分别溶于水和醇中，得水和醇溶液。再将两混合液加入基质液中，均质乳化，冷却至室温，得成品。

应用：本品有美颜、护肤、祛皱、祛斑、抗衰老功能。

表2.82 防晒防冻护肤霜配方

组分		含量/%	组分		含量/%
A	硬脂酸	4	B	甘油	8
	十六醇	6		氢氧化钾	0.35
	甘油单硬脂酸酯	3		十二烷基硫酸钠	0.5
	液体石蜡	8		硫代硫酸钠	0.2
	白凡士林	6		水	44.55
	氢化羊毛脂	3	C	烟酸	0.5
	尼泊金甲酯	0.1		水	10
	尼泊金乙酯	0.1		香精	0.2
	平平加	1.5			
	薄荷酯	3			
	水杨酸苯酯	1			

制备：将 A 组组分置于熔油锅内，蒸汽加热至 95 ℃，搅拌至熔化。将 B 组组分置于另一熔油锅内，蒸汽加热、搅拌、溶解。将 C 组分烟酸置于不锈钢锅内，加入水，加热至 100 ℃，搅拌溶解。将第二熔油锅内的物料倒入乳化锅内，加热至 95 ℃，加入第一熔油锅内的物料，以 90 r/min 的速度搅拌 10 min，再以 3000 r/min 速度搅拌 2 min。向此物料中加入烟酸溶液，以 3000 r/min 速度搅拌 2 min，再以 70 r/min 速度搅拌 30 min。待物料温度降至 60 ℃时加入香精，再搅拌 5 min，55 ℃时出锅，总搅拌时间 1 h。

应用：本品能抵御紫外线，又能预防冻伤，同时有润肤功能。

表2.83 植物生发乳配方

组分	含量/%	组分	含量/%
奥斯曼汁	40	氮酮	1
红花油	10	维生素 E	0.28
甘油	5	CMC	0.8
乳化硅油	3	卡波树脂	0.5
十六醇	3	抗氧剂	0.2
脂肪酸蔗糖酯	1.2	水	加至 100
甘油单硬脂酸酯	0.2	香精	0.1
Span-20	4	防腐剂	0.1 ~ 1

制备：在奥斯曼汁中加入水溶性组分，加热至 80 ℃。将红花油和油性组分加热至 80 ℃。将以上两组分搅拌下混合，以 3000 ~ 4000 r/min 速度乳化 5 min，水浴冷却。待温度降至 50 ℃时加入热敏性组分（如香精、维生素 E 等），降至 30 ℃，即得成品。

应用：奥斯曼草学名菘蓝，新疆产的一种深绿色植物。奥斯曼汁有清热解毒、抗菌等性能，可深入毛囊清除垢物，利于毛发生长，可用于制眉笔、眉膏。红花油有活血化瘀（养颜护肤）功能。本品对斑秃、谢顶有一定疗效。

表2.84　手工胭脂配方（中国古代配方）

组分	质量份	组分	质量份
珍珠粉	2.5	洛神花	4.5
红色珠光云母粉	0.8	橄榄油	适量
玫瑰干花	4.5	白色蜂蜡	0.8
紫草	4.5		

制备：（1）将珍珠粉和红色珠光云母粉研磨得更细，备用。

（2）将玫瑰干花、紫草、洛神花用橄榄油浸没，浸泡一周。

（3）将白色蜂蜡在水浴上加热熔化。

将（3）与（2）的物质混合并加少量（1）的珍珠粉、红色珠光云母粉混合研磨，多次少量，重复研磨。

（4）将（3）研磨后的粉末倒入胭脂盒内、压实，得胭脂。

应用：此胭脂还可作口红。

5.防晒护肤、护发化妆品（见表 2.85 ~ 表 2.90）

表2.85　纳米面部防晒护肤液配方

组分	含量/%	组分	含量/%
纳米水晶粉	30	水	32.8
白凡士林	12	辛基甲氧基月桂酸酯	1
甘油单硬脂酸酯	3	液体石蜡	18
蜂蜡	3	悬浮剂	0.2

制备：先将水加热至 75 ℃，加入悬浮剂，搅拌均匀，再加入其他组分，搅拌均匀，降至室温即可。

表2.86　纳米防晒润肤膏配方

组分	含量/%	组分	含量/%
羟基化羊毛脂	0.5	甘油单硬脂酸酯	8
纳米水晶粉	30	三乙醇胺	1.5
液体石蜡	11	丙二醇	3
硬脂酸	5	水	67
蜂蜡	4		

制备：将水加热至 85 ℃，保温，加入全部组分，搅拌均匀，冷却至室温即可。

表2.87　免洗防晒护发素配方

组分	含量/%	组分	含量/%
藏红花提取液[①]	0.8 ~ 1.2	聚丙烯酸树脂	5 ~ 10

续表

组分	含量/%	组分	含量/%
二甲基硅油	3~6	甘油	5~15
环甲基硅油	1~3	防腐剂	0.8~1
苯基硅油	0.4~1	香精	适量
氢化羊毛脂聚氧乙烯醚	0.3~0.6	去离子水	余量
维生素 B_6	0.1~0.5	三乙醇胺	调节 pH 至 5~6

① 藏红花提取液制备：将藏红花投入 60%~80%乙醇中，于室温下浸泡，过滤，收集滤液。在滤渣中再加入 60%~80%乙醇，浸泡 3~4 h，过滤收集滤液。对上述两次收集的滤液减压回收乙醇，浓缩至 1/5~1/7，用 1 mol/L NaOH 溶液调节 pH 至 7~8。滤液用盐酸调节 pH 至 2~3。静置过夜。取沉淀物，用双氧水溶解得橙黄色半透明液体即为藏红花提取液。

应用：本防晒剂可配制多种防晒化妆品。

表2.88 天然雪莲防晒霜配方

组分	含量/%	组分	含量/%
丙烯酸共聚物	0.2	三乙醇胺	0.5
甘油	2	雪莲提取物①	2
混醇（C_{16}、C_{18} 醇混合物）	15	尼泊金乙酯	0.1
白矿油	8	维生素 E	0.2
二苯甲酮-3	3	香精	0.6
棕榈酸异丙酯	3	去离子水	余量
甘油单硬脂酸酯	1		

① 雪莲提取液制备：干雪莲用 95%乙醇浸泡，提取液减压蒸馏，收集浓缩物。再用无水乙醇溶解，加入活性炭回流 30 min，过滤，得滤液，再减压蒸馏即得雪莲提取物。

应用：本品能抵御紫外线对皮肤和头发的伤害，防止色素沉着。

表2.89 无机纳米防晒霜配方1

组分		含量/%	组分		含量/%
A	精制水	60.5~65.5	C	白油	10
	丙二醇	5		凡士林	5
	无机纳米防晒物①	3~8		十六醇	4
				甘油单硬脂酸酯	2.5
				月桂醇聚氧乙烯(9)醚	2.5
B	薄荷油	0.5		硅油	2

① 无机纳米防晒物是 ZrO_2、CeO_2 两种材料的混合物[CeO_2/ZrO_2（质量比）为 0.5~2.0]，也可用 TiO_2、ZnO_2。

表2.90 无机纳米防晒霜配方2

组分		含量/%	组分		含量/%
A	脂肪酸甘油酯	6	B	甘油	2
	硬脂酸	4		三乙醇胺	0.9
	无机纳米防晒剂（同配方2.89）	5	C	蒸馏水	80.25
	无水羊毛脂	1	D	香精	适量
	十六醇	0.7		防腐剂	适量

6.指甲油（见表2.91、表2.92）

表2.91 防晒指甲油配方

组分	质量份									
	配方 A	配方 B	配方 C	配方 D	配方 E	配方 F	配方 G	配方 H	配方 I	配方 J
乙酸乙酯	23	10	13	15	18	20	25	27	28	30
乙酸丁酯	29	40	35	35	30	25	20	22	20	27
硝基纤维素	14	15	20	18	16	17	15	18	10	19
防晒剂 A[①]	2	1	1	1	2	2	3	3	4	4
防晒剂 B[②]	3	4	4	4	3	3	2	2	1	1
氨基树脂	28	25	23	24	29	38	33	25	35	15
樟脑	3	5	4	3	2	1	2	3	2	4

① 防晒剂 A 为 4-甲氧基肉桂酸-2-乙基己酯。

② 防晒剂 B 为 2,2'-亚甲基-双-6-(2H 苯并三唑-2-基)-4-(四甲基-丁基)-1,1,3,3-苯酚。

应用：本品除能使指甲美观外，还能阻挡紫外线的伤害。

表2.92 耐水性指甲油配方

组分	含量/%	组分	含量/%
聚氨酯	47.0	有机硅消泡剂	21
聚丙烯酸	20.0	立索尔红	2.7
二丙二醇丁醚	2.0	乙氧基化聚氨酯	6.7
瓜尔胶	3.5	聚酰胺蜡粉	0.7
聚乙烯醇	2.7	去离子水	12.0
二丙二醇甲酯	0.6		

7.唇膏（见表2.93～表2.96）

表2.93 保湿润唇膏配方

组分	含量/%	组分	含量/%
甘油酯	22.0	羟苯丙酯	1.6
二乙酸牛油酯	70.0	透明质酸钠	1.6
维生素E乙酸酯	1.6	桂花香精	1.6
羟苯甲酯	1.6		

制备：搅拌下在二乙酸牛油酯中加入其他组分，搅拌均匀即可。

表2.94 安全唇膏配方

组分	含量/%	组分	含量/%
杏仁油	25.0	椰油醇	2.6
棉籽油	15.8	淀粉	9.2
月见草油	19.8	蜂蜜	5.2
羊毛脂酸异丙酯	5.3	香精	2.5
蜜蜡	6.6	脂肪酸单乙醇酰胺	4.6

制备：将原料加入搅拌器中，加热、搅拌均匀，保持50℃，搅拌2.5 h。用三辊机反复研磨3次，真空脱气，45℃下浇注成型。

表2.95 唇膏配方

	组分	含量/%		组分	含量/%
A	凡士林	33.4	B	硬脂酸丁酯	3.8
	白油	21.0		双羟基苯甲酸乙酯	0.2
	鲸蜡	4.8		二叔丁基对甲酚	0.01
	羊毛脂	4.8		溴酸红染料	7.6
	蜂蜡	2.9	C	尿囊素	0.1
B	甘油单硬脂酸酯	21.0	D	玫瑰香精	0.39

制备：将A组分加热至75℃，搅拌均匀，经三辊机研磨3次，备用。将B组分加热至82℃熔化后，过滤，备用。将以上两备用物混合均匀，降温至40℃，加入C和D组分彻底混合均匀，产物浇注得唇膏。

表2.96 自制口红配方

组分	质量份	组分	质量份
口红色粉	1～1.5	蜂蜡[①]	4

续表

组分	质量份	组分	质量份
橄榄油（或甜杏仁油、其他油）	12	维生素 E	1 粒

① 或 2 g 白蜂蜡+2 g 小烛树蜡，冬季只用白蜡，夏季加树蜡。

制备：口红色粉加 2 g 橄榄油，研磨 8～30 min，再加 10 g 橄榄油，调试粉油融合。加入 4 g 蜂蜡，小火加热，蜂蜡熔化，倒入小模具中，冷却成型。维生素 E 可加可不加。

参考文献

[1] 余丽丽，赵婧，张彦.化妆品——配方、工艺及设备[M].北京：化学工业出版社，2018.

[2] 化妆品生产工艺编写组.化妆品生产工艺[M].北京：轻工业出版社，1987.

[3] 肖进新，赵振国.表面活性剂应用技术[M].北京：化学工业出版社，2018.

[4] 肖进新，赵振国.表面活性剂应用原理 [M].2 版.北京：化学工业出版社，2015.

[5] 张天胜.表面活性剂应用技术[M].北京：化学工业出版社，2001.

[6] 杨继生.表面活性剂原理与应用[M].南京：东南大学出版社，2012.

[7] 李东光.实用化妆品配方手册[M].北京：化学工业出版社，2004.

[8] 张光华.精细化学品配方技术[M].北京：中国石油工业出版社，1999.

[9] 谭勇军，陈波.精细化工小产品新配方生产与研制[M].长沙：中南工业大学出版社，1992.

[10] 松尾谕，藤田博也，嶋田昌彦.透明类洗发剂组合物： CN 107811880A[P]. 2018-03-20.

[11] 黄贤孙，郑昌实.一种艾草去屑洗发剂及其制备方法：CN 109646350A[P]. 2019-04-19.

[12] 宋小清，康斯坦丁尼迪斯 I C.具有基于氨基酸的阴离子表面活性剂和阳离子聚合物的致密型洗发剂组合物：CN 111278418A[P]. 2020-06-12.

[13] 安杰 N J，高 W，加维斯 A P，等.洗发剂组合物和使用方法：CN 111295177A[P]. 2020-06-16.

[14] 徐海，陈田，曾广斌，等.一种控油保湿面膜泥及其制备方法：CN 109453070A[P]. 2019-03-12.

[15] 刘宇航，陈玉燕，王虹霞，等.一种温和自发泡面膜：CN 109464292A[P]. 2019-03-15.

[16] 贾同道，罗剑飚，罗伟佳，等.一种多功效面膜及其制备方法：CN 110522685A[P]. 2019-12-03.

[17] 朱伟海，黄彩仪，林锦雄.一种自发泡红泥面膜及其制备方法：CN 110585090A[P]. 2019-12-20.

[18] 王朝梁，王炳艳，张铁，等.一种三七美白洗面奶及制备方法：CN 111544334A[P]. 2020-08-18.

[19] 张淑云，张灿海.一种含有月桂酰谷氨酸钠的保湿洗面奶：CN 108992364A[P]. 2018-12-14.

[20] 包娜，陈卫华，庭开政，等.一种中草药植物祛痘洗面奶及其制备方法：CN 109806202A[P]. 2019-05-28.

[21] 肖刚.一种氨基酸纯露洗面奶（液）的制备：CN 110339117A[P]. 2019-10-18.

第三章

金属清洗（洁）剂

第一节

金属污垢

　　金属及各种合金或它们的器件在存放或使用过程中因各种原因（如发生物理的、化学的或生物的作用）在其表面形成污垢，因产生的原因不同，污垢成分不同，化学性质也各不相同。金属表面主要有以下几类污垢：

一、油垢

　　油垢或称油污，主要组成成分是油脂、沉积的无机盐和尘埃、水分等。油垢不仅影响外观，更影响各种性质（如导电性、焊接性、润湿性），由金属材料制成的器件装配成的仪器设备表面油污可以影响正常使用，甚至产生事故。金属管线和明线的油污直接影响生产、运输和存储能力。

　　最为经济、简便清洗油垢的方法是用碱水溶液清洗（加热尤佳）。此法是利用油脂与碱发生皂化反应，生成水溶性脂肪酸盐和甘油，通过乳化、溶解、分散等作用，并辅以热力、机械和超声等机械、物理手段除去。用单一或混合有机溶剂也可以溶解除去有机类物质和油垢，但这种方法成本高，对环境和人体多有害。用表面活性剂水溶液可以除去大部分油垢，这是应用最多的方法。后两种方法所用的有机溶剂（通常用混合溶剂）和表面活性剂溶液都需要调整适当的组成和比例。凡是表面活性剂参与的金属清洗剂都是下文将要讨论和介绍的。

二、锈垢

金属和金属制品长期暴露在空气中或浸泡于水中，可能与氧发生氧化反应，而生成各种金属氧化物。故生锈本质上是金属的氧化反应。如铁就极易生锈，在水分存在下，铁与空气中的氧发生氧化反应，生成多种氧化物（三氧化二铁、四氧化三铁等）。铁锈是红棕色物质，密度小，易脱落。铁锈不除极易吸收水分，使内部的铁继续生锈。

铜被氧化或与其他化学物质进行反应可以生成铜锈，铜锈比铁锈的成分更为复杂，有氧化铜、硫化铜、碳酸铜、氯化铜等。碳酸铜和硫化铜不溶于水和有机溶剂，但能溶于适宜的酸；氧化铜虽也不溶于水，但能与氨水反应，缓慢溶于氨水中；氯化铜能溶于水、丙酮、醇、醚等溶剂，但有毒。常见的绿色铜锈主要成分是碳酸铜。

铝及铝制品氧化生成的铝垢与铁和铜的锈不同。铝的氧化产物主要是氧化铝和氢氧化铝，它们都不溶于水，但可以与酸、碱反应。氧化铝的硬度大，铝表面形成氧化铝膜对膜下的铝起到保护作用。

由上述可知，铁锈和铜锈生成降低相应金属制品的质量和影响正常应用，是应避免和去除的，而铝锈一般不做考虑。

用无机酸（单一成分或混合酸）洗是去除铁锈最简单的方法，但是要注意酸洗去锈后铁的保护。有表面活性剂参与的清洗剂内容见下文。

三、有机物涂层垢

有机物涂层垢主要是漆涂层、树脂层、胶质层等。

清洗这类涂层除物理法（如烧除、铲除、高压喷射等）外，还可用碱液和有机溶剂。但这种方法多要注意废液回收和人体保护。少量有机涂层可用适宜的表面活性剂溶液处理。

此外，金属表面还可能有水垢、积炭、糖垢、微生物泥垢等，都各有除垢方法，因涉及面较窄，在本书中不予讨论。

第二节

金属表面清洗剂及其分类[1-3]

用于清洗金属（及其部件）表面的油、蜡、锈、粉尘、积炭、汗渍、切削液残留及其他物质的有机物或无机物的水溶液或有机溶液或某些固体物质的粉状混合物称为金属表面清洗剂。常用的金属材料有铜（纯铜、青铜、黄铜、白铜等）、铁（不锈铁、马口铁等）、钢（碳素钢、各种合金钢等）、镀锌板、铝（纯铝、铝合金）及其他金属材料。

金属清洗剂有多种分类方法。

按除去物质分，可有金属脱脂剂、油污清洗剂、除锈剂、脱漆剂、积炭清洗剂等。

按清洗剂的酸碱性分，可有酸性清洗剂和碱性清洗剂。酸性金属清洗剂主要组成为无机酸和有机酸，常用的无机酸有盐酸、硫酸等，有机酸有草酸、乙酸、柠檬酸等。酸性清洗剂主要用于除去金属表面的某些氧化物、氢氧化物和无机盐类污垢。酸性清洗剂易对金属造成腐蚀、对环境造成污染和对人体造成伤害。碱性金属清洗剂中的碱主要有氢氧化钠、碳酸钠、硅酸盐、磷酸盐等，主要用于清除金属表面油污，即碱与油污发生皂化反应，生成皂盐，溶解于清洗水中而除去。为使皂化反应顺利进行，通常需加热处理，因而更增强了碱的腐蚀性，这是要特别注意的。

按构成清洗剂的溶剂性质可将金属清洗剂分为水基型清洗剂、有机溶剂基型清洗剂和半水基型清洗剂三类。

水基型清洗剂是指表面活性剂、助洗剂和去离子水按一定比例配制而成的清洗剂，通常呈中性或弱碱性。此种清洗剂利用表面活性剂的润湿、浸透、分散、乳化等作用除油垢，并有抗污垢再沉积能力。这种清洗剂对各种油污有很好的去除能力，对多种金属及器件无腐蚀作用。

有机溶剂基型清洗剂使用的有机溶剂有天然的或合成的，主要是汽油、煤油、柴油、石脑油、酒精、三氯乙烯、二氯乙烯、直链烃类、芳烃类等。此类清洗剂对油污去除效果最佳，对水性污垢应用受限。有机溶剂基型清洗剂的应用多是先将部件用清洗剂浸泡或喷射处理，使溶解性油垢被溶解、脱离表面，或被溶剂及表面活性剂乳化后再用大量漂洗水冲洗掉。此种清洗剂使用大量有机溶剂，对人体和环境有害，故而要求良好的操作条件和适当的回收设备。

半水基型清洗剂以水和有机溶剂为清洗介质并加有表面活性剂。这种清洗剂通常配制成 O/W 型或 W/O 型乳状液形式应用，称为乳化清洗剂。在助表面活性参与下按适宜的比例也可制成微乳液金属清洗剂（见下文）。半水基型清洗剂性能综合了水基型和有机溶剂基型清洗剂二者的优点，但成本较高，应用较少。

除此之外，还有微乳液型金属清洗剂。微乳液是由水、油、表面活性剂和助表面活性剂（多为中等链长的脂肪醇）混合，自发形成的透明或半透明的热力学稳定的液液分散体系，分散相粒子直径约为 10～100 nm。虽然微乳液是自发形成的，但其形成过程和体系的性质与类型受到体系中各成分的匹配、温度、油相性质、pH 值和表面活性剂的类型等因素影响，通常有以下一般规律：①分散相体系越大，体系温度越高，越不稳定。②表面活性剂的用量要足够大，量太少时难以形成微乳液。③应用阴离子表面活性剂制备微乳液，助表面活性剂的碳原子数为 6 时，自由能最低，且当油链与助表面活性剂碳原子数之和比表面活性剂的碳原子数小 1 时，所得微乳液最稳定。④微乳液有 O/W 型、W/O 型和双连续相三种结构类型。O/W 型的微乳液 pH 值越偏离中性时，体系越不稳定。⑤表面活性剂的 HLB 值常能决定微乳液的类型：HLB=4～7 时易得 W/O 型微乳液，HLB=9～10 时易得 O/W 型微乳液。

与一般常用清洗剂比较，微乳液清洗剂有极低的界面张力，有更强的润湿、乳化和增溶能力，并能更好地渗透到固体表面，使得固体表面污垢得以脱离固体表面而分散于液态介质中。清洗金属、玻璃、木制品等硬表面物体时，微乳液清洗剂不仅可以清除油污而且还可以保持硬表面的光亮度。

微乳液清洗剂中助表面活性剂通常用中等链长的醇，但这类物质的易挥发性和易燃性对环境不友好，故近年来有用脂肪酸盐为助表面活性剂的报道。脂肪酸盐没有中等碳链脂肪醇的弊病，且易生物降解。

某些简单的化学处理（如用酸处理去除水垢，用碱液加热去除油垢）方法不在本文讨论之列。

第三节

金属清洗剂中常用的表面活性剂[1, 3]

水基型金属清洗剂中常用的表面活性剂有：脂肪醇聚氧乙烯醚、烷基酚聚氧乙烯醚、十二烷基二乙醇酰胺、油酸钠、十二烷基磺酸钠、十二烷基硫酸钠、*N, N*-油酰甲基牛磺酸钠、甲氧基脂肪醇氨基苯磺酸钠等。这些表面活性剂为非离子型和阴离子型的，复配使用有极好的协同效应，可使浊点升高，增溶和去污能力大大提高。

有机溶剂基型清洗剂中常用的表面活性剂有：Span-80、烷基酚聚氧乙烯醚、烷基醇酰胺、油酸聚氧乙烯醚、石油磺酸盐等。显然这些表面活性剂的烷基碳链都较长，聚氧乙烯数都不会太多，这样才能使表面活性剂的油溶性较好。

第四节
表面活性剂在金属表面清洗中的作用

① 在水基型金属清洗剂中加入表面活性剂，利用表面活性剂良好的吸附、渗透、润湿、乳化、分散和增溶等性质，使油污、固体尘埃在金属表面附着力减小，再辅以机械或其他物理方法，使被清洗物脱离表面进入洗涤液中，最终使金属表面清洁。

② 碱性清洗液中的表面活性剂可使难以用皂化方法除去的矿物油及其他油类污垢通过乳化作用除去。

③ 酸性清洗液使用时常形成酸雾，对环境及人体产生污染和伤害，并对设备有腐蚀作用。加入表面活性剂有时可抑制酸雾形成，加快酸洗速度。

④ 和表面活性剂的许多应用一样，表面活性剂用于金属清洗剂时，也常复配使用。这样做能充分发挥表面活性剂的许多功能，使得清洗剂具有润湿、渗透、乳化、增溶等功能，发挥其除油污、抗腐蚀、抗硬水、耐高温等性能，并有好的稳定性。

⑤ 磷化处理技术是在有色金属（铜、铁、铝、锌等）经除油、除锈、水洗等清洗后，在一定条件下根据需要，用含有某种或某些金属元素的磷化液进行处理，在干净的金属表面形成可控厚度的致密磷化膜。所以磷化是一种经过化学与电化学反应形成磷酸盐化学转化膜的过程。磷化膜在一定程度上可提高原金属的抗腐蚀性。严格地讲，磷化是一种金属表面处理技术与工艺，但也可看作对一种金属表面的清洗。在磷化处理中加入表面活性剂，可使磷化膜结晶微细、致密，从而使表面得以保护。

第五节

金属表面清洗剂配方实例[4, 5]

一、水基型金属清洗剂

1.钢铁类金属清洗剂（见表3.1~表3.44）

表3.1　金属清洗剂配方1

组分	含量/%
硅酸钠	35~45
三聚磷酸钠	50~55
脂肪醇聚氧乙烯醚	5~10

应用：取上述混合物与水按1：10溶解即可使用。

表3.2　金属清洗剂配方2

组分	含量/%
AEO-9	2.6
油酸三乙醇胺	3.5
碳酸钠	4.3
三乙醇胺	7.8
Triton-100	5.0
苯甲酸钠	4.1
水	余量

表3.3　钢制活塞表面积炭的化学金属清洗剂配方[6]

组分	质量份	组分	质量份
烷基酚聚氧乙烯醚	83	仲醇聚氧乙烯醚	67
氢氧化钠	20	碳酸钠	30
硅酸钠	3	三聚磷酸钠	30
水	1000		

说明：钢制活塞表面积炭清洗后，积炭残留率1.93%。

表3.4　金属清洗剂配方3

组分	含量/%
平平加	4～5
油酸三乙醇胺	0.5～2
碳酸钠	4.3
三乙醇胺	6.5
6501（椰油酸二乙醇酰胺）	7.2
葡萄糖酸钠	2.5
苯甲酸钠	3.7
水	余量

特点：稳定性好、去污力强、防锈性强、无毒无害，室温下清洗率可达96%。

表3.5　金属清洗剂配方4

组分	含量/%
6501（椰油酸二乙醇酰胺）	0.5
三乙醇胺油酸皂	0.5
GT-12	0.25
S-86	0.258
M-10	1.25
聚醚L61	0.75
三乙醇胺	10.0
碳酸钠	1.0
硼砂	1.0
EDTA-二钠	5.0
有机硅	0.3
水	余量

性质：低泡。

特点：稳定性好、去污力强、防锈性强、无毒无害，室温下清洗率可达98%。

表3.6　金属清洗剂配方5

组分	含量/%	组分	含量/%
脂肪醇聚氧乙烯醚	10	苯甲酸钠	1.0
月桂酸二乙醇酰胺	6.0	水玻璃	0.1
淀粉糖苷表面活性剂	7.0	尿素	1.0
聚氧乙烯醚硫酸盐	2.2	水	余量

续表

组分	含量/%	组分	含量/%
磺化琥珀酸二仲辛酯钠盐	1.8		

制备：将一定量去离子水加入 100 mL 烧杯中，高速搅拌，控温 55 ℃左右，加入脂肪醇聚氧乙烯醚，待完全溶解后加入淀粉糖苷表面活性剂，继续搅拌 30 min，再依次加入月桂酸二乙醇酰胺和聚氧乙烯醚硫酸盐，准确控制温度，防止形成凝胶，继续搅拌 30 ~ 45 min，降温至 40 ℃左右，加入磺化琥珀酸二仲辛酯钠盐、苯甲酸钠、水玻璃、尿素等助剂，继续搅拌几分钟，冷却至室温。

特点：采用非离子型和阴离子型表面活性剂复配应用。

表3.7　金属清洗剂配方6

组分（作用）	含量/%
焦磷酸钠（络合剂）	2 ~ 4
椰油酸二乙醇酰胺（表面活性剂）	10 ~ 15
二乙醇胺（有机碱）	4 ~ 6
二乙二醇（助溶剂）	3 ~ 5
壬基酚聚氧乙烯醚 TX-9（表面活性剂）	3 ~ 5
聚醚改性有机硅（消泡剂）	0.1 ~ 0.5
水	53 ~ 56

表3.8　金属清洗剂配方7

组分（作用）	含量/%
椰油酸二乙醇酰胺（表面活性剂）	4 ~ 6
脂肪醇聚氧乙烯醚 AEO-9（表面活性剂）	3 ~ 5
油酸（表面活性剂）	2 ~ 3
二乙醇胺（有机碱）	1 ~ 3
十二烷基硫酸钠（表面活性剂）	0 ~ 2
氢氧化钠（无机碱）	1 ~ 2
JFC（渗透剂）	1 ~ 2
乙醇	1 ~ 3
水	余量

表3.9　金属清洗剂配方8

组分	质量份	组分	质量份
三乙醇胺油酸皂	80 ~ 120	苯甲酸钠	10 ~ 30

续表

组分	质量份	组分	质量份
椰油脂肪酸二乙醇酰胺（6502）	80~120	苯磺酸钠	60~100
椰油脂肪酸二乙醇酰胺（6501）	120~150	乌洛托品	10~20
十二烷基苯磺酸钠	30~80	壬二酸	10~20
脂肪醇聚氧乙烯醚（平平加）	120~180	肉豆蔻酸	40~80
十二烷基硫酸钠	77.6~100	乙醇	130~180
80℃水	30~50	聚醚改性硅油	0~5
		40℃温水	30~80

表3.10 金属清洗剂配方9

组分（作用）	含量/%
焦磷酸钠（络合剂）	3~5
碳酸钠（无机碱）	12~15
氢氧化钠（无机碱）	5~8
氯化钠（助剂）	1~3
葡萄糖酸钠（络合剂）	4~7
三乙醇胺（有机碱）	8~10
羟甲基纤维素钠（增稠剂）	0.1~0.5
壬基酚聚氧乙烯醚 NP-10（表面活性剂）	1~3
苯并三氮唑（BTA，缓蚀剂）	0.1~0.5
水	余量

表3.11 金属清洗剂配方10

组分（作用）	含量/%
椰油酸二乙醇酰胺（6501，表面活性剂）	1~3
异辛醇聚氧乙烯醚 JFC-6（渗透剂）	1~3
椰油酰胺丙基甜菜碱 CTA-30	1~2
乙酸钠（络合剂）	3~5
元明粉（助剂）	1~3
EDTA-四钠（消泡剂）	1~2
水	余量

表3.12　金属清洗剂配方11

组分	含量/%	组分	含量/%
壬基酚聚氧乙烯(20)醚	8	硼酸三乙醇胺	8
油酸	8	乙二酸单丁醚	8
三乙醇胺	8	聚硅氧烷消泡剂	0.2
		水	余量

说明：使用时稀释成5%水溶液。

表3.13　金属清洗剂配方12

组分	含量/%	组分	含量/%
烷基磺酸盐	1	三聚磷酸钠	40
二氧化硅	3	碳酸钠	51
二氧化硫脲	5		

说明：使用时配成浓度小于200 g/L水溶液。

表3.14　金属清洗剂配方13

组分	浓度/（g/L）
马日夫盐	30~40
磷酸二氢锌	30~40
六水硝酸锌	80~100
亚硝酸钠	1~2
硅油	0.5

表3.15　金属清洗剂配方14

组分	含量/%
盐酸	1~10
硝酸	1~8
壬基酚聚氧乙烯醚	0.1~20
水	余量

表3.16　金属清洗剂配方15

组分	含量/%
脂肪醇聚氧乙烯醚	2
壬基酚聚氧乙烯醚	6

续表

组分	含量/%
三乙醇胺油酸皂	50
十二烷基二乙醇酰胺	12
水	20

表3.17　金属清洗剂配方16

组分	含量/%
聚氧乙烯脂肪醇醚	24
聚氧乙烯壬基酚醚	12
十二烷基二乙醇酰胺	24
水	40

表3.18　金属清洗剂配方17

组分	含量/%
脂肪醇聚氧乙烯醚	8
脂肪酸单乙醇聚氧乙烯酯	4
油酸	8
EDTA	2
硼酸三丁酯	6
氯化镉	3
四硼酸钠	3
水	余量

表3.19　金属清洗剂配方18

组分	质量/g
壬基酚聚氧乙烯醚	15.0
脂肪醇聚氧乙烯醚硫酸钠	15.0
精制硅藻土	34.0
异丙醇	3.4
防锈剂	10.0
对羟基安息香酸甲酯	0.2
水	121.4

表3.20 乳化清洗液配方

组分	含量/%
烷基酚聚氧乙烯醚(8)	15
烷基酚聚氧乙烯醚(6)	15
异构烷烃	25
右旋苧烯	10
丁氧基丙醇	5
二乙醇胺	0.1
水	余量

表3.21 金属清洗剂配方19

组分	含量/%
辛酰胺丙基甜菜碱	7
2,4,6-三甲基-4-壬醇聚氧乙烯(8)醚	2
焦磷酸钠	3
偏硅酸钠	3
乙二胺四乙酸	2
去离子水	83

表3.22 低泡清洗剂配方

组分	含量/%
聚醚2020	10.0
烷基酚聚氧乙烯(10)醚	5.0
烷基酚聚氧乙烯(7)醚	5.0
脂肪醇聚氧乙烯醚(JFC)	5.0
油酸二乙醇胺	15.0
AES	5.0
消泡剂	0.5
亚硝酸钠	7.5
水	余量

表3.23 低泡防锈清洗剂配方

组分	含量/%
无水偏硅酸钠	0.5~20

续表

组分	含量/%
HS5768 缓蚀剂	2~4
羧酸胺防锈剂	2~5
PAA	1~3
DPNS	5~8
TXO	4~6
水	余量

表 3.24　金属清洗剂配方 20

组分	含量/%
脂肪醇聚氧乙烯醚	24
十二烷基二乙醇酰胺	24
辛基酚聚氧乙烯醚	12
水	40

表 3.25　金属清洗剂配方 21

组分	含量/%
聚氧乙烯烷基酚醚	15
脂肪醇聚氧乙烯醚	10
十二烷基醇酰胺	12
油酸三乙醇胺	43
水	余量

表 3.26　金属清洗剂配方 22

组分	含量/%
聚氧乙烯烷基酚醚	29
聚氧乙烯油酸酯	4
二氧化硅	2.5
碳酸钠	4
三聚磷酸钠	51.8
羧甲基纤维素	0.5
荧光增白剂	0.2
乙醇	0.8
水	余量

表3.27 金属清洗剂配方23

组分	含量/%
磷酸钠	8~10
碳酸钠	10~12
油酸三乙胺	9~11
辛基酚聚氧乙烯醚	4~6
平平加	6~8
OP-10	7~9
聚乙二醇	6~7
水	余量

表3.28 金属清洗剂配方24

组分	含量/%
磷酸（85%）	3.0
柠檬酸	4.0
Triton X-100	2.0
丁酮	3.0
水	88.0

用途：用于铝和不锈钢表面清洁。

制备：将酸慢慢加入水中，再加入另外两组分。

使用浓度：30~60 g/50 L 水。

表3.29 金属清洗剂配方25

组分	含量/%
磷酸（85%）	45.0
Triton X-102	12.0
一缩二丙二醇甲醚	25.0
邻二氯苯	5.0
水	13.0

用途：清洗铝表面。

制备：将磷酸慢慢加入水中，再加入表面活性剂，最后加入邻二氯苯。使用时用三倍水稀释。

表3.30 金属清洗剂配方26

组分	含量/%
Triton DF-20（酸式改性乙氧基化合物）	2.0

续表

组分	含量/%
焦磷酸钾	22.8
氢氧化钾	9.0
硅酸铝	16.0
水	50.2

制备：先将 Triton DF-20 加入水中，再加入氢氧化钾，最后加入其他组分。

使用浓度：30 ~ 60 g/50L 水。

表3.31　金属清洗剂配方27

组分	含量/%
水	74
柠檬酸	10
乙二醇甲醚	6
ICONOL TDA-10（聚氧乙烯十三醇类表面活性剂）	10

使用浓度：直接混合使用。

表3.32　酸性多功能金属清洗剂配方

组分	含量/%	组分	含量/%
磷酸	5 ~ 50	磷酸氢二钠	2 ~ 20
柠檬酸	3 ~ 60	十二烷基苯磺酸钠	2 ~ 6
OP-10	3 ~ 30	净洗剂（肥皂等阴离子或非离子型表面活性剂）	2 ~ 20
添加剂 KJQ-1	3 ~ 5		

表3.33　酸性常温金属清洗剂配方

组分	含量/%	组分	含量/%
烷基酚聚氧乙烯醚(OP-10)	1.2	硫脲	2
椰油脂肪酸二乙醇酰胺(6501)	0.4	硫酸钠	5
α-烯基磺酸钠(ADS)	1.0	柠檬酸	5
脂肪醇聚氧乙烯醚(AEO-9)	0.2	水	88.2

特点：清洗温度 15 ~ 35 ℃。本清洗剂对钢铁材料无腐蚀，对环境无污染，可直接加入强酸配制成除油除锈剂或除油、除锈、钝化、磷化四合一的磷化液。

表3.34　酸性金属清洗剂配方

组分	含量/%	组分	含量/%
盐酸	40	乌洛托品	5
葡萄糖酸钠	3	草酸	1
十二烷基磺酸钠	2	十八胺聚氧乙烯醚（AC1830）	1～3
JFC	1	水	45～47

制备：先将固体组分充分溶解于部分水中，再加入盐酸及其他组分，补足水量，充分搅拌溶解。

表3.35　碱性金属除油垢清洗剂配方

组分	含量/%	组分	含量/%
烷基酚聚氧乙烯醚	0.1～1	有机硅消泡剂	0.01～0.1
脂肪醇聚氧乙烯醚	0.1～1	氢氧化钠	0.5～1
磷酸钠	1～5	碳酸钠	1～5
		水	余量

特点：本品适用于多种金属及合金表面油垢的清除，清洗效率高，速度快，易漂洗，用量少，对环境污染小，经济实用。

表3.36　低泡碱性金属清洗剂配方

组分	含量/%	组分	含量/%
6501	0.5	三乙醇胺	10
三乙醇胺油酸皂	0.5	碳酸钠	1
GT-12（非离子型表面活性剂）	0.25	硼砂	1
S-86（非离子型表面活性剂）	0.25	EDTA-2Na	5
M-10（阴离子表面活性剂）	1.25	有机硅	0.3
聚醚 L61	0.75	水	79.2

特点：低泡、低沸点的非离子型表面活性剂GT-12、S-86与6501、三乙醇胺油酸皂复配，不仅能提高清洗能力，而且能明显提高浊点达到适宜的要求，从而使该配方具有低泡、高活性、适用范围广的效果。

表3.37　生物表面活性剂除锈清洗剂配方

组分	含量/%	组分	含量/%
生物表面活性剂	3	十二烷基苯硫酸钠	8
脂肪酸	2	三乙醇胺油酸皂	1
单乙醇胺	3	二丙二醇甲醚	5

组分	含量/%	组分	含量/%
桔子香精	0.2	水	77.8

　　制备：将水和生物表面活性剂混合搅拌，加十二烷基苯硫酸钠和脂肪酸，搅拌 20 min 后再加入其他组分，继续搅拌 50 min，得淡黄色成品。生物表面活性剂，既可清洗降解油污，又可使积炭软化脱落。本品具有成本低、能耗低、效率高和环境友好的优点，适用于多种金属器件除碳，特别是汽车燃烧室和进气管道积炭，从而减小油耗，延长寿命并改善尾气排放。

表 3.38　重油垢水基微乳清洗剂配方

组分	质量份		组分	质量份	
	配方 A	配方 B		配方 A	配方 B
Tween-80	2	—	乙醇	4	4
Span-60	—	1.5	异丙醇	2	—
LAS	1	—	OA-1	0.3	0.3
AES	1.5	1.5	煤油	1.2	0.5
6501	3	3	乙酸乙酯	—	1.2
OP-10	2.5	2.5	碳酸钠	0.2	0.2
月桂酸聚氧乙烯醚	—	2	三聚磷酸钠	0.3	0.5
NA-3	2	2	EDTA-2Na	0.01	0.01
NA-2	1	1	水	150	150

　　说明：本品是一种水基型纳米微乳液清洗剂，由水、油和表面活性剂按一定比例配成，在外力作用下形成透明或半透明的稳定体系，分散相液滴大小在纳米级。本配方中的油相为煤油、乙酸乙酯、低碳醇等；表面活性剂有 LAS、AES、OP-10、6501 等；助表面活性剂有 OA-1、NA-3、NA-2 等。由于微乳液分散相中液滴小、渗透性强，故去污性好、节能、环保，且性质温和，不伤皮肤。

表 3.39　水基型轻垢金属清洗剂配方

组分	含量/%
$C_9 \sim C_{11}$ 脂肪醇聚氧乙烯(6)醚	3
$C_9 \sim C_{11}$ 脂肪醇聚氧乙烯(3)醚	7
异丙苯磺酸钠	15
五水偏硅酸钠	7
乙二胺四乙酸	6
去离子水	62

　　说明：常温下黏度大，pH=12.7。

表3.40　水基型重垢金属清洗剂配方

组分	含量/%
$C_9 \sim C_{11}$脂肪醇聚氧乙烯(6)醚	7
$C_9 \sim C_{11}$脂肪醇聚氧乙烯(3)醚	3
甲基苯磺酸钠（40%）	17.5
五水偏硅酸钠	7
乙二胺四乙酸	6
去离子水	59.5

说明：常温下黏度大，pH=13.3。

表3.41　高压喷射用金属清洗剂配方

组分	含量/%
$C_9 \sim C_{11}$脂肪醇聚氧乙烯(6)醚	5
$C_9 \sim C_{11}$脂肪醇聚氧乙烯(3)醚	5
磷酸酯	10
五水偏硅酸钠	10
乙二胺四乙酸	4
去离子水	66

说明：pH=13.3，为高质量浓缩物，适用于高压喷射清洗。

表3.42　浓缩水基型金属清洗剂配方

组分	含量/%
$C_9 \sim C_{11}$脂肪醇聚氧乙烯(6)醚	5
$C_9 \sim C_{11}$脂肪醇聚氧乙烯(3)醚	5
二甲苯磺酸钠	15
五水偏硅酸钠	6.5
乙二胺四乙酸	6
去离子水	62.5

说明：本品为高质量浓缩物，pH=13.3。

表3.43　工业用水基型超声清洗剂配方

组分	含量/%
椰油酰两性基二丙酸二钠	3
$C_9 \sim C_{11}$脂肪醇聚氧乙烯(6)醚	3

组分	含量/%
二丙二醇单甲醚	8
去离子水	86

说明：本品为低泡剂，适用于超声清洗。

表3.44 水基型浓缩清洗剂配方

组分	含量/%
甘油聚氧丙烯聚氧乙烯醚	20
十二硫醇聚氧乙烯醚	20
三乙胺	10
去离子水	50

说明：本品稀释后可浸泡或喷射清洗。

2.铝制品清洁剂（见表3.45～表3.57）

表3.45 铝制品清洁剂配方1

组分	含量/%
磷酸（85%）	47.2
辛基酚聚氧乙烯(9、10)醚	2.0
一缩二丙二醇甲醚	16.0
水	34.8

表3.46 铝制品清洁剂（光亮剂）配方1

组分	含量/%
磷酸（85%）	45.0
辛基酚聚氧乙烯(12、13)醚	12.0
一缩二丙二醇甲醚	25.0
邻二氯苯	5.0
水	13.0

表3.47 铝制品清洁剂（光亮剂）配方2

组分	含量/%
磷酸（85%）	30.0

续表

组分	含量/%
乙二醇丁醚	17.0
直链脂肪醇聚氧乙烯醚（HLB 10）	8.0
水	45.0

表3.48　铝制品清洁剂（光亮剂）配方3

组分	含量/%
磷酸（75%）	10.0
盐酸	5.0
乙二醇正丁醚	10.0
聚氧乙烯(6)十三烷醇（HLB 11.4）	4.0
TRYCOL 6940[①]	2.0
水	69.0

① 疑为壬基酚聚氧乙烯(13~15)醚。

表3.49　铝制品清洁剂（光亮剂）配方4

组分	含量/%
磷酸（85%）	49.0
壬基酚聚氧乙烯(9)醚	10.0
一缩二丙二醇甲醚	25.0
邻二氯苯	4.0

表3.50　铝制品清洁剂（酸性）配方

组分	含量/%
椰油基羧基甘氨酸酯（两性表面活性剂）	5.0
乙二醇丁醚	6.0
磷酸（85%）	38.0
氢氟酸（70%）	8.0
EDTA	1.0
水	42.0

表3.51　铝制品清洁剂配方2

组分	含量/%
可生物降解的非离子型表面活性剂（70%）	5.0

续表

组分	含量/%
烷基萘磺酸钠	3.0
无水偏硅酸钠	3.0
焦磷酸钠	3.0
一缩二丙二醇甲醚	5.0
水	81.0

表3.52 铝制品清洁剂（碱性）配方

组分	含量/%
直链醇聚氧乙烯醚	3.0
十二烷基硫酸钠（60%）	3.3
氢氧化钠（50%）	10.0
五水偏硅酸钠	3.0
焦磷酸钠	2.0
磷酸酯阴离子表面活性剂	7.0
水	余量

表3.53 铝制品清洁剂（粉剂）配方

组分	含量/%
复合有机磷酸酯（100%）	3.0
壬基酚聚氧乙烯(10、11)醚	2.0
碳酸氢钠	20.0
三聚磷酸钠	25.0
无水偏硅酸钠	50.0

表3.54 铝制品酸性水基清洗剂配方1

组分	含量/%
月桂亚氨基二丙酸二钠	12
磷酸（85%）	30
盐酸（37%）	30
去离子水	28

说明：本品用30倍水稀释使用，泡沫丰富。

表3.55　铝制品酸性水基清洗剂配方2

组分	含量/%
改性脂肪醇聚氧丙烯聚氧乙烯醚	2.5
甘醇酸（70%）	10
乙二醇丁醚	5
去离子水	82.5

说明：本品可在低温下使用，低泡。

表3.56　铝制品碱性水基清洗剂配方1

组分	含量/%
椰油酰丙基二丙酸二钠	7.5
五水偏硅酸钠	4.5
去离子水	88

说明：本品呈弱碱性。

表3.57　铝制品碱性水基清洗剂配方2

组分	含量/%
烷基烷氧基醚脂肪酸钾	10
焦磷酸钠	5
无水偏硅酸钠	10
去离子水	75

说明：本品低泡，可用于喷射清洗。

3.银、铜、不锈钢清洗剂及金属除漆、除锈剂（见表 3.58 ~ 表 3.68）

表3.58　铜清洗剂配方 [7]

组分	质量份	组分	质量份
改性季铵盐表面活性剂	3.8	α-烯烃磺酸钠	1.2
椰油酰胺丙基甜菜碱	1	十二烷基聚氧乙烯醚	0.5
脂肪酸甲酯乙氧基化物	1.8	苯并三氮唑	0.01
2-羟基膦酰基乙酸	0.1	聚丙烯酸钠	0.1
二水合钼酸钠	0.02	四硼酸钠	0.01
乙二胺四乙酸二钠	0.5	葡萄糖酸钠	0.5
烷基磷酸酯	0.25	D-柠檬烯	0.1

组分	质量份	组分	质量份
助溶剂	4.8	乙醇	10
水	70		

说明：对铜清洗率 99.5%，清洗后 24 h 表面无锈。

表 3.59　银制品抛光剂配方

组分		含量/%	组分		含量/%
A	水	50.0	C	月桂醇聚氧乙烯(9)醚	5.0
	羟乙基纤维素（5%溶液）	20.0	D	3-巯基丙酸十八烷基酯	5.0
	对羟基苯甲酸甲酯	0.1			
B	硅酸钠	14.9			
	膨润土	5.0			

制备：将 A 组分置于混合器中搅拌，加热至约 70℃，加入 B 组分混匀后加 C、D 组分，搅拌混合成膏状物。

应用：本品可使银器光亮如新。

表 3.60　银制品清洗剂配方

组分	含量/%	组分	含量/%
柠檬酸	10.0	碳酸钾	3.3
硫脲	3.3	水	余量

说明：本品 pH 值约为 4.2，对银器的清洗效果佳。

表 3.61　银器清洁粉配方

组分	含量/%
水	80.0
硫酸	10.0
两性甘氨酸衍生物（表面活性剂，35%浓缩液）	4.0
壬基酚聚氧乙烯醚	5.0
4-巯基丙酸	0.5
香料	0.5

表 3.62　黄铜清洁粉配方

组分	含量/%
复合有机磷酸酯（100%）	5.0

续表

组分	含量/%
壬基酚聚氧乙烯(10、11)醚	2.0
碳酸钠	13.0
磷酸三钠	50.0
五水偏硅酸钠	30.0

制备：将表面活性剂与碳酸钠充分混合，然后加入其他组分。

表3.63　铜制品水基清洗剂配方

组分	含量/%
壬基酚聚氧乙烯醚	0.7
磷酸三钠	5
无水偏硅酸钠	3
碳酸钠	1.3
去离子水	90

说明：适用于黄铜器件清洗；使用温度 80~95 ℃。

表3.64　铜制品水基除锈清洗剂配方

组分	含量/%
2-氨乙基硫醇	0.5
巯基乙酸	0.5
丙烯酰胺	0.05
丙烯酸酯	0.05
去离子水	98.9

说明：本品不含无机酸、碱，腐蚀性小，除锈后自然风干可防止表面再氧化。

表3.65　不锈钢水基碱性清洗液配方

组分	含量/%
氢氧化钠（50 %）	18
葡萄糖酸钠	2
丙二醇单甲醚	5
烷基二苯醚二磺酸钠	2
去离子水	73

说明：本品用于除油污，不腐蚀材质表面。

表 3.66 不锈钢水基磷酸清洗液配方

组分	含量/%
磷酸（85 %）	3
柠檬酸	4
丙二醇单甲醚	3
烷基二苯醚二磺酸钠	2
去离子水	88

说明：本品用于除污垢，无腐蚀性。

表 3.67 金属脱漆剂配方

组分	含量/%
烷氨基-胍基聚乙二醇	20.0
碳酸钠	40.0
偏磷酸钠	30.0
氢氧化钠	10.0

表 3.68 金属除漆剂配方

组分	含量/%
AEROSOL OS[①]	10.0
氢氧化钠	75.0
三缩四磷酸钠	10.0
亚硫酸氢钠	15.0

① 疑为琥珀酸二辛酯磺酸钠。

4.重垢金属清洁剂（见表 3.69 ~ 表 3.71）

表 3.69 重垢金属清洁剂配方 1

组分	含量/%
水	80.0
氢氧化钠	0.6
辛基酚聚氧乙烯(9、10)醚	2.0
烷基芳基磺酸（98 %）	3.0
磷酸钾	2.2
亚硝酸钠	0.2

续表

组分	含量/%
阴离子聚合物（分散剂）	2.0
一缩二丙二醇甲醚	10.0

表3.70　重垢金属清洁剂配方2

组分	含量/%
辛基酚聚氧乙烯(9、10)醚	2.0
辛基酚聚氧乙烯醚[①]（55%）	6.0
氢氧化钾	12.0
无水偏硅酸钠	12.0
焦磷酸钾	12.0
水	56.0

① 疑乙氧基数6~9。

表3.71　重垢金属清洁剂配方3

组分	含量/%
辛基酚聚氧乙烯(12、13)醚	2.0
烷基芳基磺酸	2.9
氢氧化钠	0.6
磷酸三钾	2.2
亚硝酸钾	0.2
阴离子聚合物（分散剂）	2.0
丙二醇甲醚	10.0
水	80.1

5.其他（见表3.72~表3.79）

表3.72　生物降解水基型金属清洗剂配方[8]

组分	质量份	组分	质量份
天然脂肪醇聚氧乙烯醚硫酸钠	10	异构醇聚氧乙烯醚	3
棕榈酸甲酯乙氧基化物	5	大豆油乙氧基化物	20
亚磷酸酯	1	碳酸钠	3
乙二胺四乙酸二钠盐	5	异丙醇	10
蒸馏水	43		

表 3.73　金属清洗剂配方 28[9]

组分	质量份	组分	质量份
壬基酚聚氧乙烯醚	5	椰油脂肪酸二乙醇酰胺	3
聚乙二醇	3	硅酸钠	5
三聚磷酸钠	9	辛基琥珀酸酐	0.5
苯并三氮唑	1.2	一乙醇胺	0.4
乙二胺四乙酸二钠	1.5	有机硅消泡剂	0.8
尼泊金甲酯	0.5	烷基醇酰胺磷酸酯钾盐	1

说明：使用时用水稀释 10 倍，清洗率 99%。

表 3.74　水基型金属清洗剂配方[10]

组分	质量份	组分	质量份
脂肪醇聚氧乙烯醚	18	月桂酸二乙醇酰胺	7
乙酰基酒石酸	8	硅酸钠	38
三聚磷酸钠	40	苯甲酸钠	12
三乙醇胺	3	三乙醇胺油酸皂	5
硼砂	2	硅油	5
聚醚硅氧烷	4	水	适量

说明：清洗率 95%。

表 3.75　环保防锈金属清洗剂配方[11]

组分	质量份	组分	质量份
改性季铵盐表面活性剂	4.8	非离子型表面活性剂①	4
阴离子型表面活性剂②	3.8	钨酸钠	0.1
碳酸锌	0.5	丙烯酸-马来酸酐共聚物钠盐	0.1
聚丙烯酸钠	0.5	二水合钼酸钠	0.1
四硼酸钠	0.3	D-柠檬烯	0.05
席夫碱缓蚀剂	0.3	助溶剂	2
消泡剂	0.32	乙醇	2
水	150		

① 烷基酚聚氧乙烯醚、椰油酸二乙醇酰胺、脂肪酸失水山梨醇酯和脂肪酸甲酯乙氧基化物的混合物。

② 十二烷基苯磺酸钠和月桂醇聚氧乙烯醚硫酸酯钠的混合物。

表3.76　水基金属清洗剂配方1[12]

组分	含量/%	组分	含量/%
十二烷基苯磺酸钠	4	异构醇聚氧乙烯醚硫酸钠	2
脂肪醇聚氧乙烯醚	7	烷基葡萄糖苷	2
椰油酸二乙醇酰胺	2	三乙醇胺	3
柠檬酸钠	2	乙二胺四乙酸四钠	2
萘磺酸盐甲醛缩合物	2	改性硅氧烷消泡剂	0.5
苯并三氮唑	1.5	苯甲酸钠	3
水	69		

表3.77　金属清洗剂配方29[13]

组分	含量/%	组分	含量/%
十二醇无规聚醚	5	异辛醇硫酸酯钠	2
椰油脂肪酸二乙醇酰胺	3	助洗剂	4
二丙二醇单丁醚	10	苯并三氮唑	2.5
一乙醇胺	5	三乙醇胺	2.5
次氮基三乙酸钠	2	去离子水	余量

表3.78　水基金属清洗剂配方2[14]

组分	含量/%	组分	含量/%
十二烷基二苯醚二磺酸钠	0.3	脂肪酸甲酯聚氧乙烯醚	8
聚氧丙烯聚氧乙烯甘油醚	0.6	棕刚玉磨料①	1.2
助洗剂②	5.6	D-柠檬烯	1
羟基亚乙基磷酸	2	水	余量

① 粒径为300目。

② 质量比为1:2.3的柠檬酸钠、磷酸氢二钠的混合物。

表3.79　水基金属清洗剂配方3[15]

组分	含量/%	组分	含量/%
烷基磺酸钠	0.1	脂肪醇聚氧乙烯醚	0.2
三乙醇胺	0.5	N-甲基吡咯烷酮	0.1
乙二胺四乙酸	0.3	去离子水	余量

二、溶剂基型金属清洗剂（见表 3.80～表 3.98）

表 3.80　溶剂基金属清洗剂配方 1

组分	含量/%
辛基酚聚氧乙烯醚（Triton X-45）	12.0
甲基苯磺酸	5.0
煤油	83.0

制备：将表面活性剂加到煤油中，然后慢慢加入甲基苯磺酸。

使用：将金属部件浸入清洗剂中，搅动、擦洗后用大量水冲洗干净、干燥。

表 3.81　溶剂基金属清洗剂配方 2

组分	含量/%
烷基酚聚氧乙烯(7)醚	2.5～3.75
油酸聚氧乙烯醚	2.5～1.25
汽油、煤油或柴油	95

表 3.82　溶剂基金属清洗剂配方 3

组分	含量/%
石油磺酸钠	1
失水山梨醇单油酸酯（Span-80）	1
十三烷基醇酰胺	1
1%苯并三氮唑酒精溶液	1
蒸馏水	2
200 号汽油	94

表 3.83　溶剂基金属清洗剂配方 4

组分	含量/%
白油	2.1
失水山梨醇单月桂酸酯	0.3
二壬基磺酸钡	0.6
二氟氯甲烷	19
1,1,2,2-四氟二氯乙烷	78

表3.84　溶剂基金属清洗剂配方5

组分	含量/%	组分	含量/%
初馏柴油	40	软皂	20
混合酚	30	三乙醇胺	10

制备：先将混合酚加热至80℃，搅拌下加入软皂，完全溶解后再加入柴油，最后加三乙醇胺。

表3.85　溶剂基金属清洗剂配方6

组分	含量/%
煤油	67
月桂酸	5.4
松节油	22.5
丁基溶纤剂	1.5
三乙醇胺	3.6

说明：本品对钢铁件的除油率高，适用于非定形产品。

表3.86　溶剂基金属清洗剂配方7

组分	含量/%
石油磺酸钠	15～16
环烷酸钠	12
石油磺酸钡	8～9
磺化油（DAH）	4
10号机械油	余量

说明：本品适用于除油、除锈（二合一）。

表3.87　溶剂基金属清洗剂配方8

组分	含量/%
石油磺酸钠	24
OP-7（乳化剂）	5
苯乙醇胺	1
油酸三乙醇胺	4
2号蓖麻油酸钠	41
7号高速机油	24

说明：本配方配成的2%水溶液为浅色透明溶液，清洗、防锈性良好。

表3.88　溶剂基金属清洗剂配方9

组分	含量/%
油酸	12
二环己胺	2
苯酚	2
三乙醇胺	4
磺酸钡甲苯溶液（1∶2）	10
10号~40号机油	70

说明：本品有除油、防锈功能，使用有效期长。

表3.89　有机溶剂松锈剂配方

组分	含量/%
汽油或石脑油	69
油酸甲酯	20
煤油	10
二甲基硅油	1

说明：适用于生锈的门铰、螺钉、螺母等，有渗透去锈、润滑作用。

表3.90　松锈剂配方

组分	质量/g
机油	1
火油	1
樟脑油	3
二硫化碳	8
邻二氯苯	0.5
石墨粉	3~4

说明：适用于生锈的门铰、螺钉、螺母等，有渗透去锈、润滑作用。

表3.91　有机溶剂除碳金属清洗剂配方

组分	含量/%
煤油	22
松节油	17
苯酚	30
汽油	8

续表

组分	含量/%
氨水（25%）	15
油酸	8

说明：先将煤油、汽油、松节油混合，另将苯酚、油酸混合，加入氨水，混合。将上述两液混合后不断搅拌，直至成均匀橙红色透明液体。将被除碳的物件用本品浸泡2h，可软化除去积炭。

表3.92　除碳清洗剂配方1

组分	含量/%
硝基苯	30
二氯乙烷	5
萘	3
苯酚	35
苯	12
氢氧化钾	15

说明：先将萘溶于苯中，将苯酚加热成液态，稍冷后与萘的苯溶液混合，再加入硝基苯，搅拌下加入氢氧化钾，待完全冷却加入二氯乙烷。用本品浸泡待除碳金属器件，可使积炭溶解除去。

表3.93　除碳清洗剂配方2

组分	含量/%
粗柴油	40
软皂	20
混合脂肪酸	30
三乙醇胺	10

说明：将混合脂肪酸加热到80℃，搅拌下加入软皂，溶解后加入粗柴油和三乙醇胺。本品在使用时先加热至80~95℃，将器件浸泡其中，煮2~4h即可除碳。除碳后先用热水冲洗再用煤油清洗以防锈。

表3.94　除碳清洗剂配方3

组分	质量份
粗柴油	100
软皂	15

说明：先将粗柴油加热至80℃，再加入软皂溶解，冷却后浸泡待处理器件2~3天。本品适用于清洗钢、铝、铜材器件的薄软积炭油污。

表 3.95　溶剂基金属清洗剂配方 10

组分	含量/%
煤油	30
乙酸乙酯	30
异丙醇	40

说明：本品可除去各类油垢、铁锈、积炭、灰尘等固体污垢。

表 3.96　溶剂基金属清洗剂配方 11

组分	含量/%
松节油	90
壬基酚聚氧乙烯(4)醚	5
椰油脂肪酸二乙醇酰胺	5

说明：本品可除油污，可涂抹也可浸泡使用。

表 3.97　溶剂基金属清洗剂配方 12

组分	含量/%
环己胺	1 ~ 10
苯酚	20 ~ 80
氢氧化钾的甲醇溶液（12 %）	10 ~ 20
1,2-二氯乙烷	10 ~ 30
四氯化碳	5 ~ 15

说明：本品溶剂为氯化烃，适用于黑色金属和钢表面脱脂。

表 3.98　溶剂基金属清洗剂配方 13

组分	含量/%
月桂基甲基氧化胺	8 ~ 12
油酸羟乙基咪唑啉	5 ~ 10
二甲苯磺酸钠	5 ~ 10
异丙醇	5 ~ 10
丁二醇	20 ~ 50
乙醇	40 ~ 80

说明：本品以复合醇为溶剂，清洗力强，腐蚀性小，适用于常温（<30 ℃）。

三、半水基型金属清洗剂（见表 3.99～表 3.105）

表3.99　清洗–防锈双功能清洗剂配方

组分	含量/%
石油烃	30～70
助乳化剂	0.01～5
乳化剂	5～15
防锈剂	1～10
消泡剂	0.0001～0.1
防腐剂	1～10
水	余量

说明：石油烃是煤油、汽油、石脑油、多种芳烃的混合物；助乳化剂是直链或异构的醇或羧酸；防锈剂是硼酸（钼酸或苯甲酸）、单（二或三）乙醇胺的多种混合物；消泡剂是聚醚、各种硅油中的一种或几种；防腐剂是氯酚、硝基酚类化合物中的一种或几种；乳化剂是聚烯烃羧酸盐或酯。本品是 W/O 型微乳状液或乳状液，有良好的重油垢清洗能力，且成本低。

表3.100　半水基金属清洗剂配方1

组分	含量/%
200 号溶剂汽油	94
Span-80	1
苯并三氮唑	1
碳酸钠	1
十二烷基醇酰胺	1
2%～3%置换型防锈油	适量
水	2

表3.101　半水基金属清洗剂配方2

组分	含量/%
三乙醇胺酸皂	6
Tween-80	15
三乙醇胺	7
Span-80	5
10 号机油	25
亚硝酸钠	14
水	余量

表3.102 半水基金属清洗剂配方3

组分	含量/%
松油	20
异丙醇	11
$C_9 \sim C_{11}$ 脂肪醇聚氧乙烯(8)醚	4.7
十二烷基苯磺酸钠	7.8
三乙醇胺	4.7
去离子水	51.8

说明：本品 pH=10.7，黏度较大，适用于金属表面油污清洗。

表3.103 半水基金属清洗剂配方4

组分	含量/%
脱臭煤油	26
改性椰油酰二乙醇胺	12.3
壬基酚聚氧乙烯(12)醚	7
月桂基二甲基氧化胺	0.7
丁基溶纤剂	10
乙二胺四乙酸	0.4
去离子水	43.6

说明：本品原液可用于除油、脂、树胶、沥青、涂料、口红渍等。本品用水稀释10~20倍也可用于清洁地板、墙壁。

表3.104 半水基金属清洗剂配方5

组分	含量/%
D-苧烯	50
改性椰油酰二乙醇胺	9.5
壬基酚聚氧乙烯(12)醚	5
月桂基二甲基氧化胺	0.5
丁基溶纤剂	10
去离子水	25

说明：本品原液或稀释液可清除油脂、焦油、口香糖及其他油垢。

表3.105 半水基金属清洗剂配方6

组分	含量/%
戊烷	6

续表

组分	含量/%
乙二醇单甲醚	17
环氧丙烷	9
甲基丁酮	10
水	55

说明：本品为烃、醇、酮、醚、水混合溶剂，清洗效果好，应用范围广，成本低，安全性好。

四、微乳液金属清洗剂（见表 3.106）

表 3.106　一种金属清洗剂配方[16]

组分	质量份	组分	质量份
十二烷基苯磺酸钠	15	辛基酚聚氧乙烯醚	20
三聚磷酸钠	8	酒石酸钾钠	8
氯化钠	5	咪唑啉	0.2
二乙醇胺	0.2	烷基醇酰胺磷酸酯钾	0.2
消泡剂①	0.2	淀粉	15
珍珠岩粉末	8	硅油	5
去离子水	50		

① 为聚氧乙烯聚氧丙烯季戊四醇醚、聚氧乙烯聚氧丙醇胺醚、聚氧丙烯甘油醚和聚氧丙烯聚氧乙烯甘油醚中的一种或多种。

五、磷化处理液（见表 3.107～表 3.110）

表 3.107　磷化处理液配方 1

组分	含量/%
磷酸	10～70
酒石酸	0.5～5
油酸酰胺丙烯二甲胺	0.05～3
磷酸三钠	0.5～3
辛基酚聚氧乙烯醚	0.05～3
邻二甲苯硫脲	0.05～3
咪唑啉衍生物	0.05～3

组分	含量/%
水	余量

特点：适用于钢铁部件除锈磷化。此配方无锰、铬、锌等离子，能形成优良的防锈性磷化膜。

表3.108　磷化处理液配方2

组分	浓度/（g/L）
锌离子	0.5 ~ 1.5
磷酸根离子	5 ~ 30
锰离子	0.5 ~ 3
转化促进剂	2 ~ 8
镍离子	0.3 ~ 2
硝酸根离子	40 ~ 80
氯酸根离子	0.2 ~ 1.5

特点：配方中的转化促进剂可用 0.001 ~ 0.2 g/L 的亚硝酸根离子，0.05 ~ 2 g/L 的间硝基苯磺酸盐离子和 0.5 ~ 5 g/L 的过氧化氢。

表3.109　磷化处理液配方3

组分	含量/%
磷酸二氢锌	0.5 ~ 0.7
硝酸锌	0.8 ~ 1.0
亚硝酸钠	0.02 ~ 0.1
壬基酚聚氧乙烯醚	0.5
水	余量

表3.110　磷化处理液配方4

组分	含量/%
十二水合磷酸钠	2 ~ 20
硼砂（10 结晶水）	2 ~ 20
硝酸钠	10 ~ 11
碳酸氢钠	3.5 ~ 31
松油	1.4 ~ 1.5
辛基酚聚氧乙烯(7、8)醚	2.5 ~ 4.5

说明：使用时配制成 7.4 ~ 11 g/L 水溶液，在 10 ~ 45 ℃下处理钢铁部件 5 ~ 15 min 为好。

参考文献

[1] 顾大明，刘辉，刘丽丽.工业清洗剂——示例、配方、制备方法[M].2 版.北京：化学工业出版社，2017.

[2] 杨继生.表面活性剂原理及应用[M].南京：东南大学出版社，2012.

[3] 肖进新，赵振国.表面活性剂应用技术[M].北京：化学工业出版社，2018.

[4] 李东光.实用洗涤剂配方手册（三）[M].北京：化学工业出版社，2014.

[5] 李立，成昭.工业清洗剂——配方、工艺及设备[M].北京：化学工业出版社，2019.

[6] 赵伟，韩懿，王延智，等.一种钢制活塞表面积碳的化学金属清洗剂及清洗方法：CN 109234748A[P]. 2019-01-18.

[7] 潘海洋，刘梅霞，王成.一种铜铝通用金属清洗剂：CN 108866555A[P]. 2018-11-23.

[8] 武俊丽，孙永强，杨卉艳，等.一种生物降解水基型金属清洗剂及其制备方法与应用：CN 108286052A[P]. 2018-07-17.

[9] 胡志谋，叶丽清.一种金属清洗剂及其制备方法：CN 108315748A[P]. 2018-07-24.

[10] 胡加中，樊月.一种水基型金属清洗剂：CN 108486588A[P]. 2018-09-04.

[11] 潘海洋，刘梅霞，王成.一种环保防锈金属清洗剂：CN 108866560A[P]. 2018-11-23.

[12] 汤正林.一种水基金属清洗剂：CN 109536971A[P]. 2019-03-29.

[13] 王飞.一种金属清洗剂及其制备方法：CN 110067001A[P]. 2019-07-30.

[14] 杨志泉.一种金属清洗液及其制备方法：CN 111171969A[P]. 2020-05-19.

[15] 孙静.一种金属清洗剂及其制备方法：CN 111304663A[P]. 2020-06-19.

[16] 赵仕永，赵健宏.一种金属清洗剂：CN 110284143A[P]. 2019-09-27.

第四章

食品添加剂中的表面活性剂

第一节

食品的化学成分和分类[1, 2]

　　能保持人体正常生长和发育，从外部摄入的营养物质称为食物。食物与食品本无实质区别，都是用来充饥的东西，为了应用方便，通常将经过加工制作的可用于出售的食物称为食品。

　　以农、牧、渔、林业产品或某些精细化工产品（或半成品）为原料，制造、提取或加工成食品或食品半成品的工业通常称为食品工业。

　　食品的化学组成主要有：有机成分如脂类化合物、蛋白质、糖类、维生素等；无机成分如水、矿物质等；天然的或人工合成的其他各种助剂（统称食品添加剂）。

　　将食品用科学方法统一分类是困难的，故可有多种分类方法。如按原料分类可有天然食品和加工类食品；按食品含热量，可分为高热能食品和低热能食品；按制备方法分，可有煮、蒸、炒、炸等类；按我国人们的习惯，更可简单地将食品分为两类，主食类和副食类，前者以粮食及其制品为主，后者包括各类蔬菜及植物果实和动物肉类及其加工制品。

第二节
食品添加剂[3-6]

一、什么是食品添加剂

有些食物（如水果、蔬菜等）能直接食用，不需经过某些工艺流程加工，但大多数食物要经过加工制作，才能成为食品上市出售。在工业生产（食品工业）中，为改善食品的色、香、味满足食用者的习惯和爱好，或者为延长食品的保鲜和保存期（防腐），或者为增加或增强食品的营养成分（强化）等，需要向食品中加入某种或多种天然的或人工合成的物质（这些物质必须是对人体有益或者有益无害的）称为食品添加剂。

联合国粮农组织（FAO）和世界卫生组织（WHO）对食品添加剂的定义是：一般有意识地以少量添加于食品中，以改善食品的外观、风味，组织结构或贮存性质的非营养物质。这一定义与前述说法大同小异。实际上我国、美国和其他国家都有自己的定义。总之，食品添加剂有下述三个特征：其是加入食品中的少量非营养物质，其本身不是食品；既可是人工合成的，也可是天然的物质（现在用合成的物质更多）；改善食品的品质（色、香、味及保鲜等），以满足消费者需要，并对加工工艺有利。

二、食品添加剂的类型

国际、国内食品添加剂的应用品种越来越多，又各有分类方法，如美国1981年，将食品添加剂分为16大类；FAO/WHO以用途将食品添加剂分为95类（1984年）；日本1985年将食品添加剂分为30类；我国1988年、1989年两次增补食品添加剂分为22类，后又改为21类：①酸度调节剂，②抗结剂，③消泡剂，④抗氧化剂，⑤漂白剂，⑥膨松剂，⑦胶姆糖基础剂，⑧着色剂，⑨护色剂，⑩乳化剂，⑪酶制剂，⑫增味剂，⑬面粉处理剂，⑭被膜剂，⑮水分保护剂，⑯营养强化剂，⑰防腐剂，⑱稳定和凝固剂，⑲甜味剂，⑳增稠剂，㉑其他。目前国内外实际应用的食品添加剂总数超过10000种，其中直接用于食品的近5000种，常用的也有约600种。

虽然食品添加剂品种繁多，但并非各种添加剂都与表面活性剂有关。在以上各类添加剂中，与表面活性剂关系最密切的有乳化剂、增稠剂、消泡剂和稳泡剂、膨松剂等几种。

三、食品工业和食品对食品添加剂的要求

许多表面活性剂由石油产品合成而来。食品和食品工业的服务对象是人，故食品及食品工业用表面活性剂最重要，最基本的要求是对人体无害、对环境无害。此外，用于食品添加剂中的表面活性剂在实际应用中要注意以下几点：

① 使用剂量要严格控制。经病理鉴定证明在使用剂量范围内，长期服用对人体也是无害的。

② 食品添加剂（包括可用作食品添加剂的表面活性剂，以下同）能参与人体的正常新陈代谢或能被人体器官正常吸收、分解，并能无害排出体外，当不能在体内分解或可能与其他体内物质发生反应时，不应产生对人体有害的物质。

③ 食品添加剂中的表面活性剂对食物的营养成分无破坏作用，不影响食品的质量和风味。

④ 食品添加剂的使用量在保证效果的前提下越少越好，既可降低成本，又可避免不可预见的风险。

⑤ 食品添加剂不能掩盖食物的变质和腐败。防腐剂可有限抑制腐败和变质。

⑥ 有成熟的分析、检测手段，能及时检查食品添加剂残留和在食物中的含量。

第三节

用作食品乳化剂的食品添加剂[6, 7]

表面活性剂都是两亲性分子，易在水、油界面形成吸附层，从而可形成有相对稳定性的 W/O 或 O/W 型乳状液，称为乳化过程或乳化作用。许多食品都是乳状液体系，如牛奶是 O/W 型乳状液。指定的油水体系能形成哪种类型乳状液主要由乳化剂（主要是表面活性剂）的结构、性质所决定，详细知识可参考《表面活性剂应用原理》及其他专著的有关章节。

常用的食品乳化剂有几十种，表 4.1 中列出了国外食品乳化剂主要品种，表 4.2 列出了我国使用的食用乳化剂及其使用标准。

表 4.1 国外食品乳化剂主要品种

名称	类型	HLB	允许摄取量/（mg/kg）
甘油单、二酸酯	非离子	2.8 ~ 3.8	不限

续表

名称	类型	HLB	允许摄取量/（mg/kg）
乙酸甘油单、二酸酯	非离子	2.5～3.5	不限
乳酸甘油单、二酸酯	非离子	3～4	不限
柠檬酸甘油单、二酸酯	阴离子	4～12	不限
乙二酸酒石酸甘油单、二酸酯	阴离子	8～10	0～50
乙酸酒石酸混合甘油一酸酯			—
琥珀酸甘油单、二酸酯	阴离子	3～7	不限
酒石酸甘油单、二酸酯			
聚甘油脂肪酸酯	非离子		0～25
聚甘油缩合蓖麻醇酸酯	非离子		0～7.5
失水山梨醇单柠檬酸酯	非离子	6～7	0.25
失水山梨醇单硬脂酸酯	非离子	4.7～5.7	0～25
失水山梨醇三硬脂酸酯	非离子	2～3	0～25
失水山梨醇单月桂酸酯	非离子	8～9	
失水山梨醇单油酸酯	非离子	5～10	
蔗糖脂肪酸酯	非离子	3～16	0～10
蔗糖甘油脂肪酸酯	非离子	3～18	0～25
丙二醇脂肪酸酯	非离子	1.5～3.0	0～25

表4.2　国内使用的食品乳化剂和使用标准

名称	适用范围	最大用量/（g/kg）	备注
蔗糖脂肪酸酯	肉制品、乳化香精、香肠、果酱、水果保鲜、蛋类保鲜	1.5	
酪蛋白酸钠	椰汁、肉制品、罐头食品	1.5	
失水山梨醇单硬脂酸酯（Span-60）	果汁、牛奶、奶粉、冰淇淋	3.0	
失水山梨醇三硬脂酸酯（Span-65）	饮料	0.05	
田菁胶	冰淇淋	0.5	
甘油硬脂酸酯	糖果、巧克力、饼干、面包、乳化香精、冰淇淋、人造奶油	5.0	
失水木糖醇单硬脂酸酯	糖果、人造奶油、面包、糕点、乳化香精	5.0 3.0 10.0	汽水中含量 0.04 g/kg

续表

名称	适用范围	最大用量/（g/kg）	备注
单棕榈酸山梨醇甘油酯	椰子汁	6.0	
硬脂酰乳酸钙（钠）	糕点、面包	2.0	
松香甘油酯（酯胶）	口香糖基础剂、 乳化香精	1.0 100.0	相当于汽水中 0.1 g/kg
蔗糖乙酸异丁酯	乳化香精	70.0	相当于汽水中 0.14 g/kg
失水山梨醇单油酸酯 （Span-80）	果汁、牛奶、面包、人 造奶油、糕点、奶糖 饮料	1.5 0.5	
聚氧乙烯失水山梨醇单 硬脂酸酯（Tween-60）	面包、 乳化香精	2.5 0.05	
聚氧乙烯失水山梨醇单 油酸酯（Tween-80）	蛋糕、冰淇淋、 牛奶	1.0 1.5	
聚氧乙烯失水木糖醇单 硬脂酸酯	人造奶油	5.0	
氧化松香甘油酯	味精发酵、 口香糖、 乳化香精	5.0 100.0 100.0	
双乙酰酒石酸单、双甘 油酯	人造奶油、打搅奶油、 面包、糕点	10	
甘油辛、癸酸酯	乳化香精	10	
改性大豆磷脂	人造黄油、饼干、面 包、糕点、方便面、通 心粉、巧克力、糖果、 肉制品	正常生成需要	
丙二醇脂肪酸酯	糕点	0.5 ~ 2	
三聚甘油硬脂酸酯	糕点、面包、 冰淇淋	0.1 1 ~ 2	

表面活性剂在食品工业中有极重要的作用，不夸张地说，在几乎常见的所有食品加工中都会用到表面活性剂乳化剂，如：

① 面包/鸡蛋类制品（面包、蛋糕等）。防止小麦粉中直链淀粉的疏水作用，从而防止老化/回生，降低面团黏度，促使面筋组织形成，提高发泡性能使气孔分散致密，使起酥油乳化、分散，改善制品口感。在面粉中加入 0.2 % ~ 0.3 %单甘酯可提高发泡效果，可使面包、蛋糕等更柔软。

② 面条类。面粉中加入 0.3 % ~ 0.5 %大豆磷脂，可使生产的面条韧性增大，弹性增大，水煮时淀粉溶出减少。

③ 鱼肉糜、香肠等。香肠中加入 0.2 % ~ 0.5 %酪蛋白酸钠，可使脂肪分布均匀，肉的粉结性增强。

④ 果酱、果冻类。加入适量卡拉胶，可有效地防止水分析出。

⑤ 冷冻食品。在冰淇淋中加入 0.5 % 明胶可保护胶体，防止冰晶增大，并可提高发泡能力，使组织均匀，提高其耐热性。

⑥ 其他。乳化剂可提高巧克力表面光泽（防止起霜），可防止粉类制品（如奶粉、可可粉）结块，提高粉体分散性和延长成品保存期等。

第四节

食品乳化剂的复配[8]

在食品乳化剂实际应用时，由于单一乳化剂在性质上常有局限性，或对某一体系乳化时得不到满意效果，或者价格高使产品价格升高，为提升乳化剂的使用效果，常复配使用，以取得协同效应。

一、复配食品乳化剂的一般类型及复配方法

复配类型有三种：

① 不同性质和品种的单一乳化剂复配。这种类型复配常能产生协同效应。

② 将乳化剂、增稠剂、防腐剂、品质改良剂等不同功能的食品添加剂复配，这种复配常可得到多功能效果。

③ 根据实际需要，以一种乳化剂为主，与其他一种或多种填充料、分散剂复配。

以上三种复配类型中，以第二种复配类型（即乳化剂和其他食品添加剂复配）的应用最为广泛。

复配方法因实际体系不同和乳化剂性质不同而异。最好通过实验效果确定复配方法。当然，若对乳化剂的性质有较为全面的了解，掌握一定的复配基本原则和使用技巧，常可得到事半功倍的效果。

以几种单一乳化剂复配为例，可有以下几种复配方法：

① 乳化剂 HLB 值高低搭配：这种复配方法常可提高乳状液体系的稳定性。

② 乳化剂分子结构相似者搭配：这种方法协同效应明显。如 Tween 型和 Span 型非离子表面活性剂结构相似，复配效果优异。

③ 离子型和非离子型乳化剂互补搭配：离子型（主要是阴离子型）乳化剂便宜，使用方便，乳化效果良好，非离子型表面活性剂乳化能力强，也是一种良好的乳化剂，若二者搭配常得到更好的效果。这是因为离子型表面活性剂使油水界面带

负电荷，可大大提高乳状液的稳定性。

④ 乳化剂亲水基团构象互补搭配：以单甘油酯和蔗糖酯两种非离子型乳化剂为例，前者为线型的，后者亲水基为环状的，二者搭配混合使用比单一使用乳化效果好。

二、复配乳化剂的实际应用[8]

1.在人造奶油中的复配乳化剂配方

人造奶油是食用动植物油、奶或奶粉、水在乳化剂和其他添加剂作用下，形成的 W/O 型乳状液。其中乳化剂使水分散成均匀水滴，防止体系发生相分离（分离成水和油相），防止加热时人造奶油飞溅，改善产品性状、风味和口感，并提高产品稳定性，延长贮存和保鲜时间。

由于人造奶油是 W/O 型乳状液，故应用的应是亲油性乳化剂。常用人造奶油的乳化剂是卵磷脂、甘油单硬脂酸酯、甘油单软脂酸酯、甘油单油酸酯、柠檬酰甘油单酸酯、聚甘油脂肪酸酯、蔗糖脂肪酸酯、失水山梨醇脂肪酸酯、丙二醇脂肪酸酯等。

对单一使用单甘油酯、卵磷脂、失水山梨醇单硬脂酸酯（Span-60）三种乳化剂制造人造奶油指标的影响进行比较，发现将三种乳化剂按质量比为 0.1：0.8：0.1 复配，添加量为 0.1%时，就可制出满足要求的烘焙型人造奶油。此应用将亲油性和亲水性乳化剂复配，也将离子型和非离子型乳化剂复配（Span-60 是亲油性的，而单甘酯是亲水性的）。

一种人造奶油复配乳化剂的配方列于表 4.3，表 4.4 为三种不同类型人造奶油复配乳化剂配方。

表4.3　一种人造奶油复配乳化剂配方

组分	含量/%	组分	含量/%
甘油单硬脂酸酯	40	失水山梨醇单硬脂酸酯	35
蔗糖脂肪酸酯	20	大豆磷脂	5

表4.4　三种不同类型人造奶油复配乳化剂配方

家用人造奶油		低热量人造奶油 1		低热量人造奶油 2	
组分	含量/%	组分	含量/%	组分	含量/%
油脂	80	水	54.5～56.5	水	51.5～52.5
水和发酵乳	16～18	乳清粉、糖蛋白	1.0～2.5	酪蛋白	7.0
单脂肪酸甘油酯（单甘酯）	0.2～0.3	明胶	1.5～2.5	食盐	0.15～1.5
磷脂	0.1～0.2	食盐	1.0～2.5	柠檬酸钠和磷脂	0.5～1.0

续表

家用人造奶油		低热量人造奶油 1		低热量人造奶油 2	
组分	含量/%	组分	含量/%	组分	含量/%
食盐	$2 \sim 3$	调味料	适量	调味料	适量
防腐剂	$1 \times 10^{-2} \sim 1 \times 10^{-4}$	蒸馏甘油单硬脂肪酸酯	0.6	蒸馏甘油单硬脂肪酸酯	0.6
抗氧化剂	$1 \times 10^{-5} \sim 2 \times 10^{-5}$	食用色素	0.3	食用色素	0.2
香精	$1 \times 10^{-6} \sim 2 \times 10^{-6}$	混合油脂①	39.1	混合油脂②	39.2
食用色素	$1 \times 10^{-6} \sim 3 \times 10^{-6}$	香精	适量	香精	适量
维生素 A	$(0.15 \sim 3) \times 10^5$ μg/450 g				

① 棕榈油-大豆油 25 份，液体大豆油 75 份。

② 黄油 60 份，液体大豆油 40 份。

制作煎炸用人造奶油，为防止飞溅，常加入磷脂、柠檬酸甘油单硬脂酸酯、Span-60 等。二乙酰酒石酸甘油单酸酯适用于制作低脂肪人造奶油。高 HLB 值的蔗糖单硬脂酸酯适用于制作搅打奶油（掼奶油）、高黏度奶油。使用失水山梨醇脂肪酸酯、卵磷脂、蔗糖脂肪酸酯、甘油单脂肪酸酯可制作多重乳状液人造奶油。

2. 在饮料中的应用

乳化剂在饮品中的主要作用是乳化分散、助溶、赋色、抗氧化等，常用的乳化剂有大豆磷酸酯、甘油脂肪酸酯、蔗糖脂肪酸酯、丙二醇脂肪酸酯、Span 型和 Tween 型非离子表面活性剂等，使用复配型乳化剂效果更好。

用复配乳化剂和复合稳定剂可制备出良好品质的植物蛋白奶饮料，所用复配乳化剂和复合稳定剂见表 4.5。

表4.5 用于调制奶的复配乳化剂和复合稳定剂

复配乳化剂		复合稳定剂	
组分	质量份	组分	质量份
蔗糖酯 SE-13	1	黄原胶	3
	$1.75 \sim 2$	槐豆胶	0.1
单甘酯	$1.75 \sim 2$	瓜尔胶	8

说明：以单甘酯：蔗糖酯 SE-13=2：3 为复配乳化剂和以黄原胶：槐豆胶：瓜尔胶=2：0.05：9 为复合稳定剂，且复配乳化剂：复合稳定剂=0.5：1 的比例添加于调制奶中可得到稳定、乳化效果好的成品（总用量为 0.15 % ~ 0.2 %，其中含柠檬酸钠、磷酸盐 0.03 %）。

3.在冰淇淋生产中的应用

冰淇淋是 O/W 型乳状液,用于生产冰淇淋的乳化剂有甘油单脂肪酸酯、蔗糖脂肪酸酯、失水山梨醇脂肪酸酯、丙二醇脂肪酸酯、聚氧乙烯失水山梨醇脂肪酸酯、大豆磷脂等。尤以蒸馏甘油单硬脂酸酯、甘油单油酸酯、甘油单棕榈酸酯及复配乳化剂应用最多。

简单地用两种表面活性剂复配,如用亲油性强、HLB 值小的蒸馏甘油单酯与亲水性强、HLB 值大的蔗糖酯复配使 HLB 值为 8~10 时乳化效果可提高 20%。将亲油性的 Span-60 与亲水性的聚甘油酯复配,调 HLB 值为 8~10 时,可提高其乳化和分散能力,减少乳化剂用量 20%~40%。上述复配乳化剂都可提高冰淇淋的抗融性,改善其组织结构和发泡、稳泡性能及提高搅打气泡率和冰淇淋的膨胀率。

乳化剂与一种胶质稳定剂或多种稳定剂的复合稳定剂复配使用,有更好的乳化效果,冰淇淋常用的稳定剂有:明胶、槐豆胶、卡拉胶、琼脂、羧甲基纤维素、果胶、海藻酸钠、阿拉伯胶、瓜尔胶、刺梧桐胶等。这些胶质稳定剂虽有共性,但也各有其特点:明胶对提高冰淇淋膨胀率、改善其组织结构、改善口感有益;海藻酸钠可在二价金属离子存在下形成较为稳定的凝胶,维持冰淇淋的良好形态;卡拉胶对抑制蛋清析出有利;黄原胶的凝胶对温度和介质 pH 不敏感,故适用于在较大温度范围和较宽 pH 范围内制作冰淇淋;魔芋胶可防止粗冰晶形成,抗热融性好;羧甲基纤维素在 pH=5~9 间黏度变化小,可维持油脂良好的稳定性,适于改善冰淇淋的外形等。表 4.6 中列出几种不同类型冰淇淋的复配复合稳定剂配方。

表4.6　几种不同类型冰淇淋复配复合稳定剂配方

配方 A		配方 B		配方 C	
组分	含量/%	组分	含量/%	组分	含量/%
海藻酸钠	65	瓜尔胶	62.43	甘油单脂肪酸酯	45
丙二醇海藻酸钠	11	黄原胶	25.95	天然物质	48.5
羧甲基纤维素钠	15	鹿角藻胶	10.52	碳酸钠	3.2
聚磷酸钠	9	角豆胶	0.9	富马酸	1.8
				碳酸钙	1.5

4.在焙烤食品制作中的应用

面包和蛋糕是最常见的焙烤食品,保持此类烘烤食品松软、均匀、耐贮存是添加食品乳化剂的主要目的。

　　此类食品的主要原料是面粉、糖、蛋、奶油、乳制品等，所用的乳化剂的主要作用是在油水界面上形成乳化剂吸附层，降低其界面张力，搅拌混合可形成稳定的乳状液体系（面团均匀）。同时乳化剂又能与脂肪和蛋白相互作用，在面团调制、发酵、揉搓、醒发、烘烤过程中增强面团筋力、弹性、任性，改善面团的持气性，使得产品膨胀且有一定强度（筋道）。有的乳化剂能与淀粉形成复合物，降低淀粉吸水溶胀能力，糊化温度升高，从而使更多的水分向面筋转移，从而增加面包芯部分的柔软性，延缓面包老化。这种乳化剂也起到抗老化和保鲜的作用。

　　简言之，在面包制备中用能与淀粉、蛋白质相互作用的乳化剂，使面团韧性增强、弹性增大，改善面团的持气性，这种乳化剂也称为面团强化剂，能与淀粉形成复合物，防止或延缓面包老化。

　　两种复配面包乳化剂见表4.7。

表4.7　两种复配面包乳化剂

配方 A		配方 B	
组分	含量/%	组分	含量/%
聚氧乙烯(20)失水山梨醇单硬脂酸酯	40	甘油单硬脂酸酯	20
甘油单、二硬脂酸酯	60	硬脂酰乳酸钙	40
		蔗糖硬脂酸酯	1.5
		酪朊酸钠	1
		淀粉	37.5

　　在复配乳化剂的应用中最主要的复配是 HLB 值高和低的表面活性剂的搭配，这种搭配实质是亲水亲油性不同乳化剂的搭配，以符合被乳化体系的需要（可参阅《表面活性剂应用原理》一书中乳化作用的有关内容）。

　　乳化剂与其他食品添加剂复配是最常用的复配类型，大部分使用胶类添加剂，既是增稠剂，又多是高分子乳化剂。因此，这种复配也可视为多种表面活性剂复配，应用最为广泛。

第五节
用作食品增稠剂的表面活性剂

一、食品增稠剂

　　增稠剂是使食品乳状液黏度增大或呈悬浊状态，甚至成为凝胶状态的表面活性剂。增稠剂可分为天然和化学合成两大类，天然增稠剂多是从含多糖类的植物（如海藻）中提取出来的，如海藻胶、阿拉伯胶、瓜尔胶、果胶、槐豆胶、淀粉、琼脂等，也有从动物皮革等中提取的，如明胶、酪蛋白、酪蛋白酸钠，还有用微生物制取的，如黄原胶（汉生胶）等。合成增稠剂有羧甲基纤维素钠（CMC）、藻酸丙二醇酯、羧甲基纤维素钙、淀粉磷酸酯钠等。显然，增稠剂都是高分子表面活性剂，特点是表面活性较小（降低表面张力能力小），多不能形成胶束，起泡能力差，但乳化、分散、稳泡、聚集能力好。增稠剂多用于制备果酱、冰淇淋、糖果、罐头类食品和某些涂抹类食品，表4.8列出了我国常用增稠剂及其使用标准。

表4.8 我国常用食品增稠剂及其使用标准

名称	适用范围	最大用量/（g/kg）	备注
琼脂	果酱、冷饮、罐头、糖果、糕点	正常生产需要	
食用明胶	冷饮、罐头、糖果、糕点		
羧甲基纤维素钠（CMC）	速煮面、罐头、冰淇淋、果汁、牛奶	0.1 ~ 5.0	
海藻酸钠、海藻酸钾	罐头、冰淇淋、面条、面食品	1.5	扩大使用于各类食品（1988）
果胶	罐头、果酱、糖果、果汁、冰淇淋、巧克力	正常生产需要	
阿拉伯胶	罐头、巧克力、冰淇淋、果酱	0.5 ~ 5.0	
卡拉胶	乳制品、调味品、酱、汤料、罐头、麦乳精、冰淇淋	0.05 ~ 6	
	啤酒	0.02	
黄原胶（汉生胶）	面包、乳制品、冰淇淋、肉制品、果酱、果冻	0.5 ~ 1	
	饮料	0.1	
海藻酸丙二醇酯	乳化香精	0.5 ~ 2	
	冰淇淋	0.5 ~ 1	
	啤酒、饮料	0.1 ~ 0.3	
	乳制品、果汁、乳粉	1 ~ 3	
羧甲基淀粉（钠）	酱类、果酱	0.01 ~ 0.1	
	面包	0.005 ~ 0.02	
	冰淇淋	0.02 ~ 0.06	

续表

名称	适用范围	最大用量/（g/kg）	备注
羟丙基淀粉	冰淇淋	8～12	
	果酱、果冻、午餐肉	30	
	汤料	20～30	
罗望子多糖胶	冰淇淋	<2	
β-环糊精	烘烤食品	2.5	
	汤料	100	

二、增稠剂的实际应用举例

增稠剂的实际应用举例如下：

① 果酱。桔酱中加0.5%琼脂、菠萝酱中加0.3%琼脂可大大增大果酱黏度。果胶既可用作增稠剂又可用作胶凝剂、乳化剂、稳定剂。大部分果胶用于制作果酱、果冻、糖果，其用量范围见表4.8。果酱中加入0.5%～1.0%的CMC可使果酱及奶油、奶酪、巧克力奶酪等食品涂抹性能大为改善。

② 冰淇淋。加入0.3%琼脂可提高其黏度、膨胀率，防止冰晶析出。加入0.5%明胶可防止冰淇淋油、水相分离，减弱融化，使制品柔软、疏松、细腻可口。加入0.01%～0.03%卡拉胶可得到滑润、细腻、不易融化、口感好的产品。

③ 果羹、果冻。用<1%的琼脂、0.3%～0.5%的果胶、0.5%～1.0%的卡拉胶都可制出透明、弹性好、室温不融化的果冻或果羹。

④ 面食及面包、糕点等。将0.1%CMC加入面粉中可防止水分蒸发，用此面粉调制食品，所得成品均匀，含水量稳定。面食中加入0.2%～0.5%海藻酸钠可提高面食黏性，且耐煮、耐泡，韧性增强。制作面包时，加入0.1%～0.5%海藻酸钠，所得面包形态好，平滑细腻、松软、口感好，并可使膨胀率提高18%，产量提高15%～17%。加入0.3%～0.5%卡拉胶或0.5%～1.0%黄原胶时，前者制成的面包不易变硬，后者在高温下稳定，故烘烤食品不易变形，延长了保存时间。

⑤ 糖果。多以食用明胶、果胶为增稠剂。如加入5%～10%的明胶可制作弹性好、韧性好的软糖、奶糖。

⑥ 牛奶及奶饮料。加入0.5%～0.6%的高酯果胶制作巴氏灭菌牛奶饮料时胶凝快，加工过程中生成酪蛋白-果胶络合物，防止在杀菌工艺中产生沉淀。加入0.02%～0.4%卡拉胶制作脱脂牛奶或0.25%卡拉胶与0.75%刺槐豆胶复配制作酸奶酪，加入0.025%～0.17%黄原胶（在低pH时黄原胶能完全溶解）可使饮料中不溶物悬浮，改善饮料的口感。

第六节

用作食品消泡剂的表面活性剂

一、食品生产中的泡沫、食品消泡剂、消泡原理

在食品生产过程中，无论是对食品原材料的清洗、加工，还是在烹煮煎炸过程中都可能因多种原因而产生泡沫。产生泡沫的原因可能有：①动、植物原料中含有某些天然的起泡物质和能稳定泡沫的物质。②清洗中搅拌、冲洗引起的起泡作用。③煎炸用油脂中的某些有机物有起泡、稳泡作用。④食品（如面包、啤酒等）发酵过程中产生的泡沫等。泡沫过多可能浪费原料，导致操作人员受伤和引起其他安全事故。因此，食品消泡剂在食品生产中常是重要的添加剂（有时需要增加泡沫，需另加入起泡剂）。起泡和消泡更多知识参阅《表面活性剂应用原理》或其他表面活性剂应用书籍的有关部分。

泡沫是一种以气体为分散相，以液体或固体为分散介质而形成的粗分散体系。以液体为分散介质时通常称为泡沫，以固体为分散介质时称为固体泡沫。在食品工业中遇到的通常都是液体泡沫。

形成有一定稳定性的泡沫必须有表面活性剂参加，两亲性表面活性剂在气液界面上吸附，形成较为紧密的单分子层，当泡沫中气液界面液膜中液体在重力作用下向下流失，界面上的两个吸附单分子层会相遇发生空间阻碍作用，带电的表面活性剂离子还可以因扩散双电层重叠而产生电性排斥作用，这些作用使得液膜不再变薄，从而使泡沫处于一种暂时相对稳定状态。影响泡沫稳定性的因素还有体相液的黏度和表面黏度，泡沫中气泡大小的均匀性等，最根本的原因是使泡沫形成的表面活性剂分子结构及降低表界面张力能力和大小。

消泡的机理简单地说是用另一种表面活性剂（消泡剂），将泡沫气液界面上使泡沫稳定的表面活性剂顶替下来，并使泡沫局部表面张力降低。但这种后来加入的表面活性剂（消泡剂）又不能形成稳定的牢固的吸附单分子层，从而使液膜液体流失，液膜变薄而破裂。而且消泡剂的吸附单分子层弹性差，并能减少液膜表面黏度，这就增大了液膜排液速度和气体通过液膜的速度，缩短了泡沫存在的时间。

消泡剂多为复配结构，主要有三类：矿物和植物油脂类、有机硅油类、聚醚类非离子型表面活性剂。

矿物和植物油脂类消泡剂有豆油、玉米油、蜡、脂肪族酰胺、高碳醇等。

有机硅油类消泡剂有烷基硅氧烷等。此类消泡剂由硅脂、乳化剂、稠化剂、适量水经机械乳化而成，特点是表面活性大，消泡能力强，用量少，化学稳定性好，

毒性不大，成本低。

聚醚类消泡剂主要有环氧丙烷、环氧乙烷嵌段共聚物。

表 4.9 列出了我国食品消泡剂及使用标准。

表4.9 我国食品消泡剂及使用标准

名称	适用范围	最大用量/（g/kg）	备注
乳化硅油	味精发酵	0.2	
DSA-5（高碳醇脂肪酸酯复合物）	制糖工艺	3.0	
	酿造工艺	1.0	
	豆制品工艺	1.6	
海藻酸钠、海藻酸钾	罐头、冰淇淋、面食	1.5	
聚氧乙烯聚氧丙烯季戊四醇醚	味精		正常生产需要
聚氧乙烯聚氧丙醇胺醚			
山梨醇	豆制品、制糖工艺、酿造工艺		正常生产需要

下面对表 4.9 中的几种消泡剂做进一步说明。

（1）乳化硅油

乳化硅油由甲基聚硅氧烷乳化而成。乳化硅油为乳白色黏稠液体，几乎无臭味，化学稳定性良好，不易燃烧，对金属无腐蚀性，不挥发，易溶于苯、甲苯、汽油等芳香族有机溶剂中，也溶于四氯化碳等非极性溶剂中，不溶于水、乙醇、甲醇等极性溶剂，但可分散于水中。

乳化硅油为亲油性表面活性剂，消泡能力很强，是良好的食品消泡剂。

以日剂量 20 mg/kg 乳化硅油灌喂小鼠，观察一周无急性中毒和死亡现象。用 0.3 %硅油喂大鼠 2 年，未发现其全身状态、血液和器官等有异常变化。

乳化硅油在谷氨酸发酵过程中用作消泡剂，用量为 0.2 g/kg；消除豆浆中细微气泡，用量 0.1 %颇为有效。

（2）DSA-5

DSA-5 消泡剂是 C_{18} 醇硬脂酸酯、硬脂酸三乙醇胺和硬脂酸铝的复合物，为白色或浅黄色黏稠液体，几乎无臭味，化学性质稳定，不易燃易爆，不挥发，无腐蚀性，黏度大，稍加热黏度减小。

DSA-5 的主要成分为表面活性剂，能显著降低泡沫液膜局部表面张力，加速液膜排液和破裂过程。

DSA-5 毒性小，以含 8 % DSA-5 的饲料饲喂大鼠 3 个月未见其肌体异常。

DSA-5 消泡效果好,消泡率可达 96% ~ 98%,广泛用于多种食品加工工艺中。

(3)聚醚和聚醚型非离子表面活性剂

聚醚型化合物都有"浊点"现象,即温度高于其浊点时溶解度突然减小,从水(溶剂)中析出。这类表面活性剂即使在最大吸附量时在界面上也不能形成紧密吸附层,故只能作为消泡剂使用。

聚醚型表面活性剂具有较大的亲水部分,或有两个亲水基团处于分子两端。这种结构使其在界面上不可能紧密排列。对于聚氧乙烯聚氧丙烯嵌段共聚物,在分子量接近,而聚氧乙烯相同时 PEP 型$[HO(C_3H_6O)_x(C_2H_4O)_y(C_3H_6O)_xH]$表面活性剂比 EPE 型$[HO(C_2H_4O)_x(C_3H_6O)_y(C_2H_4O)_xH]$表面活性剂有更好的消泡能力。

另一类聚醚型消泡剂是甘油聚醚。如聚氧丙烯甘油醚(GP 型甘油醚)、聚氧丙烯聚氧乙烯甘油醚(GPE 型甘油醚)等。GP 型可在酵母、味精、生物农药生产中用作消泡剂,GPE 型常在制药工业抗生素发酵过程中应用。

在聚乙二醇两端接上疏水基的非离子表面活性剂及有类似结构的甘油聚醚硬脂酸酯(用 GPES 表示)都可用作消泡剂。

二、复配消泡剂配方举例

如前所述,消泡剂除单独使用外,也常与其他添加剂复配使用。表 4.10 ~ 表 4.15 列出了一些复配消泡剂配方。

表4.10 有机硅消泡剂配方

组分	含量/%
甲基硅氧烷	10
三聚磷酸钠	10
甘露醇	5
食盐	70
二氧化硅	2

制备:室温下将甲基硅氧烷与二氧化硅混合得(1),将其余三物混合,与(1)充分混合,得产品。

性质:适用范围广,稳定性好,保存、运输方便,无毒、安全。

应用:味精、豆制品制作,糖蜜蒸煮等。

表4.11 复合消泡剂配方

组分	含量/%
单硬脂酸甘油酯	60
米糠油	4
聚醚类化合物	6

续表

组分	含量/%
轻质磷酸钙	30

制备：使单硬脂酸甘油酯熔融，加热至 100～150 ℃，加入米糠油及聚醚类化合物混合，高速搅拌下加入轻质磷酸钙，保持温度，出料，制片，造粒。

性质：性能稳定，不结块，消泡性佳。

应用：豆制品、乳制品及饮料加工。

表4.12　高效消泡剂配方

组分	含量/%
聚氧丙基聚氧乙基甘油醚	57.1
C_{10}～C_{18}脂肪酸	12.5
助消泡剂	29.4
分散剂	0.7

制备：将聚氧丙基聚氧乙基甘油醚和脂肪酸在常压下、90～150 ℃下搅拌 20～90 min，生成酯化物。降温至 50 ℃，再加入助消泡剂和分散剂，搅拌 30～60 min 得 pH=5.7、密度 0.8～1 g/cm³ 的液态产品。

性质：消泡快，无"三废"副产物。

应用：用于以水为介质的各种食品制造。

表4.13　强力消泡剂配方

组分	含量/%
硬脂酸	0.5
聚氧丙基聚氧乙基甘油醚	99
二甲基硅油	0.5

制备：将聚氧丙基聚氧乙基甘油醚搅拌下加热至 70 ℃以上，加入硬脂酸，熔化后再加二甲基硅油，搅拌 20～30 min，即得半透明液态产物。

性质：耐高温、耐氧化、不易挥发、无毒副作用，安全，用量少。

应用：广泛用于食品加工。

表4.14　豆制品消泡剂配方

组分	含量/%
米糠油	82
大豆磷脂	5
山梨醇酐脂肪酸酯	6
固体粉末	5

续表

组分	含量/%
硅油	1.8

制备：将各组分混合、加热、搅拌即得产品。

性质：制法简便，容易搅拌，不易酸败。

应用：尤适用于豆制品加工。

表4.15 豆浆消泡剂配方

组分	含量/%
甘油硬酯化棕榈油脂肪酸酯	92
大豆卵磷脂	4.2
硅氧烷树脂	0.8
磷酸钙	3

制备：混合均匀即可。

应用：在豆浆中加入相当于大豆量6%的该产品，煮沸，10s内消泡。

参考文献

[1] 蒋挺大，王玉生.食物与营养化学[M].北京：科学出版社，1987.

[2] 黄梅丽，汪小梅.食品化学[M].北京：中国人民大学出版社，1986.

[3] 刘程，周汝忠.食品添加剂实用大全[M].北京：北京工业大学出版社，1994.

[4] 胡国华.复合食品添加剂[M].北京：化学工业出版社，2006.

[5] 天津轻工业学院食品工业教学研究室.食品添加剂（修订版）[M].北京：中国轻工业出版社，1985.

[6] 金世俊.食品添加剂——现状、生产、性能、应用[M].上海：华东化工学院出版社，1992.

[7] 刘钟栋.食品添加剂原理及应用技术[M].北京：中国轻工业出版社，1993.

[8] 中华人民共和国卫生部.复配食品添加剂通则：GB 26687-2011[S].北京：中国标准出版社，2011.

第五章

石油钻井液中的表面活性剂

第一节

石油工业

以石油（包括天然气、石油、油页岩、可然冰等）为对象，并对其进行炼制和加工的工业部门称为石油工业。石油工业主要由油田勘探、油田开发、油田开采、输送、炼制加工等单位组成。因此石油工业生产链包括勘探开发、原油输送、原油炼制与销售及其他化工业务。

以石油和天然气等为原料，生产石油产品和石油化工产品的加工工业称为石油化学工业。石油产品又称油品，主要包括各种燃料油（汽油、煤油、柴油等）、润滑油及液化石油气、石油焦炭、石蜡、沥青等。生产这些产品的加工过程称为石油炼制（简称炼油）。炼油过程提供的原料油经进一步化学加工可得到基本化工原料、有机化工原料和合成材料（如塑料、合成纤维、合成橡胶）等。这些化工原料和材料的继续加工一般不属于石油化工的范畴。

表面活性剂在石油工业中的应用很广泛，主要涉及油、气田的勘探、开发。这其中有钻井液的各种助剂、水泥浆添加剂、三次采油技术中加入的驱替液化学添加剂、集输用的多种助剂等表面活性剂。

第二节

钻井及钻井液[1, 2]

在勘探、开发石油、天然气等液态或气态矿产时，从地面向地层深处钻打井眼及大直径供水井的工作称为钻井。我国油、气田开发广泛使用转盘钻井设备（包括井架、平台、柴油机、钻机、钻具、泥浆泵、发电机和测试设备等）及其他辅助设备。

油、气开发钻井过程需要多种功能循环流体，这种流体称为钻井液。对钻井液的基本要求是，保证钻井井下安全，防止井塌、卡钻、井喷、井漏等现象发生，保护油、气层稳定和提高油、气产量。

一、钻井液的主要功能

（1）岩屑悬浮

钻井过程中产生的矿屑密度比水大得多。当钻探因故障或换钻头而使钻井液停止流动时，钻屑会下沉，堵塞钻井。为避免这种事故，将钻井液配制成具有胀流性或触变性的流体，这类流体在钻井液停止流动时黏度增大，钻屑可悬浮其中不下沉，流动时黏度减小，又恢复成液态。

（2）岩层稳定

钻井过程中先要钻穿不含油岩层，这就要求保持钻孔中裸露岩层稳定，同时要避免钻井液流失。当钻井液压力大于岩层孔隙毛细压力时，钻井液就会向岩层中的透水岩层渗入。为此需要在钻井液中加入防渗透助剂。钻井液也可能与通过的岩层发生相互作用，如水基钻井液可溶解岩层中含有的盐分，导致钻井孔壁不稳定。为此，可改用油基泥浆，或将钻井孔壁用钢管保护，钢管再用水泥加固。但是钻探进入储油层后必须改变钻井液成分，避免阻塞岩石孔隙，使石油能顺畅流入钻孔，进而上流至地表采集。

（3）压力控制

为保证岩层中的石油以一定流量开采出来，必须控制钻井液的压力，使其与岩层中流体的自然压力达到适当平衡，即钻井液对钻井孔壁的压力能抵消前述流体的自然压力。如果钻井液压力太大（如钻井液重量太大），就会破坏岩石，从而导致钻井液流失。调节钻井液中固体浓度和成分就可达到这一目的。

（4）增大钻杆浮力

油井越深，钻杆越长，其重量对钻探机械装置的影响不容忽略。钻井液对钻杆的浮力增大会减小这种影响，调节钻井液的成分或添加某些助剂可提高其对钻杆的浮力。

（5）对钻杆、钻头的润滑、冷却作用

在钻探过程中，钻杆、钻头高速转动与岩石间可因摩擦而生热，从而严重影响钻头、钻杆寿命。特别是对水平井，钻井液对钻杆、钻头的润滑、冷却作用尤为重要。

二、钻井液的基本知识

（1）钻井液的密度

单位体积钻井液的质量即为钻井液密度。钻井液密度与钻井液施加在井壁、井底的压力有重要关系，可平衡地层中油、气压力和岩石的侧压力，防止井喷，保护井壁，防止高压油、气、水侵入钻井液等。钻井液密度太小易引起井喷、井塌、卡钻；密度过大可能压漏地层，破坏油气层，并且密度大使钻速变慢，降低钻头破碎岩石的效率。

（2）钻井液黏度

钻井液黏度表征钻井液流动时固体粒子与液体分子间及液体分子间摩擦性质。钻井液黏度对其携带岩屑能力有较大影响，黏度大，携带能力强。但黏度过高可能导致流动阻力太大，加大泵压，影响转速，并且易使钻头"泥包"，能引起井塌、井喷等状况以及泥浆除气困难、沉砂困难等。而黏度太小又不利于携带岩屑，井内沉砂过快，可能导致井喷等状况。这样对钻井液黏度的要求变得十分严格，即钻井液从钻头眼中喷出时有较低的黏度，有利于钻头破碎岩石，清洗井底；在钻井环形空间中，钻井液向上运行时有较高黏度，有利于携带岩屑。对钻井液黏度的这种要求就是要求钻井液的浓分散体系有触变性。

（3）钻井液失水

在钻井液柱压力和地层压力间压差作用下，钻井液中的水分将从井壁、孔隙、裂缝中渗入地层，此现象称为失水或滤失。失水多少称为失水量。在失水同时，钻井液中的黏土粒子沉积在井壁上形成一层胶结物（滤饼）。失水与形成滤饼同时发生，失水多，形成厚滤饼；失水少，形成薄滤饼。但失水量并不是决定滤饼厚度的唯一因素。在钻井过程中有失水才能形成滤饼，滤饼的形成又能阻碍进一步失水。失水主要取决于滤饼的渗透性。在钻井过程中需要根据地层岩石特点、井深、井身结构、钻井液类型等决定对失水量的要求。对于易吸水膨胀、易垮塌的地层失水量要严格控制。在井壁允许的条件下，应当适当放宽失水量要求，可以最大限度地提高钻井速度。

（4）钻井液的固相含量

钻井液的固相含量是指钻井液中含有的所有固体物质（黏土、钻屑、化学处理剂、重晶石等）的百分数。这些固体物质有的是钻井液必需的物质（如膨润土粉、化学处理剂、加重剂等），称为有用固相。另一些固体（如钻屑、砂粒、劣质膨润土等）为有害固相。为了有效控制钻井液性能，提高钻井速度，要清除有害固相物，控制有用固相物。钻井液中固相物含量多，钻速明显降低，严重影响钻井液性能，会引起设备严重损耗，并可能导致卡钻、井漏等事故发生。

（5）钻井液的 pH 值

钻井液 pH 值对其性能有大的影响，黏土粒子在碱性介质中带负电荷，故阳离子交换容量大，体系稳定。许多有机处理剂（添加物）如腐植酸、单宁等在碱性介质中才能起作用。各种钻井液均有其适宜的 pH 值范围，只有在这一范围内钻井液流变性质适宜，失水量小，性能较稳定。此外，钻井液的 pH 值也是确定处理剂碱比的依据。

钻井液通过钻井液泵来维持其循环：钻井液经钻井液泵、高压管汇、水龙头、钻杆、钻头从钻头喷嘴喷出，沿钻柱、井壁形成的环状空间向上流动，返回地面后经排出管流入钻井液池，经各种设备处理后循环使用。

从钻探循环过程可以看出，钻井液的基本功能是：从钻井中清除岩屑（钻屑）；清洁井底；控制井下压力；防止地层塌陷和井喷；在井壁上形成一层薄而韧的滤饼（泥饼），稳固地层，阻止液相渗入地层，冷却和润滑钻头、钻具；降低钻井过程中的摩擦力。钻井液能起介质作用，将钻屑带到地面液池中沉降，并能承担钻柱和套管的部分重量等。

钻井液通常也称为钻井泥浆。

三、钻井液的类型

最为一般的分类方法是按钻井液中流体介质和体系组成特点分类。

按流体介质不同，钻井液可分为水基钻井液、油基钻井液、合成基钻井液、气体型钻井液等。根据这些类型组成上的不同又可分为若干类，如水基钻井液又有细分散钻井液、钙处理钻井液、盐水钻井液、聚合物钻井液。

水基钻井液由膨润土、水（或盐水）、各种处理剂、加重材料、钻屑组成。其中膨润土是最常用的配浆材料，其在提高钻井液黏度、降滤失和造壁中起主要的作用。

油基钻井液是以油（通常用柴油和矿物油）为介质形成的 W/O 型乳状液体系[其中油水比多为 50∶（80～20）]。油基钻井液的最大特点是有高抗温、抗盐和抗钙能力，润滑性好，适用于深井、超深井、水平井等复杂地层的钻探。油基钻井液配制成本高，应用时对环境有一定污染，这些都使其应用受到限制。

合成基钻井液是以有机化合物为分散介质，以盐水为分散相而形成的 W/O 型乳状液，由于不用柴油，而用无毒、无害、易降解的非水溶性有机物为"油"相，故其使用优于普通油基钻井液，适用于海上钻井，但显然成本太高。

气体型钻井液是以空气、天然气或泡沫为钻井流体而形成的钻井液。这类钻井液通常需要较大的压力，以保证将钻屑携至地面。这种钻井液的制备、使用都受到许多限制，但在钻低压易漏地层和严重缺水地区有其应用优势。

四、钻井液的组成

如前所述，钻井液是一种由多种化学物质组成的多相分散体系。从胶体化学角度来看，钻井液是多相共存、极不稳定的粗分散体系，既可以看作固体分散于液体中的悬浮体，又可以认为是一种液体分散在另一种液体中的粗乳状液，还可以看作气体分散在液体中或液体分散在气体中的分散体系。

钻井液的组成有钻井原材料、无机处理剂、有机处理剂和表面活性剂。配浆原材料有黏土类（以膨润土为主）、配浆水和油、加重材料（增大钻井液密度，如重晶石粉、石灰石粉、铁矿石粉等）。钻井液中的无机处理剂有纯碱、烧碱、石灰、石膏、氧化钙、氯化钠、硅酸钠等。无机处理剂在泥浆中的作用有离子交换，调控泥浆 pH 值，使高价金属离子沉淀、除去，抑制岩层中可溶性盐溶解等。钻井液中的有机处理剂有单宁、木质磺酸盐、铁铬盐等降黏剂；纤维素、腐植酸类、丙烯酸聚合物类、树脂类、淀粉类的降滤失剂，其作用是在井壁上形成低渗率、柔韧、薄而致密的滤饼，降低钻井液的滤失量。作为基本原料的表面活性剂包含在有机处理剂中，如上述降黏剂中的木质磺酸盐、降滤失剂的大部分是以黏土水化抑制剂为主的阳离子型、两性型和非离子型的高分子表面活性剂，它们兼有润滑、防滤失、防坍塌等多种功效。当然，还有一些起特殊作用的表面活性剂在一些具体钻井液中应用。

第三节
钻井液配方实例[1, 3, 4]

首先要根据地层岩石的性质特点，预测探井内可能出现的坍塌、滤失等问题，为定制解决方案提供依据。要正确地选择原料，测定原料性能，了解这种处理剂的理化性质，当环境条件、人为因素变化时及时调整剂量配比，使钻井液性能达到预定要求，因此钻井液配方不可能如洗涤剂、化妆品配方那样，有适用于各种条件下的通用配方。

一、水基钻井液配方实例

1.细分散钻井液

由淡水、配浆膨润土和各种分散剂配制而成的水基钻井液称为细分散钻井液，这是最早在油气钻井中使用的一类钻井液。此钻井液配制方便，处理剂用量少，成本低，在钻开表层时至今还多有使用。

细分散钻井液的分散剂有多聚磷酸盐、单宁碱液、褐煤及改性褐煤、CMC和聚阴离子纤维素等，表5.1列出了细分散钻井液常用组分、作用及用量。

表5.1 密度为1.06～1.44 g/cm³细分散钻井液的组分、作用及用量

组分	作用	用量/（kg/m³）
膨润土	提黏及滤失量控制	42.8～71.3
铁铬木质素磺酸钠	降低动、静切力及控制滤失	2.8～11.4
褐煤或煤碱液	控制滤失及降低动、静切力	2.8～11.4
烧碱	调节pH值	0.7～5.7
多聚磷酸盐	降低动、静切力	0.3～1.4
CMC	控制滤失，提黏	0.7～5.7
聚阴离子纤维素	控制滤失，提黏	0.7～5.7
重晶石	增大密度	0～499

在深井和超深井的钻井液中常以三种磺化产品为主处理剂，以增强降黏、降滤失作用。这三种磺化物是磺化栲胶（SMT）、磺化褐煤（SMC）和磺化酚醛树脂（SMP-1），此外再添加适量红矾钾和非离子表面活性剂Span-80。表5.2列出了三磺钻井液推荐配方及性质。

表5.2 三磺钻井液的推荐配方及性质

配方		性质	
组分	用量/（kg/m³）	项目	指标
膨润土	80～150	密度/（g/cm³）	1.15～2.00
纯碱	5～8	漏斗黏度/s	30～50
SMC	30～50	API滤失量/mL	≤5
SMT	5～15	HTHP滤失量/mL	约15

续表

配方		性质	
组分	用量/（kg/m³）	项目	指标
SMP-1	30～50	泥饼/mm	0.5～1
SLSP[①]	40～60	塑性黏度/（mPa·s）	10～15
红矾钾[②]（钠）	2～4	初切力/Pa	3～8
CMC（低黏）	10～15	（初、终）动切力/Pa	0～5，2～5
Span-80	3～5	pH 值	≥10
润湿剂	5～15	含砂量/%	0.5～1
烧碱	约3		
重晶石	视需要而定		
各类无机盐	视需要而定		

① SLSP：磺化木质素-磺甲基酚醛树脂缩合物。

② 红矾钾（钠）：重铬酸钾（钠）。

尽管细分散钻井液有许多优点，但实际应用也有一定局限性和缺点，主要是易被岩层中各种可溶性盐污染，而使钻井液性能发生大的变化；钻井液矿化度降低，对井壁、岩层水化、溶解、膨胀、垮塌的抑制性变差；钻井液固含量（特别是亚微米粒子含量）高，对机械钻井有明显影响，为此提出和发展了钙处理钻井液。

2.钙处理钻井液

钙处理钻井液由含钙的无机絮凝剂、降黏剂、降滤失剂组成。工作原理是：Ca^{2+} 易与膨润土上的 Na^+ 交换形成钙土，控制 Ca^{2+} 的浓度，就能控制钠土转变为钙土的数量，从而使钠土的分散度下降。同时 Ca^{2+} 交换 Na^+ 将使土表面扩散双电层压缩，水化膜变薄，电动电势降低，部分土粒子聚结，也会导致分散度减小。但是加入过量的 Ca^{2+} 等同于钙污染，故还要加入适量的分散剂（如 CMC 等），阻止土粒子过分聚结。调节 Ca^{2+} 和分散剂的相对含量，使钻井液处于适度絮凝的粗分散状态，从而使钻井液保持相对稳定性，又能满足钻井的工艺要求。

加入石灰、石膏、氯化钙等都可以达到控制钻井液中钙浓度的目的，如石灰、石膏钻井液的配方见表 5.3、表 5.4。

表5.3　石灰钻井液的推荐配方和性质

配方		性质	
组分	用量/（kg/m³）	项目	指标
膨润土	80～150	密度/（g/cm³）	1.15～1.20

续表

配方		性质	
组分	用量/（kg/m³）	项目	指标
纯碱	4 ~ 7.5	漏斗黏度/s	25 ~ 30
磺化栲胶	4 ~ 12	静切力/Pa	0.1 ~ 0 或 1.0 ~ 4.0
铁铬盐	6 ~ 9	API 滤失量/mL	5 ~ 10
石灰	5 ~ 15	泥饼厚度/mm	0.5 ~ 1.0
CMC 或淀粉	5 ~ 9	pH 值	11 ~ 12
烧碱	3 ~ 8	含砂量/%	<1.0
过量石灰	10 ~ 15		

表5.4　石膏钻井液的推荐配方与性质

配方		性质	
组分	用量/（kg/m³）	项目	指标
膨润土	80 ~ 130	密度/（g/cm³）	1.15 ~ 1.20
纯碱	4 ~ 6.5	漏斗黏度/s	20 ~ 30
磺化栲胶	视需要而定	静切力/Pa	0.1 ~ 1.0 或 1.0 ~ 5.0
铁铬盐	12 ~ 18	API 滤失量/mL	5 ~ 8
石膏	12 ~ 20	泥饼厚度/mm	0.5 ~ 1.0
CMC	3 ~ 4	pH 值	9 ~ 10.5
氢氧化钠	2 ~ 4.5	含砂量/%	0.5 ~ 1.0
重晶石	视需要而定		

3.盐水钻井液

凡 NaCl 含量超过 1 %的钻井液统称为盐水钻井液。当钻井遇到大段岩盐层、盐膏层或盐膏与泥页岩互层含盐量大的地层时，大量盐（NaCl 或其他无机盐）溶解会使钻井液黏度、切力、滤失量升高，并且盐的溶解造成井径扩大，影响继续钻进。

盐水钻井液与前述钙处理钻井液类似，也是通过加入无机阳离子抑制黏土粒子水化膨胀和分散，在分散剂的共同作用下形成抑制性粗分散的钻井液。盐水钻井液的 pH 值随含盐量增加而下降，因此在实际应用中为维持其恒定 pH 值，要及时补充烧碱。盐水钻井液含盐量大，具有较强的抑制性，有强的抗盐侵能力并抗高温，对油气损害轻，使岩屑在盐水中不易分散，易清除。

盐水钻井液常用的分散剂有 CMC、铁铬盐和聚阴离子纤维素等。常用降黏剂有单宁酸钠、磺化栲胶、铁铬盐、高黏 CMC 等及其他抗盐聚合物、降滤失剂和包覆剂。

配制盐水钻井液最好选用抗盐黏土（如凹凸棒石、海泡石等）作为配浆土。

饱和食盐水的钻井液矿化度高，抗地层中各种粒子污染能力强，对黏土的水化膨胀和分散有较强的抑制能力。海水钻井液中除含有大量 NaCl 外，还有许多高价金属盐类。

影响盐水钻井液性能的因素太多，各地地层结构千变万化，对钻井液性能要求差异较大，难以总结出典型的配方。表 5.5 列出一种饱和盐水钻井液的配方和性能。

表5.5　一种饱和盐水钻井液的配方和性能

配方		性质	
组分	用量/（kg/m³）	项目	指标
基浆	稀释至 1.10～1.15	密度/（g/cm³）	1.15～1.20
增黏剂	3～6	漏斗黏度/s	30～55
降滤失剂	10～50	APH 滤失量/mL	3～6
降黏剂	30～50	泥饼厚度/mm	0.5～1.0
NaCl	饱和	静切力/Pa	0.2～2 或 5～10
NaOH	2～5	塑性黏度/（mPa·s）	8～50
红矾	1～3	动切力/Pa	2.5～15
表面活性剂	视需要而定	表观黏度/mPa·s	9.5～59
重结晶抑制剂	视需要而定	含砂量/%	<0.5
		pH 值	7～10

4.不分散聚合物钻井液

用具有絮凝及包覆作用的大分子聚合物处理的水基钻井液，称为不分散聚合物钻井液。常用的有多元素体系、复合离子型聚合物体系和阳离子聚合物体系三种。这类钻井液的特点是：①由于有聚合物的絮凝和包覆作用，钻屑表面形成光滑的保护膜，钻屑不分散，利于地面清除和提高转速；②钻井液在聚合物的存在下形成网架结构，利于悬砂、携砂；③应用磺化沥青、超细碳酸钙添加剂降低滤饼渗透率；④含黏土微粒少，利于提高转速抑制矿层的膨胀作用，减轻对油气的损害。配方举例见表 5.6～表 5.8。

表5.6　多元素聚合物体系钻井液配方与性质

配方		性质	
组分	含量/%	项目	指标
膨润土	4	密度/（g/cm³）	1.05～1.40

续表

配方		性质	
组分	含量/%	项目	指标
聚丙烯酸钾、聚丙烯酰胺	0.6 ~ 10.0	漏斗黏度/s	44 ~ 55
水解聚丙烯腈	0.15	塑性黏度/（mPa·s）	18 ~ 30
中分子聚合物	0.1	初、静切力/Pa	2 ~ 5、5 ~ 10
磺化沥青	5.0	API 滤失量/mL	0.2 ~ 2 或 5 ~ 10
超细碳酸钙	2.0	泥饼润滑系数	<0.1
润滑剂 RH-3	0.4 ~ 0.6	pH 值	8.0 ~ 9.5
清洗剂 RH-4	0.3 ~ 0.5	Ca^{2+}含量/（mg/L）	<200

表5.7　复合离子型聚合物体系钻井液配方

组分	含量/%
膨润土	4
复合离子型聚合物	0.4 ~ 0.6
复合聚合物稀释剂	0.15
复合降失水剂	0.2 ~ 0.3
磺化沥青	5.0
超细碳酸钙	2.0
润滑剂	0.4 ~ 0.6
清洁剂	0.3 ~ 0.5

表5.8　具有稳定流变特性的高密度除硫钻井液[5]

组分	质量份	组分	质量份
Span-80	1.6	配浆水	400
膨润土	10	氢氧化钠	1.2
聚阴离子纤维素 PAC-LV	2.4	磺甲基酚醛树脂	24
腐殖酸丙磺酸酰胺共聚物	16	磺化沥青	8
纳米乳液 NR-1	4	高温稳定剂	6
防塌润滑剂	12	生石灰	2
氯化钾	28	锌基除油剂	6
海绵铁	4	重晶石	1050

二、油基钻井液配方实例

1.全油基钻井液

以油为连续相（或分散介质）的钻井液为油基钻井液。现在通用的油基钻井液是以柴油为连续相（油）的两种油基钻井液：全油基钻井液和 W/O 型乳化钻井液。在全油基钻井液中水的含量很少（不超过 7%），是完全无用组分。在 W/O 乳化钻井液中水是必要组分，均匀分散于柴油中，含水量一般为 10%~60%。

油基钻井液有抗高温，抗盐、钙侵，对井壁稳定性好，润滑性好，对油气层破坏程度小等优点，在钻高温深井，大斜度定向、水平井及各种复杂地层时多采用。但是，油基钻井液比水基钻井液成本高得多，常对生态环境造成污染，且钻速慢，限制了其应用。为提高转速，近几十年广泛地应用低胶质 W/O 型乳化钻井液。一种油基钻井液配方见表 5.9。

表5.9　一种油基钻井液配方[6]

组分	质量份	组分	质量份
Span-60	10	白油	60
炭黑	10	二烷基二硫代氨基甲酸钼	8.5
二烷基二硫代磷酸钼	1.5		

说明：3% 该配方产品与 97% 复合盐水钻井液混合，摩阻系数降低率为 82%。

2.W/O 型乳化钻井液

W/O 型乳化钻井液的主要组成与性质：

① 油相：早期的油基钻井液所用的连续相（油）为柴油。乳化钻井液的基油是低毒矿物油，与柴油比较，苯胺点高许多。苯胺点越高，表明油中芳烃含量越低，烷烃含量越高。而芳烃常是重要的污染物。常用的多数低毒矿物油的黏度也比柴油的低，对调控乳化钻井液的流变性质有利。

② 水相：淡水、盐水均可用作水相，但通常用含一定量盐（NaCl、$CaCl_2$ 等）的水，可便于控制水相活度，以抑制地层水化膨胀，使井壁稳定。在 W/O 乳化钻井液中水含量可达 60%，含水量增大虽有利于降低成本，但稳定性会降低。因此，实际应用时要根据地质条件及其他环境因素寻求恰当的油水比。

③ 乳化剂：配制 W/O 乳化钻井液，正确选择和使用乳化剂是至关重要的。选择乳化剂的原则和方法参见乳状液的相关内容。

常用的乳化剂多是亲油性的（HLB 较低，一般在 3~6 间），常用的有二价金属皂，如硬脂酸钙、烷基苯磺酸钙、失水山梨醇单油酸酯（Span-80）、环烷酸钙、石油磺酸铁、腐殖酸酰胺等。有时为了增强乳化效果，常用两种或两种以上乳化剂复配，调配成适用于油相所要求 pH 值的复配乳化剂，故而也可能用于较大 HLB 的乳化剂。最终乳化剂选择还是要通过实验来确定和验证。

④ 亲油胶体：膨润土等黏土矿物表面多是亲水的，在水中都带负电荷，不能在油相中稳定存在（都不亲油），这类物质极易吸附阳离子型表面活性剂，而使土的表面呈亲油性（因表面活性剂的阳离子电性吸附于土的表面，碳氢链指向液相中，而碳氢链是亲油的），因而提高了膨润土的亲油性。这种因阳离子表面活性剂吸附而改性的膨润土称为有机土，有机土很容易分散在油相中，起到增大黏度和帮助重晶石悬浮于油相中的作用。同时有机土也易于在油水界面存在，在一定程度上起到了固体粉末乳化剂的作用，使 W/O 乳化钻井液稳定。有机土还有氧化沥青、亲油褐煤粉、二氧化钴等。

⑤ 石灰：石灰也是油基钻井液的必要成分，主要作用是：Ca^{2+} 的存在有利于二价金属皂形成；调控钻井液的 pH 值在 8.5～10 间（碱性），防止钻具腐蚀；有效防止地层中酸性气体（如 CO_2、H_2S 等）对钻井液的污染、对钻具的腐蚀。

⑥ 加重材料：重晶石粉是钻井液最常用的加重材料，对于油基钻井液，应在使用前多加一些乳化剂和润湿剂，使粉体从亲水性变为亲油性，从而使加重材料粉体能较好地分散和悬浮在钻井液中。要说明的是，通常说的润湿剂可增加固体表面对水的亲和性，此处说的是增加加重材料粉体的亲油性，故多选用非离子型表面活性剂作为润湿剂。

一种 W/O 乳化钻井液配方及性质见表 5.10。

美国 Exxon 公司提出的几种低毒矿物油钻井液配方见表 5.11。其他油基钻井液配方实例见表 5.12、表 5.13。

表5.10　一种 W/O 乳化钻井液配方及性质

配方		性质	
组分	用量/（kg/m³）	项目	指标
有机土	20～30	密度/（g/cm³）	0.9～2.0
		漏斗黏度/s	44～55
主要乳化剂　环烷酸钙	约 20	表观黏度/（mPa·s）	20～120
油酸	约 30	塑性黏度/（mPa·s）	15～100
石油磺酸铁	约 100	动切力/Pa	2～24
环烷酸酰胺	约 40	初、静切力/Pa	0.5～2.0/0.8～5
		破乳电压/V	500～100

续表

配方		性质	
组分	用量/（kg/m³）	项目	指标
Span-80	20 ~ 70	API 滤失量/mL	0 ~ 5
烷基磺酸盐	约 20	pH 值	10 ~ 11.5
烷基苯磺酸钙	约 70	含砂量/%	<0.5
石灰	50 ~ 100	泥饼摩阻系数	<0.15
CaCl₂	70 ~ 150	水滴细度（35 μm 占比）/%	>95

辅助乳化剂 为前五行左侧合并单元格。

油水比	（85：15）~（70：30）
氧化沥青	视需要而定
加重剂	视需要而定

表5.11　低毒矿物油钻井液配方

项目		Mentor26 油钻井液	Mentor28 油钻井液	Escaid110 油钻井液
组分	油水比	90/10	90/10	90/10
	主乳化剂/（g/L）	10.0	10.0	10.0
	助乳化剂/（g/L）	24.2	24.2	24.2
	润湿剂/（g/L）	6.28	6.28	6.28
	30 %CaCl₂ 溶液/L	11.1	11.1	11.1
	石灰/（g/L）	28.5	28.5	28.5
	有机土/（g/L）	20.0	22.8	22.8
	重晶石/（g/L）	1266.7	1266.7	1266.7
	滤失控制剂/g	28.5	28.5	28.5
性质	密度/（g/cm³）	1.92	1.92	1.92
	塑性黏度/（mPa·s）	77	52	40
	屈服值/Pa	12.9	10.5	7.2
	凝胶强度/Pa	10.1/14.4	7.7/11.5	4.8/8.6
	破乳电压/V	2000	1370	1070
	HTHP 滤失量[①]/mL	3.7	4.1	4.4

① 在 180 ℃、4.5MPa 下测得。

　　低毒矿物油 W/O 乳化钻井液中常用的乳化剂和润湿剂有脂肪酸酰胺、妥尔油脂肪酸钙、改性咪唑啉等。这些表面活性剂一般毒性较小，对生物体不会有大的伤害。咪唑啉系列虽有一定毒性，但用量少，不会有大的影响。有机土仍作为增黏剂和悬浮剂。

表5.12 乳化的钻井液配方[7]

组分	含量	组分	含量
天然脂肪醇乙氧基化物	5 磅/桶	黄原胶	1 磅/桶
淀粉	6 磅/桶	氧化镁	1 磅/桶
碳酸钙	5 磅/桶	水	0.5 桶
油	0.5 桶		

注：1 磅=0.454 kg。

表5.13 合成基钻井液配方[8]

组分	质量份	组分	质量份
乳化剂[①]	6	合成酯类基础油	60
甲酸钠水溶液（20 %）	40	氧化钙	2
季铵化海泡石	1	褐煤树脂	2
石灰石粉	50		

① 为烷基葡糖酰胺、十二烷基硫酸钠和合成基础油的混合物。

参考文献

[1] 唐丽，毛程，陈红均.钻井液使用与维护[M].北京：中国石化出版社，2017.

[2] 胡星琪.表面活性剂科学及其在油气田开发中的应用[M].北京：化学工业出版社，2013.

[3] 熊远钦.精细化学品配方设计[M].北京：化学工业出版社，2011.

[4] 周立国，段洪东，刘伟.精细化学品化学[M].北京：化学工业出版社，2017.

[5] 明显森，陈俊斌，陶怀志，等.具有稳定流变特性的高密度除硫钻井液及其制备方法：CN 111440601A[P]. 2020-07-24.

[6] 邵宁，于培志，安玉秀.一种液体润滑剂和一种钻井液：CN 108624307A[P]. 2018-10-09.

[7] 阿卜杜拉·阿尔-雅美，维克兰特·瓦格尔，侯赛因·阿尔巴哈尼，等.乳化的钻井液及其制造和使用方法：CN 110249024A[P]. 2019-09-17.

[8] 王磊磊，黄达全，张坤，等.一种合成基钻井液及其制备方法：CN 110804426A[P]. 2020-02-18.

第六章

表面活性剂在农业中的应用

第一节

表面活性剂在农药中的应用

在农药的使用中，只有极少数的情况是对原药的直接使用，大多数情况下都是将农药与其他药剂和溶剂混合使用，进而提高其使用价值并降低使用成本。表面活性剂就是一种可以更好发挥农药价值，降低农药成本的助剂，可以发挥乳化、起泡/消泡、分散及湿润等作用，在农药中得到了相当广泛的应用。

表面活性剂能改善乳状液中各组分间的界面张力，使之形成均匀稳定的分散体系。表面活性剂结构中同时具有亲水基和亲油基，吸附在油水界面上，可以降低界面张力和减少形成乳状液所需的能量，从而提高乳状液的稳定性。

将农药有效成分以微小状态分散于水中，乳化农药较其他剂型农药的效果更佳。乳化剂直接影响农药乳液的稳定性，进而影响功效。

不同液滴大小的农药具有不同的稳定性：当农药颗粒 < 0.05 μm 时，在水中是增溶状态，较为稳定；农药颗粒 0.05 ~ 1 μm 时，在水中基本处于溶解状态，并保持相对稳定；农药颗粒为 1 ~ 10 μm 时，在水中存在部分大颗粒，经过一定时间会有沉淀析出；农药颗粒 10 μm 以上时，明显地悬浮在水中，极不稳定。

随着农药结构的变化，一些高毒的有机磷农药逐步被一些安全、高效、低毒和化学结构复杂的农药品种取代。一些杂环化合物，特别是含氮的吡啶、嘧啶、吡唑、噻吡和三唑等化合物是固体农药，在常规溶剂中溶解度较低，需要使用新型、高效、低毒乳化剂实现新型农药的乳化。

常见农药乳化剂配方见表 6.1～表 6.8。

表6.1　农药乳化剂配方1[1]

组分	质量份	组分	质量份
十二烷基苯磺酸钙	410	苯乙基苯基聚氧乙烯醚	120
烷基酚甲醛聚氧乙烯醚	180	苯乙基苯基聚氧乙烯聚氧丙烯醚	150
二甲苯	140		

表6.2　农药乳化剂配方2[2]

组分	质量份	组分	质量份
十二烷基苯磺酸钙	15	二甲苯	5
丙烯酸	15	去离子水	10
三乙醇胺	3	硫酸铵	8

表6.3　农药乳化剂配方3[3]

组分	质量份	组分	质量份
十二烷基苯磺酸钙	50	硬脂酸钠	2
烷基酚甲醛聚氧乙烯醚	70	苯乙基苯基聚氧乙烯聚氧丙烯醚	12
二甲苯	7	异丙醇	4
明矾	12	十六醇	7
正辛醇	1	正癸醇	7
氢氧化钠	2		

表6.4　农药乳化剂配方4[4]

组分	质量份	组分	质量份
十二烷基苯磺酸钙	20	聚氧乙烯醚	15
硬脂酸钙	5	烟杆提取液	2
甲基萘	4	明矾	1
蒜素油	2	植物油	5

表6.5　农药乳化剂配方5[5]

组分	质量份	组分	质量份
壬基酚聚氧乙烯醚磷酸酯	1～5	黄原胶	2～7
木质素磺酸盐	1～6	苯乙烯苯酚甲醛	3～7
硅藻土	12～18	水	适量

表6.6　农药乳化剂配方6[6]

组分	质量份	组分	质量份
十二烷基苯磺酸钙	6～15	聚氧乙烯醚	23～40
辛醇	3～7	甲醇	4～9
二甲苯	12～18	甲醛树脂	2～10

表6.7　农药乳化剂配方7[7]

组分	质量份	组分	质量份
阴离子型表面活性剂①	1.85	非离子型表面活性剂②	1.05
烷基酚聚氧乙烯醚	40	聚乙二醇③	10
甲基丙烯酸	5	环氧氯丙烷	4
聚丙烯酰胺	10	交联剂④	2
引发剂⑤	1		

① 为α-烯烃磺酸盐、木质素磺酸盐或三苯乙烯基酚聚氧乙烯醚磷酸酯。

② 为聚山梨酯-80、烷基糖苷、乙烯基吡咯烷酮或聚乙酸乙烯酯。

③ 分子量400～10000。

④ 为 N,N-二甲基双丙烯酰胺、二甲基二烯丙基氯化铵、三烯丙基甲基氯化铵或四烯丙基氯化铵中的一种。

⑤ 为过硫酸盐、过氧化氢、偶氮二异丁脒盐酸盐、偶氮二异丁咪唑啉盐酸盐中的一种或多种。

表6.8　农药乳化剂配方8[8]

组分	质量份	组分	质量份
十二烷基聚氧乙烯聚氧丙烯醚	40	十二烷基苯磺酸钠	10
乙二醇	10	有机硅消泡剂	1
去离子水	适量		

说明：以10%乳化剂、2%啶虫脒、88%去离子水混合得到农药水剂。

百草枯（化学名称为1,1-二甲基-4,4-联吡啶阳离子盐）是一种速效触杀型非选择性除草剂，能有效杀灭含叶绿体的植物，可防除各种一年或多年生杂草，广泛应用于防除果树、桑树、胶园及林带的杂草，也可用于防除耕地田埂、墁坡路边的杂草。对于宽行种植作物，可采取定向喷雾防除杂草，对免耕田作物换茬时苗前除草亦广泛应用。

百草枯具有杀草谱广、渗透性强、起效快、除草不伤根、遇土钝化、性价比高等优点，此前通用的剂型是液体制剂。虽然具有上述显著优点，但百草枯对人畜有很强的口服毒性和吸入毒性，且无有效的解毒剂。近年来，百草枯水剂应用面积、范围不断扩大，因服用百草枯水剂冲动性自杀中毒事件越来越多，引起社会的高度关注。若将百草枯制成固体制剂（见表6.9）且加以严密包装，使冲动自杀者难以方便服用，便能降低误服或自杀性中毒风险。

表6.9　百草枯固体制剂配方[9, 10]

组分	质量份	组分	质量份
月桂醇聚氧乙烯醚	0.4	十二烷基硫酸钠	0.2
吡咯烷酮羧酸钠	0.05	葡萄糖	0.2
硅铝酸钠	0.02	三氮唑嘧啶酮	0.013
甲基吡啶	0.01	靛蓝	0.005
硫酸钾	0.02	百草枯脱水母液	9.1

说明：可采用两种造粒方法，一种是将各组分混合制成片状固体，粉碎成20～60目颗粒；另一种方法是将各组分混合后于0.5 MPa下熔融喷雾冷却造粒，得到200～800 μm的光滑颗粒。

中国是世界上主要的农药生产和使用大国，据统计，2018年我国农药原药产量高达208.3万吨。随着人们的环保意识提高，对农药制剂的要求也越来越高。2014年国家工信部出台《农药工业"十二五"发展规划》，指出"严格控制含甲苯、二甲苯等有毒有害溶剂和助剂的使用，开发和推广水基化等剂型"。表面活性剂作为乳化剂的核心成分，在水基型农药中有举足轻重的地位。

第二节

表面活性剂在化肥中的应用

随着化肥工业的发展、施肥水平的提高和环保意识的增强，社会对化肥生产工艺和产品性能也提出了更高的要求，应用表面活性剂可以提高化肥品质。化肥结块是化肥工业长期以来致力于解决的问题,特别是碳酸氢铵、硫酸铵、硝酸铵、磷酸铵、尿素和复合肥料等。为了防止化肥结块,除了在化肥生产、包装和贮存过程中采取防范措施外,在化肥中可添加表面活性剂以防止结块。

尿素在运输、贮存过程中存在结块现象,严重影响产品销售、使用。尿素结块现象是由于尿素颗粒表面的再结晶过程引起的。尿素颗粒内部的水分迁移到颗粒表面(或尿素吸收空气中的水分),在颗粒表面形成薄薄的水层,当温度发生变化时,表面吸收的水分蒸发,颗粒表面的饱和溶液析晶,从而使尿素结块。尿素抗结块剂配方见表 6.10。

表6.10 尿素抗结块剂配方[11]

组分	含量/%	组分	含量/%
十二烷基硫酸钠	15	聚乙烯醇	6
丙酮	15	水杨酸防腐剂	0.2
磷酸三丁酯	0.3	去离子水	63.5

说明:各组分混合均匀后过滤,得到尿素抗结块剂。

我国使用的氮肥主要有 3 种形态:铵态氮、硝态氮、酰胺态氮。硝基肥是含铵态氮和硝态氮的高浓度复合肥。与尿素相比,硝基肥中的硝态氮不需要经过二次转换就可直接被作物吸收,利用率高。硝基复合肥适用于烟草、玉米、瓜果、蔬菜等经济作物,在偏碱性土壤、喀斯特地貌等地区使用效果优于尿素。硝基复合肥以硝铵为主要成分,硝铵吸潮性强且随着温度变化发生晶型转换,易导致硝基肥结块。氮肥防结块剂配方见表 6.11 ~ 表 6.14。

表6.11 硝基肥抗结块剂配方[12]

组分	质量份	组分	质量份
聚氧乙烯烷基胺	5	十二醇	5
脂肪酸酯①	30	消泡剂	0.5
液体蜡油	30		

① 为十二烷酸甲酯、十四烷酸甲酯和十六烷酸甲酯的混合物。

表6.12 防结块水剂配方[13]

组分	质量份	组分	质量份
脂肪醇聚氧乙烯醚	10	α-萘乙酸钠	0.5
4,4-二氨基二苯脲	0.5	海藻糖酯	10
羟丙基纤维素	10	水	100

说明:该水剂以肥料质量 0.1 %喷至肥料表面,搅拌均匀,即可达到防结块效果。

表6.13　化肥防结块剂配方[14]

组分	含量/%	组分	含量/%
十二烷基苯磺酸钠	10～15	烷基甜菜碱	10～15
淀粉	20～40	聚乙二醇	5～25
无水氯化钙	5～10		

表6.14　硫酸铵防结块剂配方①[15]

组分	含量/%	组分	含量/%
十二烷基萘磺酸钠	4	NP-10	3
AEO-9	2	磷酸三丁酯	0.5
媒晶剂②	2	白乳胶	30
甲醇	24.5	水	34

① 该防结块剂以0.2%比例掺入硫酸铵中，得到产品。

② 为硫酸锰、多聚磷酸钠、硫酸钠中的一种。

全水溶性复合肥是一种完全溶于水的多元复合肥，可迅速溶解于水中，更容易被作物吸收，利用率高，可以应用于喷、滴、灌等农业设施，实现水肥一体化，近几年在国内发展迅速。全水溶性复合肥原料一般有尿素、磷酸铵、硝酸铵、氯化钾、硫酸钾等，这些原料有吸湿性，贮存时产品易结块。复合肥防结块剂配方见表6.15、表6.16。

表6.15　全水溶性复合肥防结块剂配方[16]

组分	质量份	组分	质量份
聚氧乙烯山梨醇	85	脂肪酸酯①	15
多碳醇	5		

① 为十二烷酸甲酯、5-十二烯酸甲酯和十四烷酸甲酯的混合物。

表6.16　微乳型水溶肥防结块剂配方[17]

组分	质量份	组分	质量份
表面活性剂①	5	低碳醇②	10
防结油③	20	蛭石粉	30
海泡石粉	30		

① 为脂肪醇聚氧乙烯醚、仲醇聚氧乙烯醚、脂肪酸甲酯聚氧乙烯醚、脂肪醇聚氧乙烯羧酸钠、脂肪醇聚氧乙烯磺酸钠、顺丁烯二酸二仲辛酯磺酸钠、亚甲基双萘磺酸钠中的一种或几种的混合物。

② 为甲醇、乙醇、丙醇和丁醇中的一种或几种的混合物。

③ 为花生油、红花油、芥菜籽油、玉米油、亚麻籽油、椰子油、橄榄油、坚果油、麻油、大豆油和葵花籽油中的一种或几种的混合物。

化肥施用后,很快进入农田的水中,随雨水等流失很多。同时,化肥释放很快,肥力只能维持 3 ~ 7 天,利用率较低。可通过含有表面活性剂的化肥助剂(表 6.17)实现化肥缓释技术。

表6.17　多功能化肥助剂配方[1][18]

组分	质量份	组分	质量份
表面活性剂[2]	5	保水缓释成分[3]	10
惰性粉末成分[4]	35	防结块增效成分[5]	8

① 该助剂以肥料质量的 1 %掺入,可实现保水、缓释、防结块。

② 为月桂酸钠、十二烷基硫酸钠、十二烷基苯磺酸钠、吐温-60、吐温-80、Span-60、Span-80、硬脂酸中的一种或多种。

③ 为聚丙烯酸钠、聚丙烯酰胺、丙烯酸钠和丙烯酰胺共聚物、淀粉接枝丙烯酸钠或丙烯酰胺、纤维素接枝丙烯酸钠或丙烯酰胺中的一种或多种。

④ 为滑石粉、纳米二氧化硅或重钙粉中的一种或多种。

⑤ 为石蜡、机油、磷酸酯、脂肪醇、伯胺中的一种或多种。

第三节
表面活性剂在污染土壤修复中的应用

随着石化、制药、塑料等工业的发展,各种疏水性有机污染物和重金属离子,如石油烃类有机物、卤代有机化合物、多环芳烃、有机农药等通过事故溢出、自然渗漏、工业排放以及废物处理等途径进入土壤,造成土壤严重污染。疏水性有机污染物易与土壤中有机质结合,导致其生物利用性降低,从而污染土壤。

表面活性剂为两亲性分子,与油污、芳烃、卤代有机化合物具有良好的结合能力,可用于污染土壤的修复。含有表面活性剂的土壤修复剂配方见表 6.18 ~ 表 6.20。

表6.18　多溴联苯醚污染土壤净化剂配方[1][19]

组分	质量份	组分	质量份
脂肪醇聚氧乙烯醚硫酸钠[2]	0.5 ~ 0.8	硫酸铁[3]	1.1 ~ 1.5
水	200		

① 该修复剂以 8 %~20 %(质量分数)用于处理污染土壤,处理后土壤可用于耕作。

② 也可为脂肪醇聚氧乙烯醚磺基琥珀酸单酯二钠或松香酸钠。

③ 也可为氢氧化铁或聚合硫酸铁。

表6.19 石油烃污染土壤处理剂配方①[20]

组分	质量份	组分	质量份
十二烷基苯磺酸钠	0.17 ~ 0.35	过硫酸钠	8 ~ 10
柠檬酸	0.8 ~ 2.1	硫酸亚铁②	0.6 ~ 1.7
过氧化镁③	0.9 ~ 2.6	水	适量

① 用于总污染物含量为 1 mol 的土壤修复。

② 也可为氯化亚铁。

③ 也可为过氧化钙。

表6.20 柴油污染土壤处理剂配方[21]

组分	质量份	组分	质量份
十二烷基苯磺酸钠	0.6	槐糖脂	0.04
硅酸钠	6	水	1000

说明：用该处理剂 1000 mL 处理污染土壤 200 g（含 10 g 0 号柴油和 10 g 石油醚）后，石油烃去除率为 88.01 % 。

第四节
表面活性剂在农业节水中的应用

干旱问题是一个全球性问题，因干旱造成的粮食减产相当于其他气象灾害造成损失的总和。水分蒸发抑制过程是将表面活性剂加入需要防止水分蒸发的体系（如农业用水、植物表面等）中，在体系表面形成一层不溶单分子膜，尽可能地占据水体系有限的蒸发空间，使表面有效蒸发面积减小，防止水分蒸发，进而达到节水目的。

表面活性剂喷施到植物表面后形成定向排列结构，其内侧（植物表面侧）的疏水基起到排斥和阻止水分从植物内部向外蒸发的作用，而外侧（空气侧）的亲水基则有利于空气中水分在其表面富集。综合效应为阻止抑制植物的水分蒸发，提高作物的抗旱能力，增加作物产量。

应用于水体的水分蒸发抑制剂见表 6.21，应用于植物表面的水分蒸发抑制剂见表 6.22。

表6.21　水分蒸发抑制剂配方[22]

组分	质量份	组分	质量份
AEO-3	0.1	AEO-5	0.1
AEO-7	0.1	十八醇	0.3
正丙醇	1.2	石油醚	15
水	83.2		

说明：室温下24 h水分挥发抑制率为55%。

表6.22　植物水分蒸发抑制剂配方[23]

组分	质量份	组分	质量份
十二烷基硫酸钠	1.6~3	NP	4~6
苯丙乳液	4~8	蒸馏水	190

说明：将本剂稀释600~800倍后喷施到国槐叶面（湿而不滴水），使严重缺水地区国槐枯萎率由5%降至1%。

综上所述，表面活性剂在现代农业技术领域具有广泛的应用，随着新型农业技术的不断涌现和农业生产过程中新的污染问题的出现，必将对表面活性剂的研究与开发提出更高的要求，只有开发出适合该领域的高效表面活性剂，才能促进我国农业现代化尽快实现。

参考文献

[1] 吴兴旗，杨军林.农药乳化剂：CN 102197803A[P]. 2011-09-28.

[2] 荆晓丽.一种改良型农药乳化剂：CN 103843762A[P]. 2014-06-11.

[3] 魏书元.一种农药乳化剂配方：CN 104255719A[P]. 2015-01-07.

[4] 孙晓东.一种农药乳化剂的配方及其制备方法：CN 106818736A[P]. 2017-06-13.

[5] 殷志伟.高效农药乳化剂：CN 108849884A[P]. 2018-11-23.

[6] 吴元兴.复合农药乳化剂：CN 108935452A[P]. 2018-12-07.

[7] 章成辉，林梅根，耿存瑞，等.一种农药乳化剂及其制备方法：CN 109221101A[P]. 2019-01-18.

[8] 汪培琳，朱宏.一种环保型农药乳化剂：CN 110663686A[P]. 2020-01-10.

[9] 王明刚，李德军，吴义洋，等.含百草枯二氯化物的颗粒剂及其制备方法：CN 103651341A[P]. 2014-03-26.

[10] 李德军，王明刚，李旭坤，等.含百草枯二氯化物的水溶性颗粒剂及其制备方法：CN 103734126A[P]. 2014-04-23.

[11] 柯汉中，皮振邦，田熙科.尿素抗粉化防结块剂：CN 1648110[P]. 2005-08-03.

[12] 高明福，殷丽静，杨招弟，等.一种硝基肥料防结剂及其制备方法：CN 109400359A[P]. 2019-03-01.

[13] 柏万文，莫仕明，龚正涛，等.一种防结块水剂及其制备方法：CN 109400398A[P]. 2019-03-01.

[14] 魏磊.一种复合肥防结块剂生产工艺：CN 110776371A[P]. 2020-02-11.

[15] 张斌，张占方，张金娥，等.一种硫铵专用防结块剂及其制备方法和应用：CN 108264412A[P]. 2018-07-10.

[16] 高明福，殷丽静，杨招弟，等.一种水溶性复合肥料防结剂及其制备方法：CN 109574743A[P]. 2019-04-05.

[17] 马强，张洪江，陈开明，等.一种微乳型水溶性肥防结块剂及其制备方法：CN 109608258A[P]. 2019-04-12.

[18] 夏振华，刘清白.一种保水、缓释、防结块多功能化肥助剂：CN 110256141A[P]. 2019-09-20.

[19] 解清杰，叶丹，沈彬.一种新型土壤净化剂及其用于多溴联苯醚污染土壤修复的应用：CN 103624077A[P]. 2014-03-12.

[20] 李霞，罗宏基，吴章杰，等.石油烃污染土壤修复药剂及其使用方法：CN 109266359A[P]. 2019-01-25.

[21] 李薇，王晓峰，付凌波，等.一种用于柴油污染土壤修复的复配表面活性剂：CN 110016347A[P]. 2019-07-16.

[22] 叶含春，吕喜风，肖让，等.新型非均相水分蒸发抑制剂的制备方法：CN 104772094A[P]. 2015-07-15.

[23] 魏剑，潘海涛，林金宝.一种植物水分蒸发抑制剂：CN 101933506A[P]. 2011-01-05.

第七章

表面活性剂在能源及乳化油相关领域中的应用

第一节

表面活性剂在乳化油中的应用

一、表面活性剂在燃油乳化中的应用

柴油中掺入一定比例的水用作发动机燃料已为实验证实，不仅可节约柴油消耗，而且显著减少排气中有害物（氮氧化物、一氧化碳、碳氢化合物等）含量，有利于环境保护。乳化柴油的节油原理为：油包水型分散体系受热时水"爆裂"，提高柴油雾化效率，进而使燃烧效率提高。同时，高温下不完全燃烧的碳颗粒与水反应产生的一氧化碳和氢气也可参与燃烧，提高燃料反应效率。

柴油乳化剂在油污处理领域也有较好应用。

表面活性剂在柴油乳化过程中作为乳化剂、稳定剂，有广泛的应用。柴油乳化剂和乳化柴油配方见表 7.1 ~ 表 7.19。

表7.1   柴油乳化剂配方1[1]

组分	含量/%	组分	含量/%
油酸	18.2	环烷酸	36.4
Span	30.9	羊毛脂	3.6
三乙醇胺	5.5	氨水（29%）	4.5
明胶	4.9		

表7.2   柴油乳化剂配方2[1]

组分	含量/%	组分	含量/%
油酸	36.4	Span-80	36.4
吐温-80	21.8	三乙醇胺	5.5

表7.3   柴油乳化剂配方3[2]

组分	质量份	组分	质量份
Span-80	1	乙二醇乙醚	2
水	1		

说明：与轻柴油以1:2比例混合得到均匀透明液体。

表7.4   柴油乳化剂配方4[3]

组分	含量/%	组分	含量/%
Span-80	16	吐温-80	7
烷基酚聚氧乙烯醚	5	壬基酚聚氧乙烯醚	9
脂肪醇聚氧乙烯醚	15	脂肪酸酯	6
甘油单硬脂酸酯	3	二氧六环	10
四氢呋喃	9	丙酮	10
甲醇	10		

说明：制备乳化柴油时，最高掺水量43%；掺水量30%时，节油率10%以上，废气排量降低80%。

表7.5   乳化柴油配方1[4]

组分	含量/%	组分	含量/%
吐温-60	0.04	Span-80	1.96
甲醇	5	水	8
柴油	85		

表7.6　乳化柴油配方2[5]

组分	含量/%	组分	含量/%
油酸	10	水	13
乙醇胺	2	柴油	75

表7.7　柴油乳化剂配方5[6]

组分	含量/%	组分	含量/%
环烷酸	68.8	环烷酸镍	4.8
Span-80	6.4	异辛醇	8.58
乙酸乙酯	2.42	微晶纤维素	0.15
水	2.85	氢氧化钠	6

说明：柴油68%、自来水30.75%和该乳化剂1.25%乳化机内搅拌可得乳化燃料。

表7.8　柴油乳化剂配方6[7]

组分	含量/%	组分	含量/%
烷基酚聚氧乙烯醚	25	Span-80	55
乙醇	10	水	10

表7.9　柴油乳化剂配方7[8]

组分	质量份	组分	质量份
单宁酸	8.5	乙二醇丁醚	6.25
水	6.25	四亚乙基五胺	0.38
油酸	1.4		

表7.10　乳化柴油配方3[9]

组分	含量/%	组分	含量/%
90%~95%工业乙醇	11~15	混合表面活性剂①	2~2.5
甲基叔丁基醚	1~2	环十二烷基硝酸酯	1~1.5
聚甲基丙烯酸酯	1~1.5	轻柴油	80~82

① 由Span-80和吐温-80混合而成，HLB值为5~7。

表7.11　乳化柴油配方4[10]

组分	含量/%	组分	含量/%
二羧基脂肪酸酰胺①	8.5	甲基苯并三氮唑	0.02

组分	含量/%	组分	含量/%
油酸	0.4	三乙醇胺	0.48
柴油	80.6	水	10

① 为二羧基油酸酰胺 [$C_{17}H_{33}CON(CH_2COOH)CH_2CH_2N(CH_2COOH)CH_2CH_2OH$) 或二羧基硬脂酸酰胺（$C_{17}H_{35}CON(CH_2COOH)CH_2CH_2N(CH_2COOH)CH_2CH_2OH$].

表7.12 乳化柴油配方5[11]

组分	含量/%	组分	含量/%
微乳化表面活性剂①	1	正戊醇	1
微乳化还原剂②	4.4	功能化添加剂③	0.12
柴油	87.48	水	6

① 为Span-80和吐温-80。

② 为二乙醇胺和氨水。

③ 为聚异丁烯胺和2,6-二叔丁基酚混合物（T502）。

表7.13 乳化柴油配方6[12]

组分	质量份	组分	质量份
Span-80	1	吐温-80	0.1
正戊醇	2	二茂铁	0.1
油酸	4	氢氧化钠	0.1
硬脂酸	0.5	异辛醇	0.5
异丁醇	0.5	乙酸乙酯	0.5
三乙醇胺	0.5	甲醇	10
柴油	30	自来水	10

表7.14 柴油乳化剂配方8[13]

组分	含量/%（体积分数）	组分	含量/%（体积分数）
菜籽油	40	2-辛醇	20
蓖麻油二油酸酯	39.5	二辛基琥珀酸酯磺酸钠	0.5

使用：1份乳化剂与70~130份水混合，施加至油污表面，可有效处理之。

表7.15 乳化柴油配方7[14]

组分	质量份	组分	质量份
高分子表面活性剂①	5	二辛基琥珀酸酯磺酸钠	0.5

续表

组分	质量份	组分	质量份
1,4-丁二醇	5	正丁醇	2
异丙醇	6	异丙酮	3
柴油	80	去离子水	8

① 端氨基聚环氧乙烷-聚乳酸共聚物。

表7.16　乳化柴油配方8[15]

组分	质量份	组分	质量份
高分子表面活性剂①	10	乙二醇	3
正丁醇	4	异丙醇	3
柴油	50	去离子水	20

① 环氧丙烷-环氧乙烷共聚物。

表7.17　乳化柴油配方9[16]

组分	质量份	组分	质量份
Span-80	2	三乙醇胺油酸酯	4
油酸钾	6	乙二醇	6
丙三醇	6	异丙醇	3
柴油	50	去离子水	25

表7.18　乳化柴油配方10[17]

组分	含量/%	组分	含量/%
精油酸	10.5	环烷酸	3
生物质油	1.5	氨水（30%）	0.7
环己胺	2.8	氢氧化钾	0.98
三乙醇胺	2.52	正辛醇	2.296
正丁醇	0.056	四氢呋喃	0.336
正己醇	0.112	异戊醇硝酸酯	0.816
二茂铁	0.0072	异辛醇硝酸酯	0.168
过氧化锌	0.144	水合肼	0.0648
240号溶剂油	7.8	航空煤油	3
石脑油	0.96	甲缩醛	0.24
柴油	45	工业软水	15

表7.19　乳化柴油配方11[18]

组分	质量份	组分	质量份
脂肪酸铵	11	Span-80	1
OP-10	1	水	15
正丁醇	5	硝酸异辛酯	0.34
二茂铁	0.01	烃类燃烧催化剂	0.05
柴油	66.6		

微乳化柴油（见表7.20）外观清澈透明，与常规柴油相同，在-20 ℃～80 ℃范围内无油水分离现象，燃烧值高，清洁环保，是燃油乳化技术新的发展方向。微乳化柴油中水滴直径在10～100 nm之间，为热力学稳定体系，非常适合内燃机使用。

表7.20　微乳化柴油配方[19]

组分	含量	组分	含量
Span-80	0.48 g	十六烷基三甲基溴化铵	0.32 g
正丁醇	1 mL	水	3 mL
柴油	30 mL		

为节约能源、改善重油及油浆的燃烧状况，乳化是可行方法之一。表面活性剂在其中同样起乳化剂作用。常见乳化剂配方见表7.21、表7.22。

表7.21　重油乳化剂配方[20]

组分	质量份	组分	质量份
环烷酸钴	12	环烷酸铁	23
环烷酸锰	15	Span-80	90
吐温-80	8	壬基酚聚氧乙烯醚	1
聚异丁烯二酰亚胺	2		

表7.22　乳化油浆配方[21]

组分	含量/%	组分	含量/%
乙烯基磺酸钠	1	十二烷基苯磺酸钠	0.3
硬脂酸钠	0.5	油浆	60
水	余量		

二、表面活性剂在煤炭工业用乳化油中的应用

随着采煤机械化的发展，原煤中的煤泥含量日益增加，使浮选在选煤中的作用日趋重要。提高浮选效率有多种方法，其中最简单、高效的方式是应用捕收剂。煤油和柴油是最常用的捕收剂，但二者均不溶于水，消耗量较高。理论和实践均证实，用适当方式将捕收剂乳化后使用，可以降低药剂用量、改善浮选条件、减轻高灰细泥对浮选精煤的污染。表面活性剂是捕收剂理想的乳化剂，在相关领域有较多应用（见表7.23～表7.25）。

表7.23　选煤用乳化柴油配方1[22]

组分	含量/%	组分	含量/%
十二烷基苯磺酸钙	2.24	烷基酚聚氧乙烯醚 NP-4	1.28
烷基酚聚氧乙烯醚 NP-9	4.48	柴油	40
水	52		

表7.24　选煤用乳化柴油配方2[23]

组分	含量/%	组分	含量/%
十二烷基苯磺酸钙	0.9	Span-80	7.2
吐温-80	0.9	柴油	60
水	45		

烃类油在水中分散性差，只能以液滴（大于1mm）形式存在，浮选的煤粒直径在0.5mm以下。一方面较大的油滴会被细小的煤粒过量吸附，提前浮出造成浪费，而粗煤粒在浮选过程中因为药剂不足，浮选选择性较差，损失在尾煤中，尾煤灰分较低；另一方面，油滴在被煤粒吸附的同时会一并将煤泥表面的细泥覆盖，导致精煤灰分升高。烃类油乳化后，油滴的粒径在0.1mm以下，油滴数目增多，油滴与煤粒表面接触的概率增大，提高浮选速度和选择性，降低药剂使用量，提高精煤质量。

表7.25　选煤用乳化煤油配方[24]

组分	质量份	组分	质量份
吐温-80	40	Span-80	10
十二烷基苯磺酸钠	1.5	煤油	1000
水	128.5		

说明：此配方得到的初乳较厚，可继续加水稀释至所需浓度。

三、表面活性剂在印刷工业用乳化油墨中的应用

印刷工艺中，被转印到纸上的油墨，由于浸透到印刷用纸内部和水分蒸发，会出现表面干燥实际未完全干燥的现象，纸表面残留未完全干燥的油墨，进而导致叠擦印刷品背面粘脏。应用乳化油墨可缓解该问题，乳化油墨具有高耐水性、高耐磨性、高乳化稳定性。表面活性剂作为乳化剂，在乳化油墨配方中不可或缺，见表7.26 ~ 表7.28。

表7.26　乳化油墨配方1[25]

组分	含量/%	组分	含量/%
Span-80	5.8	环烷类油	23.2
炭黑着色剂	7.3	乙炔二醇	0.04
聚氧乙烯鲸蜡基醚	0.04	水溶性高分子	4.60
自来水	50.32	甘油	8.
有机氮类硫化物	0.5	硫酸镁	0.2

表7.27　乳化油墨配方2[26]

组分	含量/%	组分	含量/%
聚蓖麻油酸六甘油酯	3	颜料	5
颜料分散剂	3	溶剂 AF-7	51.25
去离子水	30	氯化钙	0.375
甘油	7.5		

表7.28　乳化油墨配方3[27]

组分	含量/%	组分	含量/%
乳化剂①	1	颜料	30
胶印清漆	50	蜡	5
溶剂	4	水	10

① 为聚合亚麻籽油依次与马来酸酐、二乙胺反应得到的乳化剂。

四、表面活性剂在金属加工用乳化油中的应用

拉拔工艺是一种金属加工方法，在拉拔作用下，通过模具控制金属加工材料的截面积，以获得高精度、高光洁度的线材或管材。该过程中，由于金属变形量大且不断产生新的摩擦面，需要润滑冷却液对金属材料、模具进行润滑冷却。以往，拉

拔润滑冷却液采用润滑性能较好的油性润滑剂,但存在冷却性能差、不易清除、价格高昂、环保性差等缺点。目前普遍采用乳化油冷却剂、表面活性剂作为乳化剂,在本领域中有重要应用(见表7.29、表7.30)。

表7.29 润滑冷却乳化油配方[①][28]

组分	含量/%	组分	含量/%
非离子表面活性剂[②]	4	石油磺酸钠	12
油酸	12	环烷酸锌	4
磷酸三乙酯	8	无水乙醇	2
邻苯二甲酸二丁酯	1	苯并三氮唑	1
机械油	56		

① 使用时用水稀释至5%。

② 为NP-6、NP-9、Span-80中的至少一种。

表7.30 乳化油配方[29]

组分	质量份	组分	质量份
脂肪醇聚氧乙烯醚	3	失水山梨醇酯	5
磷酸酯	0.75	硫化脂肪	1
三乙醇胺	5	磷酸盐	6
油酸	8	聚二甲基硅氧烷	0.05
三嗪类杀菌剂	0.2	去离子水	6
基础油	65		

普碳钢指碳质量分数小于2.11%的铁碳合金钢,是在一定条件下旋转轧辊给轧件压力,使后者产生塑性变形的加工方式。在轧制过程中,乳化液黏附在普碳钢和轧辊上,满足润滑、防锈、冷却的需求,对其润滑性、防锈性、冷却性、消泡性、使用寿命有较高要求。典型的轧制乳化油配方见表7.31~表7.33。

表7.31 普碳钢轧制乳化油配方[30]

组分	含量/%	组分	含量/%
蓖麻油聚氧乙烯醚(30)	3.7	蓖麻油聚氧乙烯醚(20)	2.3
油酸	5	癸二酸单乙醇胺	5.5
二烷基二硫代磷酸锌盐	5.5	季戊四醇油酸酯	45
2,6-叔丁基-4-甲基苯酚	0.05	乙二胺四乙酸钠	0.1

续表

组分	含量/%	组分	含量/%
聚二甲基硅氧烷	0.05	1,3,5-三(2-羟乙基)-六氢-三嗪	0.02
精制矿物油	32.78		

表7.32 轧制用乳化油配方1[31]

组分	含量/%	组分	含量/%
辛基酚聚氧乙烯醚(4)	4	辛基酚聚氧乙烯醚(7)	4
十二烷基苯磺酸钠	1	癸二酸单乙醇胺	1
硫化脂肪	2	季戊四醇油酸酯	50
2,6-叔丁基-4-甲基苯酚	0.1	精制矿物油	34.83
聚二甲基硅氧烷	0.05	1,3,5-三(2-羟乙基)-六氢-三嗪	0.02

表7.33 轧制用乳化油配方2[32]

组分	含量/%	组分	含量/%
壬基酚聚氧乙烯醚	7	石油磺酸镁	15
环烷酸锌	10	油酰肌氨酸十八胺	12
天然植物油	16	2,6-二叔丁基酚	3
2,6-叔丁基-4-甲基苯酚	6	矿物油	余量

性质：在45℃下，运动黏度33～35 mm²/s。

防锈液在金属加工中必不可少，乳化型防锈液（水基防锈液的一种）较油基防锈液具有优良的冷却、清洗性能，且成本低、无污染。石墨材料吸附在钢材等金属表面可大幅减少后者摩擦系数和磨损率，且能有效防锈。石墨材料可悬浮于防锈液中，但难于主动吸附到钢材表面，利用率较低。使用表面活性剂可有效改善石墨在乳化液中的悬浮、吸附特性，提高防锈油性能，相应产品配方见表7.34。

表7.34 乳化防锈油配方[33]

组分	质量份	组分	质量份
OP-10	10	苯并三氮唑	4
有机硅消泡剂	1	石墨粉	12
机械油	75	五甲基环己醇	17
环己烷	35		

使用：用水稀释至10%，得到乳化防锈油。

五、表面活性剂在乳化液压传动油中的应用

随着工业机械化水平不断提高，对液压支架的传动介质提出了较高要求。乳化油是常用的传动介质，应用表面活性剂可达到稳定性高、低温性能强、自乳化能力高等性能。一个乳化传动油的配方见表7.35。

表7.35 乳化油传动介质配方[34]

组分	质量份	组分	质量份
烷基苯磺酸钠	17	OP-10	3
油酸三乙醇胺	5.5	吐温-80	4
Span-80	4	三乙醇胺	5
乙二胺四乙酸钠	4	氢氧化钠	2
乙二醇	8	尿素	4
亚硝酸钠	2	苯并三氮唑	0.1
消泡剂	0.1	太古油	9
去离子水	14.5	机械油	18

使用：用水稀释至50%，得到水基乳化油。

综上，表面活性剂作为优良的乳化剂和稳定剂，在燃油乳化、煤粉捕收剂乳化、油墨乳化、金属加工用油乳化、传动油乳化等领域均有广泛应用，随着我国工业机械化、产业化水平不断提高，相应领域中乳化油技术将得到进一步发展。

第二节
表面活性剂在水煤浆中的应用

水煤浆是一种低污染代油燃料，通常由煤、水和少量添加剂制成。水煤浆既保持了煤炭原有的物理特性，又具有石油一样的流动性、稳定性，易于装卸贮存，可实现管道运输和高效燃烧。

水煤浆是一种煤基液体燃料，可充分利用煤资源，降低燃烧成本。表面活性剂能改善煤粒间的相互作用，可用于制备稳定的水煤浆。水煤浆配方见表7.36～表7.41。

表7.36　水煤浆配方1[35]

组分	含量/%	组分	含量/%
聚醚酯型表面活性剂①	0.5	煤	65.8
水	余量		

① 由二甘醇、环氧乙烷、环氧丙烷、硬脂酸、氢氧化钠和浓硫酸等制备而成。

表7.37　水煤浆配方2[36]

组分	含量/%	组分	含量/%
石油磺酸盐	1	萘磺酸盐甲醛缩合物	0.5
煤	70	水	余量

性质：在25 ℃、剪切速率100 s⁻¹时，表观黏度为1020 mPa·s，可稳定贮存20天以上，浆体呈屈服假塑性流型。

表7.38　水煤浆配方3①[37]

组分	含量/%	组分	含量/%
聚对苯乙烯磺酸钠②	0.33	壬基酚聚氧乙烯醚(20)	0.67
煤	65	水	余量

① 剪切速率28.38 s⁻¹时，表观黏度1000 mPa·s，可稳定贮存20天以上。

② 分子量为33.39万。

表7.39　水煤浆稳定剂配方1[38]

组分	质量份	组分	质量份
聚苯乙烯磺酸钠	20	非离子型氟表面活性剂①	2
氢氧化钠	1	聚丙烯酰胺	4
改性淀粉	2	聚甲基丙烯酸	1.5
甲基苯并三氮唑	1	消泡剂	0.5
特效缓凝剂	3	保水剂	2
乙二醇丁醚	15	冰醋酸	2
氯化钾	3	聚乙烯醇	1

① 含氟烷基乙氧基醇醚型氟表面活性剂。

表7.40　水煤浆稳定剂配方2①[39]

组分	含量/%	组分	含量/%
聚羧酸分散剂②	60	表面活性剂③	20
磷酸盐④	5	纤维素醚⑤	13

续表

组分	含量/%	组分	含量/%
无机碱⑥	2		

① 该稳定剂以 0.38 %制备水煤浆（煤浓度 65.23 %），表观黏度 795.4 mPa·s，7 天析水率 1.2 %。

② 为大单体和小单体共聚得到的聚合物：小单体为甲基丙烯酸、丙烯酸、马来酸酐、丙烯酸羟乙酯、丙烯酸羟丙酯、甲基丙烯酸羟乙酯、丙烯酰胺、烯丙基磺酸钠或甲基烯丙基磺酸钠中的一种或多种的混合物；大单体为异戊烯醇聚氧乙烯醚、异丁烯醇聚氧乙烯醚、异丁醇聚氧乙烯聚氧丙烯醚、羟丁基聚乙二醇烯基醚中的一种或多种的混合物。

③ 为壬基酚聚氧乙烯醚、脂肪醇聚氧乙烯醚、十二烷基苯磺酸钠、山梨醇聚氧乙烯醚、月桂醇硫酸钠中的一种或多种的混合物。

④ 为三聚磷酸钠、六偏磷酸钠、磷酸钠中的一种。

⑤ 为羧甲基纤维素醚、羟乙基纤维素醚、羟丙基纤维素醚中的一种或多种的混合物。

⑥ 为氢氧化钠、氢氧化钾中的一种。

表7.41　水煤浆稳定剂配方3[40]

组分	质量份	组分	质量份
十二烷基苯磺酸钠	4	仲烷基磺酸钠	1
氢化蓖麻油	4	复合分散作用物 A①	30
复合分散作用物 B②	15	助剂	2

① 腐殖酸钾与聚丙烯酸的混合物。

② 脱氢枞胺丙烯酸酰胺和多孔氧化硼的复合物。

第三节

表面活性剂在石油三采中的应用

石油工业中，一次采油是原油依靠地下压力通过油井自喷出地面的过程，随着地下压力降低，自喷结束，一次采油可采出 10 %～15 %的地下原油。二次采油是通过向地下注水，补充地下能量将油驱出，二次采油可采出 20 %的地下原油。随着不断注水，采出液中含水率不断上升。国际公认标准认为采出液含水达到 97 %后无经济效益。

地下原油经一次和二次开采后，部分原油仍残留在地层中，三次采油技术利用化学试剂来强化采油。复合驱指碱-表面活性剂-聚合物三者中两者或三者合一的复合驱油技术。其中聚合物增加驱替液黏度、改善油/水流度比和吸水剖面，其黏弹性还具有一定的洗油效果；表面活性剂降低油/水界面张力，乳化和增溶原油；碱与原油中的酸性物质反应生成新的表面活性剂，与外加表面活性剂起协同效应，降低油/水界面张力。典型的油田三采用配方见表7.42～表7.44。

表7.42　油田稠油井用表面活性剂配方[①][41]

组分	质量份	组分	质量份
辛基酚聚氧乙烯醚(15)[②]	200	十二烷基苯磺酸钠	150
油酸	275	乙醇	450
氢氧化钠	330	水	1500

① 使用前配制成0.5%～1.5%水溶液，注入稠油井内，闷井14 h，启动采油机即可。

② 也可为壬基酚聚氧乙烯醚(15)。

表7.43　油田三采配方1[①][42]

组分	含量/%	组分	含量/%
石油磺酸盐	0.27	异丙醇	0.03
DQ-15聚合物[②]	0.15	油田污水	余量

① 大庆油田单井测定，注入2 h后平衡界面张力为0.0021 mN/m。

② 为大庆炼化公司产品。

表7.44　油田三采配方2[43]

组分	含量/%	组分	含量/%
辛基苯磺酸钠	40～60	烷基聚氧乙烯醚	10～20
聚丙烯酰胺	5～10.7	乙醇	3～8.7

在石油工业中，为提高单井石油产量，需要对油井进行洗井和压裂。早期使用的是强酸性压裂液和土酸（盐酸和氢氟酸混合液）压裂液，为保护井管不受强酸腐蚀，需要加入酸性缓蚀剂，实用性和经济性均较差。含有表面活性剂的乳化油井压裂液（表7.45）可有效减小酸腐蚀，实用性和经济性均得到改善。

表7.45　乳化油井压裂液配方[44]

组分	含量/%	组分	含量/%
Span-80	0.3	聚丁二烯	0.3
液体石蜡	1.5	煤油	27.9
盐酸和氢氟酸水溶液	70		

综上，石油三采助剂需要在地下复杂界面环境中降低界面张力，从微小孔隙中剥离油气资源。表面活性剂是石油三采助剂的核心组分，将随着我国油气开发技术的不断进步而得到深入发展。

第四节
表面活性剂在原油集输中的应用

原油集输是将油井生产的油气收集、输送和处理成合格原油的过程。这一过程从油井井口开始，将油井生产出来的原油和伴生的天然气产品，在油田上进行集中和必要的处理或初加工，使之成为合格的原油后，再送往长距离输油管线的首站外输，或者送往矿场油库/炼油厂/转运码头；合格的天然气集中到输气管线首站，再送往石油化工厂、液化气厂或其他用户。

原油集输过程中，黏度较高的稠油会产生较大的阻力，难以稳定输送，需通过降黏剂将其黏度降低后方可顺利输送。一个乳化降黏剂的配方见表 7.46。

表 7.46　原油集输乳化降黏剂配方[45]

组分	含量/%	组分	含量/%
烷基酚聚氧乙烯硫酸盐	4.5	$C_3F_7O(C_3F_6)_{2\text{-}4}C_2F_4COOC_2H_4N(C_2H_4OH)_2$	0.07
多胺类聚氧乙烯聚氧丙烯醚	8	盐酸胍	1.2
水	82.73		

效果：加药后油井回压值为未加药时的 23 %～54 %。

原油是气、水、烃、固共存的多相流腐蚀介质，其对输送管道既有全面腐蚀又有局部腐蚀，还包括 CO_2 气体及形成的酸液腐蚀、硫化氢腐蚀、应力腐蚀和微生物腐蚀等。

CO_2 腐蚀已成为油气田开采中主要腐蚀形式，影响天然气工业的安全。CO_2 腐蚀主要由于其溶于水中形成碳酸，后者与低碳钢表面发生反应造成腐蚀。以往防止管道腐蚀的方法有：①采用高合金钢或玻璃钢材料，防腐效果好，但成本高昂，难于大量推广使用；②内壁涂层或衬里价格便宜、寿命长，但处理工艺复杂，涂层或衬里一旦出现缺陷易导致严重的局部腐蚀；③提高流体 pH，易造成管壁大量污垢沉积，降低传输效率。

同时，油田开采中产生的大量气体，除 CO_2 外的 O_2、H_2S、Cl^- 等成分，也对管道产生严重的腐蚀。

缓蚀剂对金属有较强的缓解腐蚀能力，使用成本低，在石化领域已成为最主要的防腐蚀剂。常见油气管道用缓蚀剂配方见表 7.47 ~ 表 7.51，其中表 7.47、表 7.48 为天然气管道气相缓蚀剂配方，表 7.49 ~ 表 7.51 为原油集输管道缓蚀剂配方。

表7.47　天然气管道气相缓蚀剂配方1[46]

组分	质量份	组分	质量份
仲辛醇聚氧乙烯醚	3.5	咪唑	1.5
N-甲基二乙醇胺	120	乙醇胺	40
二乙烯三胺	30	苯并三氮唑	10
喹啉	10	蒸馏水	750

说明：缓蚀效率 77.83 %。

表7.48　天然气管道气相缓蚀剂配方2[47]

组分	质量份	组分	质量份
环烷酸	24	三乙烯四胺	30
邻二甲苯	16	硼酸	0.5
氯化苄	18	碘化钾	11.5

表7.49　油气集输管道缓蚀剂配方[48]

组分	质量份	组分	质量份
表面活性剂	5	石油磺酸钡	16
聚丙烯酸	2	葡萄糖酸钠	6
巯基苯并三氮唑	4	碳酸钾	14
二异丙醇胺	27	氮掺杂介孔碳	13
液体蜡	2	蒸馏水	12

说明：缓蚀效率 78 %。

表7.50　油气集输管道耐氧缓蚀剂配方[49]

组分	质量份	组分	质量份
月桂酸钠	1	咪唑型季铵盐[①]	15
曼尼希碱[②]	17	1,4-丁炔二醇	3
植物提取物[③]	4	氨基酸[④]	13

续表

组分	质量份	组分	质量份
氨基脲	5	异丙醇	45

① 为二乙烯三胺、苯甲酸、碳酸二甲酯及1,4-二溴丁烷（摩尔比1:1.15:1.05:0.54）的反应产物。

② 为苯并三氮唑、无水乙醇、苯甲醛、哌嗪及辛烷基苯酚聚氧乙烯醚-10（摩尔比1:1.2:1:1.2:0.05）的反应产物。

③ 为防己提取物、榕树叶提取物、艾蒿提取物及莴苣提取物（质量比1:0.3:0.2:1.2）的混合物。

④ 为半胱氨酸、L-赖氨酸及L-组氨酸（质量比1:0.6:0.3）的混合物。

表7.51　油气管道缓蚀剂配方[50]

组分	质量份	组分	质量份
椰油脂肪酸二乙醇酰胺	3	改性氨基咪唑啉	10
正丁醇	0.67	甲醇	0.33
200号溶剂油	76	改性均三嗪	10

同时，高含硫气田在采气过程中会伴随大量气层返排物、单质硫、井口添加剂、缓蚀剂等物质在地面集输系统内沉积，形成一种黏稠含硫垢质。这些垢质在分离设备和工艺管线内大量沉积，导致设备容积减小、管线堵塞、设备本体材质腐蚀，影响气田集输系统正常运行，需定期进行清洗作业，并使用专用清洗剂（见表7.52）进行处理。

表7.52　油气集输管道含硫垢质清洗药剂配方[51]

组分	质量份	组分	质量份
十二烷基二甲基苄基氯化铵	4	非离子表面活性剂①	5
脂肪胺促进剂	1	渗透剂JFC	1.5
氢氧化钠	5	碳酸钠	10
硫化钠	3	五水偏硅酸钠	15

① 为烷基酚聚氧乙烯醚、脂肪酸聚氧乙烯酯、脂肪酸甲酯乙氧基化物。

综上所述，表面活性剂在稠油降黏、管道缓蚀和管道清洗等原油集输领域有广泛应用。随着我国油气管道输送量不断提高，相关产品的开发也将层出不穷。

参考文献

[1] 孙德贵.油包水型乳化柴油配制法：CN 1079499A[P]. 1993-12-15.

[2] 方维吾.一种乳化柴油汽油不分层的配方：CN 1368536[P]. 2002-09-11.

[3] 肖利平，王瑞海.柴油乳化添加剂组合物及其制备方法：CN 1149618[P]. 1997-05-14.

[4] 吴东垠，黎军，盛宏至.含有柴油、醇和水的乳化液及其制备方法：CN 1428405[P]. 2003-07-09.

[5] 关恩泽.微乳化柴油：CN 1422935[P]. 2003-06-11.

[6] 顾国兴.一种柴油乳化和微乳化复合添加剂及方法：CN 1130672[P]. 1996-09-11.

[7] Hicks R H, Song B C. Micro-emulsion fuel additive：US 2002095859[P]. 2002-07-25.

[8] Fuel Tech, Inc. Composition for stabilizing a water-in-oil emulsion: EP 0386550A1[P]. 1990-09-12.

[9] 伍林，焦向科，程正载，等.一种含工业醇的乳化柴油及其制备方法：CN 101250430[P]. 2008-08-27.

[10] 周鼎力.柴油乳化剂和车船用乳化柴油的制备方法：CN 102226117A[P]. 2011-10-26.

[11] 董松祥，牟庆平，栾波，等.一种微乳化柴油及其制备方法：CN 102585941A[P]. 2012-07-18.

[12] 查飞，金凯.水-醇混合基微乳化柴油的制备方法：CN 103074130A[P]. 2013-05-01.

[13] E.V.比伦科.液体产物和乳化油的方法及其在处理油污染中的用途：CN 103635251A[P]. 2014-03-12.

[14] 张成如.一种微乳化柴油：CN 103642548A[P]. 2014-03-19.

[15] 尤晓明，王显涛，李洋，等.一种含有高分子表面活性剂的微乳化柴油及其制备方法：CN 104498116A[P]. 2015-04-08.

[16] 冉德焕.一种乳化柴油及其制备方法：CN 105296030A[P]. 2016-02-03.

[17] 彭均寿，王正富，薛卫平，等.微乳化柴油及其制备方法：CN 110747024A[P]. 2020-02-04.

[18] 刘孝，夏东培，薄云航.一种微乳化柴油及其制备方法：CN 110819398A[P]. 2020-02-21.

[19] 吕效平，韩萍芳，佘锦锦.一种微乳化柴油及其制备方法：CN 1718682[P]. 2006-01-11.

[20] 曾宪佑，黄红明，黄畴.多功能重油、燃料油添加剂和制备及其在作乳化油的应用：CN 1401745[P]. 2003-03-12.

[21] 杨月忠.一种乳化油浆及其制备方法：CN 104531243A[P]. 2015-04-22.

[22] 刘强，田秀萍，常宏宏，等.高掺水微乳化柴油添加剂及其制备方法和应用：CN 101940981A[P]. 2011-01-12.

[23] 刘强，常宏宏，田秀萍，等.一种用于煤炭浮选捕收剂的乳化柴油添加剂及其制备方法：CN 101966489A[P]. 2011-02-09.

[24] 田青平，段海龙，吕靖，等.一种煤泥浮选捕收剂及其制备方法：CN 101722111A[P]. 2010-06-09.

[25] 葛城弘二，浅田启介.孔板印刷用乳化油墨：CN 1927957[P]. 2007-03-14.

[26] 奥田贞直，仁尾务，林大嗣，等.喷墨用油包水（W/O）型乳化油墨：CN 101376756A[P]. 2009-03-04.

[27] 拉马塞米·克里希南，肯尼斯·史密斯，尼尔·永，等.含非水溶性聚合物表面活性剂的稳定的胶印乳化油墨：CN 101547982[P]. 2009-09-30.

[28] 潘德顺，黄猛.铜合金丝精细拉拔润滑冷却乳化油及生产方法：CN 101029268[P]. 2007-09-05.

[29] 胡晓晖，李谨，杨志东，等.乳化油及其用途：CN 105238527A[P]. 2016-01-13.

[30] 吴滨，李谨，王士庭，等.轧制乳化油组合物及其用途：CN 104293443A[P]. 2015-01-21.

[31] 杨兰，王士庭，吴滨，等.乳化油组合物及其用途：CN 104342261A[P]. 2015-02-11.

[32] 宋志方.一种普碳钢冷轧板防锈油组合物：CN 102851107A[P]. 2013-01-02.

[33] 陶洪南，范本新.一种双组分的高润滑性防锈乳化油及其制备方法和应用：CN 108441279A[P]. 2018-08-24.

[34] 顾茜，周继光，卢强.乳化油复合剂及制备方法和由其制备的乳化油及应用：CN 110467960A[P]. 2019-11-19.

[35] 郭荣，梁兆志，梁辉文，等.一种非离子复合型水煤浆添加剂：CN 1374378[P]. 2002-10-16.

[36] 朱红，闫学海.一种复合型水煤浆添加剂：CN 1693429[P]. 2005-11-09.

[37] 李永昕，薛冰，郭玉华.一种水煤浆添加剂的配制方法及使用方法：CN 101007972[P]. 2007-08-01.

[38] 陈书涛.一种水煤浆稳定剂：CN 104974808A[P]. 2015-10-14.

[39] 鲜芳燕，余建华，张秋萍，等.一种多组分水煤浆添加剂及其应用：CN 105219461A[P]. 2016-01-06.

[40] 王建东，陈建春，胡晓玉.一种水煤浆分散剂：CN 108913242A[P]. 2018-11-30.

[41] 李振华.一种油田稠油井用的表面活性剂：CN 101024764[P]. 2007-08-29.

[42] 楼诸红，王丽华.三次采油应用的表面活性剂-聚合物纯二元超低界面张力复合驱配方：CN 1458219[P]. 2003-11-26.

[43] 王振海.一种驱油剂：CN 1394935[P]. 2003-02-05.

[44] 林旭辉，孙云清，王仲茂，等.一种乳化油井压裂液的制造方法：CN 1222555[P]. 1999-07-14.

[45] 付亚荣，蔡远红，田炜，等.一种原油集输用乳化降黏剂及其制备方法：CN 101121881[P]. 2008-02-13.

[46] 张春华，王智博，徐慧芳，等.一种用于天然气金属集输管道的气相缓蚀剂及其制备方法：CN 102634802A[P]. 2012-08-15.

[47] 应珏，李怀阁，翟洪金，等.用于油气集输缓蚀剂及其制备方法：CN 106283069A[P]. 2017-01-04.

[48] 马杨洋，于宏庆，杨莲育，等.油气集输管道缓蚀剂及其制备方法：CN 103882437A[P]. 2014-06-25.

[49] 吕乃欣，胡建国，张小龙，等.一种油田地面集输管线用环保型耐氧缓蚀剂及其制备方法：CN 108823570A[P]. 2018-11-16.

[50] 张爱国，程晓婷，周文.一种用于油气集输过程的高硫缓蚀剂：CN 110241425A[P]. 2019-09-17.

[51] 孙天礼，陈曦，郭威，等.一种适用于高含硫气田集输系统内黏稠含硫垢质的清洗药剂：CN 106434030A[P]. 2017-02-22.

第八章

表面活性剂在灭火剂中的应用

第一节

火灾类型、灭火原理和灭火剂分类

一、火灾类型

燃烧是可燃物质与助燃物质（氧气或其他氧化剂）发生的一种发光发热的氧化反应。可燃物（一切可氧化的物质）、助燃物（氧化剂）和引火源（能提供一定的温度或热量）是可燃物燃烧的三个基本要素。中华人民共和国国家标准《火灾分类》[1]按照可燃物类型和燃烧特性将火灾定义为六个不同的类别。

A 类火灾：固体物质火灾。该类火灾中可燃物通常具有有机物性质，一般在燃烧时能产生灼热的余烬。常见的木材、纤维制品、纸张等燃烧是 A 类火灾，橡胶类、塑料类物质燃烧前期为 A 类火灾，而后期更类似于 B 类火灾。

B 类火灾：液体或可熔化的固体物质火灾。石油制品、油脂等的燃烧是典型的 B 类火灾；萘燃烧时会熔化且无灰烬，也属于 B 类火灾。近年来，金属有机化合物（如叔丁基锂及其戊烷溶液）频繁应用于科研生产领域，其燃烧温度非常低，且燃烧非常特殊，是否归于 B 类火灾有待研究。

C 类火灾：气体火灾。天然气、丙烷及氯乙烯等气体燃烧产生的火灾。

D 类火灾：金属火灾。钠和钾等低熔点金属及镁的燃烧是典型的 D 类火灾，这些金属燃烧时会很快转化为低密度液体，为灭火带来困难；高熔点金属在某些特殊工况下（如粉末状态、切削加工等）也会燃烧；金属氢化物的燃烧与金属燃烧情况类似，也归属于 D 类火灾。

E 类火灾：带电火灾。物质带电燃烧的火灾。

F 类火灾：烹饪器具内的烹饪物（如动植物油脂）火灾。

二、灭火原理

缺少可燃物燃烧三要素中的任何一个，燃烧便不会发生。对于正在进行的燃烧，只要充分控制三要素中的任何一个，燃烧就会终止。所以，消防灭火技术可归结为这三要素的控制问题。通常有以下几种灭火原理：

窒息法：阻止空气流入燃烧区域或用不燃烧的物质冲淡空气（降低空气中氧含量），使燃烧物得不到足够的氧气而熄灭。

隔离法：将着火区域或物体与周围可燃物隔离，燃烧就会因缺乏可燃物而停止。

冷却法：降低燃烧物的温度至燃点以下，燃烧就会终止。

化学抑制法：将灭火剂喷入燃烧区使之与燃烧中产生的自由基或活性基团发生反应，使燃烧链反应中断，实现灭火。

消防灭火中常用灭火剂一般综合运用上述灭火机理实现灭火，表面活性剂在灭火剂领域占据重要地位。

三、灭火剂分类

消防工作中可将灭火剂分为水系灭火剂、泡沫灭火剂、干粉灭火剂、气体灭火剂四类。

水系灭火剂为有灭火作用的化合物的水溶液，常用于扑救 A 类火灾以及 B 类、C 类和 1000 V 以下带电设备的初起火灾。

泡沫灭火剂是能与水预溶，并产生灭火泡沫的灭火剂，常用于扑救 A 类、B 类火灾。依所含成分可分为蛋白泡沫灭火剂、水成膜泡沫灭火剂、氟蛋白泡沫灭火剂和成膜氟蛋白泡沫灭火剂。

干粉灭火剂是含有碳酸氢盐、磷酸盐等固体粉末，以二氧化碳或氮气为动力的粉状灭火剂，可用于扑救 A 类、E 类和 F 类火灾，对扑救 B 类火灾也有一定效果。

气体灭火剂常温常压下为气体的灭火剂，如二氧化碳、IG541（氮气、二氧化碳、氩气混合物）、七氟丙烷等，常用于扑救 A 类（表面）、B 类、C 类、D 类火灾。

表面活性剂在水系灭火剂、泡沫灭火剂中应用广泛，在干粉灭火剂中也有一定应用。

第二节

表面活性剂在水系灭火剂中的应用

水是最常见的灭火用物质，但水的流动性很强，常在发挥作用前就大量流失，不能充分发挥灭火作用。为提高水的灭火性能，减小水量损失，可采用物理方式（如喷雾）或化学方式（如添加剂）改变水的性质。

向水中加入表面活性剂，可显著提高水在固体（如塑料）表面的黏附量，缩短灭火时间。

含表面活性剂的水系灭火剂见表 8.1 ~ 表 8.13。

表8.1　水系灭火剂配方1[2]

组分	含量/%	组分	含量/%
烷基聚氧乙烯醚硫酸钠	0.5 ~ 0.7	全氟烷基甜菜碱	0.4 ~ 0.5
钼酸钠	0.3 ~ 0.4	氢氧化钾	3 ~ 4
磷酸铵	8 ~ 15	硫酸铵	7 ~ 13
氨基环丙烷膦酸	0.2 ~ 0.4	乙二醇	12 ~ 18
苯并三氮唑	0.02 ~ 0.03	三羟乙基胺	1 ~ 2
乙基溶纤剂	1 ~ 3	咪唑啉甜菜碱	1 ~ 1.7
N-酰基-N-甲基-β-丙氨酸	0.5 ~ 1	尿素	3 ~ 5
吗啉	0.3	水	60 ~ 62

表8.2　水系灭火剂配方2[3]

组分	含量/%	组分	含量/%
十二烷基硫酸钠	1.2	全氟烷基甜菜碱	9.5
正丁醇	4.8	聚磷酸铵	6
黄原胶	0.4	乙二醇	12
三乙醇胺	0.8	氢氧化钠	0.025
苯并三氮唑	0.6	水	64.675

表8.3　水系灭火剂配方3[4]

组分	含量/%	组分	含量/%
烷基糖苷	8	乙酸钾	6
碳酸氢钠	3	碳酸氢铵	7
1,2-丙二醇	2	甘油	3
磷酸氢二铵	4	尿素	6
乙二胺四乙酸二钠	0.6	三聚磷酸钠	0.2
乙二醇丁醚	4	瓜尔胶	0.4
苯甲酸钠	0.2	水	余量

表8.4　水系灭火剂配方4[5]

组分	含量/%	组分	含量/%
十二烷基硫酸钠	1.5	氯化铵	20
乙醇	20	水	余量

说明：适用于-20～55℃环境。

表8.5　水系灭火剂配方5[①][6]

组分	含量/%	组分	含量/%
十二烷基硫酸钠[②]	10	十二烷基糖苷[③]	3
苯甲酸钠	0.5	三乙醇胺	0.5
黄原胶	0.5	水	余量

① 表面张力低于 30 mN/m。

② 也可为十二烷基苯磺酸钠、月桂醇磺基乙酸酯钠盐。

③ 也可为十六烷基糖苷、十八烷基糖苷。

表8.6　水系灭火剂配方6[7]

组分	质量份	组分	质量份
脂肪醇聚氧乙烯醚	1	聚乙烯醇	5
活性碳酸钙	7	山梨酸钾	5
去离子水	84		

表8.7　水系灭火剂配方7[8]

组分	含量/%	组分	含量/%
十二烷基硫酸钠	1.0	氯化钾	3.3

组分	含量/%	组分	含量/%
乙二胺四乙酸二钠	0.66	水溶性月季香精	0.02
聚磷酸铵	13.5	季戊四醇	3.8
乙二醇	6.4	乙二肟	1.3
水	余量		

说明：灭 A 类火能力为 8A，平均灭火时间 2.8 s，不复燃；灭 B 类火能力为 120B，平均灭火时间 4.8 s，不复燃。

表8.8　水系灭火剂配方 8[9]

组分	质量份	组分	质量份
十二烷基硫酸钠	1.5	十二烷基苯磺酸钠	0.3
乙二胺四乙酸二钠	0.15	聚乙二醇	0.75
熟胶粉	0.75	水	341.6

说明：为 1 %型水系灭火剂。

　　适当的化合物组合可丰富水系灭火剂适用范围，如将水系灭火剂溶液的电导率降低（见表 8.9、表 8.10）后，可用于 E 类火灾扑救；调整水系灭火剂的组成，可用于森林火灾扑救（见表 8.11）和煤粉火灾扑救（见表 8.12）；改善水系灭火剂附着能力（见表 8.13），可与细水雾灭火系统联用。

表8.9　可用于 E 类火灾扑救的水系灭火剂配方 1[10]

组分	质量份	组分	质量份
十二烷基硫酸钠	170	十二烷基甜菜碱	120
甜菜碱型氟表面活性剂	5	硫酸铵	38
异丙醇	12	卡松	100
去离子水	520		

说明：溶液电导率≤50 μS/cm。

表8.10　可用于 E 类火灾扑救的水系灭火剂配方 2[11]

组分	质量份	组分	质量份
F-1157①	0.1	α-十四烷基甜菜碱	1.4
十一烷基羟乙基羟丙基咪唑啉	1	乙二醇	3
水	93.9		

① 为甜菜碱型氟表面活性剂，杜邦公司产品。

表8.11　适用于森林火灾扑救的水系灭火剂配方[12]

组分	质量份	组分	质量份
月桂酰胺丙基羟磺甜菜碱	25	十二烷基二甲基甜菜碱	10
十二烷基磺酸钠	1	氟表面活性剂	0.8
羧甲基纤维素钠	0.5	尿素	4
乙二醇	8	水	50.7

说明：将本品以质量比1∶99用水稀释，可用于森林火灾扑救。

表8.12　适用于煤粉火灾扑救的水系灭火剂配方[13]

组分	含量/%	组分	含量/%
聚氧乙烯-8-辛基苯基醚（Triton X-100）	1.5~2.5	吐温-20	1.5~2.5
甘油	0.5~1.5	碳酸氢钠	0.5~1.5
三聚磷酸钠	0.2~0.5	水	余量

表8.13　可用于细水雾灭火系统的水系灭火剂配方[14]

组分	质量份	组分	质量份
烷基酚聚氧乙烯聚氧丙烯醚	3	烷基硫醇	1
乙二醇	4	乙二醇单丁醚	1
聚甲基丙烯酰胺	1	水	90.9

说明：应用本剂代替水后，可显著提高灭火剂在固体表面的附着量，显著缩短灭火时间。

　　水系灭火剂具有灭火效率高、抗复燃性能强、无次生污染、无毒、无刺激等特点，贮存、使用方便，是理想的消防产品。随着社会的发展不断进步，消防安全的重要性不断提高，对灭火剂的性能、成本、使用便捷性等提出了越来越高的要求，水系灭火剂作为重要的消防产品，表面活性剂作为水系灭火剂的核心组分，都将得到很大发展。

第三节
表面活性剂在泡沫灭火剂中的应用

　　泡沫灭火剂尤其适用于扑救 B 类火灾，其施加到液体表面后形成凝聚的泡沫漂浮层，可以起到窒息、冷却作用，实现灭火。该灭火过程涉及多类界面（水-空气、油-水、油-空气界面等）间张力的变化，表面活性剂在其中发挥重要作用。泡沫灭火剂可分为蛋白泡沫灭火剂、水成膜泡沫灭火剂、氟蛋白泡沫灭火剂、成膜氟蛋白泡沫灭火剂。表面活性剂在后三者中有较多应用。

一、表面活性剂在水成膜泡沫灭火剂中的应用

伴随着现代工业产业的飞速发展，一些较为发达的工业国家为了适应消防系统的需求，相继在20世纪60年代研发新型高效的灭火剂，水成膜泡沫灭火剂（aqueous film-forming foam，AFFF）是其中之一。在此之前广泛使用的蛋白泡沫灭火剂不能满足扑灭较大规模可燃性液体火灾的要求，特别是不能达到快速控制火势以避免爆炸发生的要求。

AFFF的原理基于低浓度的氟表面活性剂水溶液在油面上的铺展。由于油的表面张力通常为20~30 mN/m，低于纯水的表面张力（约72 mN/m）和碳氢表面活性剂水溶液的表面张力（≥35 mN/m），因此纯水和碳氢表面活性剂水溶液均不能在油面铺展。而氟表面活性剂水溶液的表面张力可降至20 mN/m以下（甚至15 mN/m左右），因此氟表面活性剂水溶液可在油面铺展，形成一层水膜。

当把AFFF喷射到燃油表面时，会发生一系列物理过程：泡沫迅速在油面上沿表面向四周扩散，并由泡沫析出的液体形成一层水膜，隔离可燃物和空气，水膜与泡沫层共同抑制燃油蒸发；泡沫析出液体同时也冷却油面；泡沫中析出的水吸热变为水蒸气，稀释了可燃物周围空气，降低了油面上氧的浓度；水溶液的铺展作用带动泡沫迅速流向尚未灭火的区域，最终实现灭火。

除了水膜的封闭作用，氟表面活性剂的存在提高了泡沫的流动性（降低泡沫在液面上流动的剪切力），提高了泡沫的耐油性（碳氟链具有疏油性），也提高了泡沫的耐醇性，从而增强了泡沫的铺展性和控火、灭火能力。

含有表面活性剂的AFFF配方见表8.14~表8.47。由于AFFF突出的性能，国际化工巨头开发出基础性的氟表面活性剂溶液产品，一些配方即以其为基础，与碳氢表面活性剂及其他助剂复配得到AFFF（见表8.14~表8.21）。另一些配方以结构明确的表面活性剂为基础进行开发，得到AFFF（见表8.22~表8.47）。

表8.14　AFFF配方1[1][15]

组分	含量/%	组分	含量/%
F1268[2]	6	癸基硫酸钠	40
脂肪醇聚氧乙烯醚	10	聚磷酸铵	8
F1157N[3]	2	丙三醇	5
尿素	5	三乙醇胺	1

续表

组分	含量/%	组分	含量/%
水	23		

① 可作为 3 %或 6 %型灭火剂，用于 A 类、B 类火灾扑救。

② 杜邦公司产品。

③ 杜邦公司产品，全氟烷基 C_6 甜菜碱。

表8.15 AFFF配方2[①][16]

组分	质量份	组分	质量份
F1203[②]	40	F1157	40
F1460[③]	30	椰油酰丙基甜菜碱	25
烷基糖苷	250	乙二醇	150
乙二醇丁醚	30	黄原胶	7
尿素	70	苯甲酸钠	8
磷酸盐缓冲液	30	去离子水	350

① 可作为甲醇高效抗溶性水成膜泡沫灭火剂。

② 杜邦公司产品，全氟烷基甜菜碱。

③ 杜邦公司产品。

表8.16 AFFF配方3[①][17]

组分	质量份	组分	质量份
F1157	3	DF614[②]	5
十二烷基甜菜碱	25	$C_{8~12}$ 脂肪醇聚氧乙烯醚	18
乙二醇	2.5	聚乙二醇	4
正辛醇	0.5	二乙二醇丁醚	5
水溶性硅油（204）	3	异丁醇	15
正壬醇	3	甲苯	1.5
甲醛	0.5	乙二胺四乙酸二钠	0.5
水	余量[③]		

① 可作为 1 %型耐海水型 AFFF。

② 混杂型氟表面活性剂。

③ 用水定容至 100 L。

表8.17 AFFF配方4[①][18]

组分	质量份	组分	质量份
F1203	40	F1157	20

续表

组分	质量份	组分	质量份
低分子量氟表面活性剂	30	复合抗烧剂②	350
苯甲酸钠	8	尿素	70
黄原胶	7	两性碳氢表面活性剂	300
烷基糖苷	30	乙二醇	100
乙二醇丁醚	40	缓冲剂	40

① 可作耐海水型水成膜泡沫灭火剂。

② 将阴离子氟表面活性剂滴入阳离子聚合物的水溶液中得到。

表8.18 AFFF配方5[19]

组分	质量份	组分	质量份
F1157	7.5	F1203	2
十二烷基硫酸钠	5	椰油酰丙基甜菜碱	7.5
乙二醇	4	丙三醇	2.5
乙二醇丁醚	12.5	黄原胶	0.2
尿素	12	聚磷酸铵	3
水	43.8		

说明：可作为水成膜泡沫灭火剂，用于投掷式灭火器。

表8.19 AFFF配方6①[20]

组分	质量份	组分	质量份
FC-911②	1	Ee607③	1
乙二醇	20	二乙二醇单丁醚	5
咪唑啉	30	水溶性硅油	3
尿素	3	黄原胶	0.3
苯甲酸钠	0.5	水	36.2

① 可作为3%型水成膜泡沫灭火剂。

② 全氟烷基季铵碘化物，阳离子氟表面活性剂。

③ 两性型氟表面活性剂。

表8.20 AFFF配方7[21]

组分	含量/%	组分	含量/%
F1157	5	椰油酰两性基二乙酸二钠	2.4

续表

组分	含量/%	组分	含量/%
月桂醇聚氧乙烯硫酸钠	8	硬脂酸甘油酯	2
二乙二醇单丁醚	10	黄原胶	1
水	71.6		

说明：可作为 3% 型水成膜泡沫灭火剂。

表8.21　AFFF配方8[22]

组分	含量/%	组分	含量/%
F1157	5	辛基硫酸钠	8
二丙二醇甲醚	10	$C_6 \sim C_8$ 烷基硫酸钠	2.4
辛基糖苷	2	水	72.6

说明：可作为 3% 型水成膜泡沫灭火剂。

表8.22　AFFF配方9[①][23]

组分	质量份	组分	质量份
$C_6F_{13}SO_2NH(CH_2)_3N^+(CH_3)_2$ $CH_2COONa\ Cl^{-②}$	1.8	乙二醇	60
乙二醇单丁醚	50	黄原胶	2.5
月桂酰胺丙基甜菜碱	40	尿素	5
甲醛	3	碳酸盐/磷酸盐	1.5
水	829		

① 可作为 6% 型水成膜泡沫灭火剂。

② 结构为 $C_6F_{13}SO_2NH(CH_2)_nN^+(R)(R')CH_2COONa\ Cl^-$（$n=2 \sim 5$，R/R'= CH_3、C_2H_5）的 C_6 甜菜碱型氟表面活性剂均可应用。

表8.23　AFFF配方10[24]

组分	质量份	组分	质量份
氟化烷基甜菜碱	2	烷基多糖苷	5
乙二醇	25	尿素	4
海藻酸钠	0.3	椰油酰胺丙基甜菜碱	10
水	53.7		

说明：可作为 6% 型耐寒型水成膜泡沫灭火剂。

表 8.24　AFFF 配方 11[24]

组分	质量份	组分	质量份
氟化烷基甜菜碱	4	烷基多糖苷	8
乙二醇	45	尿素	5
黄原胶	0.8	椰油酰胺丙基甜菜碱	16
水	21.2		

说明：可作为 3%型耐寒型水成膜泡沫灭火剂。

表 8.25　AFFF 配方 12[25]

组分	质量份	组分	质量份
氟化烷基甜菜碱	4	烷基硫酸钠	4
聚氧乙烯脂肪硫酸钠	4	脂肪醇聚氧乙烯醚	16
黄原胶	0.7	乙二醇	8
尿素	4.5	水	41.2

说明：可作为 3%型耐寒型水成膜泡沫灭火剂。

表 8.26　AFFF 配方 13[①][26]

组分	质量份	组分	质量份
全氟烷基磺酸盐[②]	3.2	$C_{8\sim10}$ 烷基多糖苷	10
丙二醇丁醚	5.5	抗醇高分子复配物[③]	0.4
水	75		

① 可作为 3%型耐寒型水成膜泡沫灭火剂。

② 也可用全氟烷基甜菜碱、全氟聚氧丙烯季铵盐或全氟烷基硫酸盐。

③ 由黄原胶与桃胶以质量比 1:2 配制而成。

表 8.27　AFFF 配方 14[27]

组分	含量/%	组分	含量/%
$C_4F_9SO_2N(C_8H_{17}SO_2)C_3H_6N^+$ $(CH_3)_2CH_2COO^-$	3.35	尿素	10
辛基磺酸钠	12.5	黄原胶	0.07
丙二醇单甲醚	0.5	丙二醇	1
椰油酰胺丙基甜菜碱	1	糖苷	2
水	69.58		

说明：可作为 6%型水成膜泡沫灭火剂。

表 8.28 AFFF 配方 15[27]

组分	含量/%	组分	含量/%
$C_6F_{13}SO_2NHC_3H_6N^+(CH_3)_2$ CH_2COO^-	1	尿素	10
辛基磺酸钠	6.5	黄原胶	0.07
丙二醇单甲醚	2	丙二醇	1
椰油酰胺丙基甜菜碱	1.5	糖苷	2
水	75.93		

说明：可作为 6%型水成膜泡沫灭火剂。

表 8.29 AFFF 配方 16[27]

组分	含量/%	组分	含量/%
$C_4F_9SO_2N(C_8H_{17}SO_2)C_3H_6N^+$ $(CH_3)_2CH_2COO^-$	1.67	尿素	10
$C_6F_{13}SO_2NHC_3H_6N^+(CH_3)_2$ CH_2COO^-	0.6	糖苷	2
辛基磺酸钠	6.5	黄原胶	0.07
丙二醇单甲醚	0.5	丙二醇	1
椰油酰胺丙基甜菜碱	1.5	水	74.66

说明：可作为 6%型水成膜泡沫灭火剂。

表 8.30 AFFF 配方 17[28]

组分	含量/%	组分	含量/%
$C_6F_{13}SO_2N(C_3H_6SO_3^-)C_3H_6N^+$ $(CH_3)_2C_2H_4OH$	2.56	辛基硫酸钠	3.10
$C_8F_{17}SO_3K$	1.84	十二烷基硫酸钠	0.12
$C_8F_{17}C_6H_4(OC_2H_4)_{10}OH$	2.10	苯并三氮唑	0.05
二乙二醇丁醚	30	水	60.23

说明：可作为 3%型耐海水型水成膜泡沫灭火剂。

表 8.31 AFFF 配方 18[28]

组分	含量/%	组分	含量/%
$C_6F_{13}SO_2N(C_2H_4COO^-)C_3H_6N^+$ $(CH_3)_2H$	2.75	辛基硫酸钠	3
$C_8F_{17}SO_3K$	1	三乙醇胺	1

组分	含量/%	组分	含量/%
$C_8H_{17}(OC_2H_4)_2OSO_3Na$	0.80	苯并三氮唑	0.05
$C_{10}H_{21}(OC_2H_4)_2OSO_3Na$	1.20	二乙二醇丁醚	20
水	70.70		

说明：可作为 3%型耐海水型水成膜泡沫灭火剂。

表 8.32　AFFF 配方 19[①][29]

组分	含量/%	组分	含量/%
$C_6F_{13}SO_2N[CH_2CH(OH)CH_2SO_3^-)]C_3H_6N^+(CH_3)_2C_2H_4OH$	5.88	癸基硫酸钠	11.40
$C_8F_{17}SO_3K$	2.95	mPEG2000[②]	22.1
PEG4000	22.1	水	35
十二烷基硫酸钠	0.50		

① 可作为 3%型水成膜泡沫灭火剂。

② 单甲基封端聚乙二醇。

表 8.33　AFFF 配方 20[29]

组分	含量/%	组分	含量/%
$C_6F_{13}SO_2N[CH_2CH(OH)CH_2SO_3^-]C_3H_6N^+(CH_3)_2C_2H_4OH$	8.6	癸基硫酸钠	25.7
$C_8F_{17}SO_3K$	4.3	己六醇	12.8
PEG4000	12.8	水	35
十二烷基硫酸钠	0.8		

说明：可作为 3%型水成膜泡沫灭火剂。

表 8.34　AFFF 配方 21[①][30]

组分	含量/%	组分	含量/%
$C_8F_{17}SO_2NHC_3H_6N(CH_3)_2(\rightarrow O)$	1.5	癸基硫酸钠[②]	4
椰油酰两性基二丙酸二钠[③]	1	二丙二醇丙醚	25
冰醋酸	适量[④]	水	余量

① 可作为 3%型水成膜泡沫灭火剂。

② 为 33%水溶液。

③ 为 39%水溶液，或椰油酰羟丙基磺酸钠 49%溶液、椰油酰胺丙基甜菜碱 30%溶液、辛基酚聚氧乙烯醚(30) 70%溶液等。

④ 调节 pH 至 8.3。

表8.35 AFFF配方22[①][31]

组分	含量/%	组分	含量/%
氟表面活性剂[②]	1.8	氟聚合物[③]	3.5
磺基甜菜碱	2	辛基硫酸钠	4
癸基硫酸钠	14	黄原胶	0.7
己二醇	6	水	余量

① 可作为3%型水成膜泡沫灭火剂。

② C_6氟表面活性剂。

③ $C_6F_{13}C_2H_4SCH_2CH_2NHCOCH=CH_2$和丙烯酸/丙烯酰胺共聚物，$M_w = 25$。

表8.36 AFFF配方23[①][32]

组分	含量/%	组分	含量/%
$C_8F_{17}SO_2NHC_3H_6N(CH_3)_2$ (→O)	1.5	辛基硫酸钠	2
椰油酰两性基钠	3	二丙二醇丙醚	25
冰醋酸	适量[②]	水	余量

① 可作为3%型水成膜泡沫灭火剂。

② 调节pH至8.3。

表8.37 AFFF配方24[①][33]

组分	含量/%	组分	含量/%
氟表面活性剂[②]	6.3	碳氢表面活性剂[③]	20
烷基硫酸盐	3.9	二乙二醇丁醚	7
黄原胶	0.85	海藻酸钠	0.85
水	余量		

① 可作为3%型水成膜泡沫灭火剂。

② 含4.0% Lodyne F-102R和2.3% Lodyne K90'90。Lodyne F-102R为24%全氟烷基硫酸钠、15% $F(CF_2)_{6-20}$ $SCH_2CH(OH)CH_2N(CH_3)_3Cl$和50% 单体结构为$C_nF_{2n+1}CH_2CH_2SC(O)CH=CH_2$的聚合物的混合物；Lodyne K90'90为全氟烷基磺基甜菜碱。

③ 含18.2%月桂酰胺丙基甜菜碱和1.8%辛基硫酸钠。

表8.38 AFFF配方25[①][34]

组分	含量/%	组分	含量/%
$[(CF_3)_2CFCH_2]_2CHC_3H_6S$ $O_2NHC_3H_6N(CH_3)_2(→O)$	2.5	癸基硫酸钠[②]	2.8
C_{8-10}聚氧乙烯硫酸钠[③]	1.5	己二醇	9

组分	含量/%	组分	含量/%
硫酸镁	2	水	78.20

① 可作为 3 %型水成膜泡沫灭火剂。

② 为 40 %水溶液。

③ 为 51 %水溶液。

表8.39　AFFF配方26[①][34]

组分	含量/%	组分	含量/%
$[(CF_3)_2CFCH_2]_2CHC_3H_6SO_2NHC_3H_6N^+(CH_3)_2CH_2COO^-$	4	癸基硫酸钠	10.5
Colateric CA-40[②]	13	丙二醇	12
二乙二醇单丁醚	14	硫酸镁	2
水	余量		

① 可作为 3 %型水成膜泡沫灭火剂。

② 为 Colonial Chemical 产品，碳氢表面活性剂。

表8.40　AFFF配方27[①][34]

组分	含量/%	组分	含量/%
$[(CF_3)_2CFCH_2]_2CHC_3H_6SO_2NHC_3H_6N(CH_3)_2(\to O)$	2.5	烷基氧化胺[②]	4.2
Colateric CA-40	4	乙醇	3.8
己二醇	9	硫酸镁	2
水	余量		

① 可作为 3 %型水成膜泡沫灭火剂。

② 为 30 %水溶液。

表8.41　AFFF配方28[34]

组分	含量/%	组分	含量/%
$[(CF_3)_2CFCH_2]_2CHC_3H_6SO_2NHC_3H_6N^+(CH_3)_2CH_2COO^-$	6.5	烷基氧化胺	6.6
烷基糖苷	2	乙醇	7.9
己二醇	9	硫酸镁	2
水	余量		

说明：可作为 3 %型水成膜泡沫灭火剂。

表8.42 AFFF配方29[①][35]

组分	含量/%	组分	含量/%
AFC5A[②]	10	乙二醇	17
水	73		

① 可作为3%型水成膜泡沫灭火剂。

② 复合表面活性剂,由1%~3%C_4~C_{10}全氟烷基磺酸钠、2%~3%C_8~C_{10}非离子型氟表面活性剂、4%~6%月桂酰-N-丙基丙酸钠、1%~2%硫酸镁、5%~10%二乙二醇单丁醚和水组成。

表8.43 AFFF配方30[①][36]

组分	含量/%	组分	含量/%
$C_8F_{17}OC_6H_4SO_3Na$ [②]	0.13	磷酸酯中和混合物[③]	29.4
月桂酰两性基丙二酸二钠	0.27	水	70.2

① 可作为水成膜泡沫灭火剂。

② 也可用 $C_7F_{15}CONHC_3H_6N^+(CH_3)_2C_2H_4COO^-$、$C_8F_{17}SO_2N(C_2H_5)CH_2COOK$、$(C_2F_5)_2C(CF_3)CF{=\!=}C(CF_3)SO_3NH_4$、$C_8F_{17}SO_2NHC_3H_6N^+(CH_3)_3I^-$等。

③ 磷酸单乙酯、磷酸二乙酯等比例混合用氨水中和后的产物。

表8.44 AFFF配方31[①][37]

组分	含量/%	组分	含量/%
阴离子型氟表面活性剂[②]	适量	十二烷基两性基双丙酸钠[③]	4.47
$C_8H_{17}N[C_2H_4NHC(CH_3)_2CH_2SO_3Na]_2$ [④]	2.92	辛基酚聚氧乙烯醚(12)	0.75
1-丁氧基乙氧基-2-丙醇	6.5	2-甲基-2,3-戊二醇	5.5
七水合硫酸镁	0.6	水	余量

① 可作为6%型水成膜泡沫灭火剂。

② 由 $C_6F_{13}C_2H_4SC_2H_4CONHC(CH_3)_2CH_2SO_3Na$ 1.02%和$C_8F_{17}C_2H_4SC_2H_4CONHC(CH_3)_2CH_2SO_3Na$ 2.4%组成[或 $C_8F_{17}C_2H_4SC_2H_4CONHC(CH_3)_2CH_2SO_3Na$ 3.28%;$C_8F_{17}C_2H_4SC_2H_4CONHC(CH_3)_2CH_2SO_3Na$ 2.4%和$C_{10}F_{21}C_2H_4SC_2H_4CONHC(CH_3)_2CH_2SO_3Na$ 0.36%;$C_6F_{13}C_2H_4SC_2H_4CONHC(CH_3)_2CH_2SO_3Na$ 1.02%和$C_8F_{17}C_2H_4SC_2H_4CONHC(CH_3)_2CH_2SO_3Na$ 2.4%和$C_{10}F_{21}C_2H_4SC_2H_4CONHC(CH_3)_2CH_2SO_3Na$ 0.36%]。

③ 为30%固含量水溶液。

④ 为48%固含量水溶液。

表8.45 AFFF配方32[①][38]

组分	含量/%	组分	含量/%
氟表面活性剂[②]	3	高分子量PEI	6
烷基多(磺)酸[③]	4	二乙二醇单丁醚	15

续表

组分	含量/%	组分	含量/%
乙二醇	15	水	57

① 可作为 3%型耐海水型水成膜泡沫灭火剂。

② 包括全氟烷基磺酰胺基甜菜碱[如 $C_8F_{17}SO_2N(CH_3)(CH_2)_3N^+(CH_3)_2(CH_2COO^-)$]、全氟烷基磺酰胺基磺酸盐 {如 $C_8F_{17}SO_2N[CH_2CH(OH)CH_2SO_3Na](CH_2)_3N(CH_3)_2$}、全氟烷基磺酰胺基羧酸盐[如 $C_8F_{17}SO_2N(CH_2CH_2COONa)(CH_2)_3N(CH_3)_2$]、氟烷基磺酸铵盐[如 $C_9F_{17}(OC_2H_4)_2N(CH_3)(CH_2)_3SO_3 \cdot N(C_2H_5)_4$]等。

③ 如 $HOOC(CH_2)_nCOOH$（$n = 2 \sim 12$）、$NH_2CH(COOH)CH_2CH_2COOH$、苯二甲酸、顺丁烯二酸、$HO_3SCH_2CH_2N(CH_3)CH_2SO_3H$、乙二胺四乙酸二钠、均苯四甲酸、聚（甲基）丙烯酸（聚合度 5 ～ 11）等。

表 8.46 AFFF 配方 33[①][39, 40]

组分	含量/%	组分	含量/%
氨基酸型氟表面活性剂[②]	3	FC-1[③]	0.05
羟乙基纤维素钠	1	$C_8 \sim C_{10}$ 烷基磺酸钠	15
α-烯烃磺酸钠	5	聚丙烯酸聚合物	1
黄原胶	0.1	椰油酸二乙醇酰胺	6
乙二醇	2	二乙二醇单丁醚	10
尿素	1	乙二胺四乙酸二钠	2
水	余量		

① 可作为 3%型水成膜泡沫灭火剂。

② 结构为 $R_fCONHC_2H_4N(C_2H_4COONa)_2$ [$R_f = CF_3CF_2(C_3F_6O)_n$，$n = 2, 3, 4$]。

③ 氟表面活性剂，上海瀛正产品。

表 8.47 AFFF 配方 34[41]

组分	含量/%	组分	含量/%
甜菜碱型氟表面活性剂	1 ～ 5	烷基硫酸盐	1 ～ 5
全氟烷基磺酸盐	0.5 ～ 1.5	二乙二醇单丁醚	20
三乙醇胺	0.5 ～ 1.5	苯并三氮唑	0.05
水	69 ～ 71		

说明：可作为 3%型水成膜泡沫灭火剂。

我国 AFFF 的研究起步较晚。1979 年，公安部天津消防研究所和上海有机化学研究所共同研制出第一代 AFFF，并在 1983 年和 1995 年研制成功第二和第三代产品。近年来，随着对长碳氟链物质引发环境问题的关注，以及 PFOS 和 PFOA 的国际国内实施禁令，北京氟乐邦表面活性剂技术研究所、睦田消防等国内消防公司推出了以 C₄-AFFF 为代表的新一代配方，推动相关产品不断进步。随着我国社会生产力水平提高，国内采油、输油、储油、用油的单位和设施日渐增加，油量不断提高，消防安全风险提高，对性能完善的 AFFF 产品需求日益增大。表面活性剂，尤其是氟表面活性剂在 AFFF 中起核心作用，其应用研究也将不断发展。

二、表面活性剂在氟蛋白泡沫灭火剂中的应用

蛋白泡沫灭火剂是以动/植物蛋白水解液为主要成分的灭火剂，可用于扑救 A 类和 B 类火灾，是开发较早的泡沫灭火剂。受益于较低的成本，蛋白泡沫灭火剂至今仍占有很大的市场份额。但运用蛋白泡沫灭火剂扑救 B 类火灾时，泡沫不能抵抗油类的污染，采用液下喷射法时泡沫上升到油面后本身含的油足以使其燃烧，导致泡沫破坏，灭火效果较差。

将氟表面活性剂添加到蛋白泡沫灭火剂中制成氟蛋白泡沫灭火剂（fluoro-protein foam，FP）。与普通蛋白泡沫灭火剂相比，FP 具有以下性能特点：表/界面张力低；泡沫流动性好；抗油类污染强，可液下喷射。

在灭火过程中，FP 具有以下优点：①灭火速度快。氟表面活性剂降低了溶液表面张力，从而降低了液体的剪切力和流动阻力，提高了泡沫的流动性，使泡沫能迅速覆盖在火焰表面，阻隔空气中的氧气，实现灭火；②灭火效率高。灭火速度比普通蛋白泡沫灭火剂快，且不复燃，有自封作用，将局部火焰自行扑灭。

表面活性剂在 FP 中有重要应用，相关配方见表 8.48。

表 8.48　FP 配方[42]

组分	含量/%	组分	含量/%
四氟乙烯五聚体氧基苯磺酸钠	1.44	胶原蛋白水解物	8
尿素	16	硫脲	8
异丙醇	16.6	月桂基硫酸三乙醇胺	1.6
聚氧乙烯聚氧丙烯共聚物	8	水	40.36

说明：可作为 6%型 FP。

三、表面活性剂在成膜氟蛋白泡沫灭火剂中的应用

FP 原料易得、价格低廉，添加的氟表面活性剂改善了蛋白泡沫的流动性和疏油能力，若其中含有二价金属离子则可增强泡沫的阻热和贮存稳定性，是国内目前使用最多的泡沫灭火剂。AFFF 表面张力极低，析液较快，可以在烃类燃料表面形成水膜，灭火迅速，并对挥发性较强的烃类燃料具有很好的封闭能力，且贮存性能

稳定，是泡沫灭火剂的重要成员。然而 FP 和 AFFF 也存在不尽如人意的一面：FP 的灭火性能和封闭性能均不如 AFFF，且贮存期相对较短；AFFF 的抗烧性能不如蛋白类泡沫。在理想情况下，成膜氟蛋白泡沫灭火剂（film-forming fluoro-protein foam，FFFP）可将 FP 和 AFFF 的优势结合起来，使其具备先进性和实用性。但值得注意的是，FFFP 有蛋白成分，仍存在贮存稳定性的问题。

典型 FFFP 配方见表 8.49。

表 8.49　FFFP 配方[①][43]

组分	含量/%	组分	含量/%
J1[②]	1.6	水解蛋白	36
$C_6F_{13}C_2H_4SO_2NHC_3H_6N^+$ $(CH_3)_2CH_2COO^-$	2.7	水	59.7

① 可作为 3% 型 FFFP。

② 由全氟烷基碘[$C_nF_{2n+1}I$，$n=6$（46.5%）、8（34.0%）、10（12.0%）、12（3.9%）和 14（3.6%）]与一定比例的丙烯酸/丙烯酰胺加成得到，其结构可表示为 $C_nF_{2n+1}[CH_2CH(COOH)]_8[CH_2CH(CONH_2)]_{12}I$。

第四节
表面活性剂在干粉灭火剂中的应用

干粉灭火剂具有灭火效能高、适用范围宽及适于贮存等特点，是一类重要的灭火剂。但其疏油性往往较差，用于灭油类火时，喷射到着火油面上的干粉颗粒会很快沉入油中，油面上的局部残留火极易引起整个油面复燃。碳氟链既疏水又疏油，用含有氟表面活性剂的干粉处理剂对普通干粉进行处理，可以得到抗复燃干粉灭火剂，这是灭火剂发展的一个重要方向。

典型干粉处理剂配方见表 8.50。

表 8.50　干粉处理剂配方[①][44]

组分	含量份	组分	含量份
氟表面活性剂[②]	2	丙酮	100

① 该处理剂处理 100 g 碳酸钠粉末，干燥后得到抗复燃碳酸钠干粉，后者不被油品浸润，能在油面上漂浮并自行铺展，灭火性能和抗复燃能力较好。

② 为 $C_7F_{15}CONH(CH_2)_3N^+(CH_3)_2CH_2CH_2COO^-$、$C_7F_{15}CONH(CH_2)_5N(CH_3)_2$ 和 $C_8F_{17}SO_2NH(CH_2)_3N^+(CH_3)_3I^-$ 等质量混合物。

参考文献

[1] 中华人民共和国公安部.火灾分类：GB/T 4968-2008[S].北京：中国标准出版社，2009.

[2] 矢野龙彦，志贺博.水系灭火剂：CN 1188678[P]. 1998-07-29.

[3] 段国民，刘坤林.一种环保水系灭火剂：CN 101559270[P]. 2009-10-21.

[4] 朱传相，蒋婷婷.一种水系灭火剂及制备方法：CN 106377863A[P]. 2017-02-08.

[5] 石文均，杨洋，袁志国，等.适用于−20 ℃~50 ℃的水系灭火剂及其制备方法：CN 107376181A[P]. 2017-11-24.

[6] 汪荣荣，胡钦雄.水系灭火剂：CN 107497092A[P]. 2017-12-22.

[7] 冯春，金红卫，王力耕，等.一种水系灭火剂：CN 109432684A[P]. 2019-03-08.

[8] 张琼.一种可调配比例的水系灭火剂及其制备方法：CN 110193163A[P]. 2019-09-03.

[9] 黄寅生，张文成，王文涛，等.一种水基灭火剂：CN 102274604A[P]. 2011-12-14.

[10] 程潇，秦渝伟.可用于E类火灾的水系灭火剂及其制备方法与用途：CN 108837360A[P]. 2018-11-20.

[11] 陆佳政，梁平，陈宝辉，等.适用于变压器油火的水系灭火剂：CN 108837362A[P]. 2018-11-20.

[12] 王悦芝，杨盛发，杨光.森林消防灭火剂：CN 102626547A[P]. 2012-08-08.

[13] 吕东，吴伟，张玉贤，等.一种用于扑灭煤粉火灾的高渗透性水基灭火剂：CN 103285550A[P]. 2013-09-11.

[14] 陆佳政，梁平，吴传平，等.适用于细水雾的水系灭火剂：CN 107875559A[P]. 2018-04-06.

[15] 李江东.消防用水的添加剂：CN 101837176A[P]. 2010-09-22.

[16] 王璐，刘伟，秘义行，等.甲醇高效抗溶性水成膜泡沫灭火剂及其制备方法：CN 103331008A[P]. 2013-10-02.

[17] 李汉明，蔡雪玲.高浓度耐寒海水型水成膜泡沫灭火剂：CN 1743031[P]. 2006-03-08.

[18] 童祥友，刘伟.耐寒耐海水型水成膜泡沫灭火剂的制备方法：CN 102284171A[P]. 2011-12-21.

[19] 潘来东，何越.灭火弹及投掷式灭火器专用水成膜泡沫灭火剂：CN 104117176A[P]. 2014-10-29.

[20] 盛友杰，赵传文，陆守香.低氟环保型水成膜泡沫灭火剂及其制备方法：CN 104190041A[P]. 2014-12-10.

[21] Carruette M L, Persson H, Pabon M. New additive for low viscosity of AFFF/AR concentrates - study of the potential fire performance [J]. Fire Technology, 2004, 40: 367-384.

[22] Baudequin C, Couallier E, Rakib M, et al. Purification of firefighting water containing a fluorinated surfactant by reverse osmosis coupled to electrocoagulation-filtration [J]. Separation and Purification Technology, 2011, 76: 275-282.

[23] 徐衡，赵顺平，谦谦，等.直接充当水成膜泡沫灭火剂主剂的全氟己烷表面活性剂的制备方法：CN 102500087A[P]. 2012-06-20.

[24] 潘德顺，徐友萍，王钧奇，等.耐寒型抗溶性水成膜泡沫灭火剂：CN 104998366A[P]. 2015-10-28.

[25] 潘德顺，徐友萍，王钧奇，等.耐寒型水成膜泡沫灭火剂：CN 104722003A[P]. 2015-06-24.

[26] 俞雪兴，谈龙妹，吴京峰.一种低黏度抗溶水成膜泡沫灭火剂：CN 1539532[P]. 2004-10-27.

[27] 龙光斗，肖舒，古丽米热·加帕，等.一种不含全氟辛基类的非极性水成膜泡沫灭火剂：CN 103721365A[P]. 2014-04-16.

[28] Alm R R, Stern R M. Aqueous film-forming foamable solution useful as fire extinguishing concentrate: US

5085786A[P]. 1992-02-04.

[29] Berger T W. Aqueous film-forming foam fire extinguisher: US 4359096A[P]. 1982-11-16.

[30] Stern R M, Blagev P L, Fan W Q. Fire-fighting agents containing adsorbable fluorocarbon surfactants: WO 9929373A1[P]. 1999-06-17.

[31] Martin T J, Li M. Perfluoroalkyl functionalized polyarylamide for alcohol resistant-aqueous film-forming foam (AR-AFFF) formulations: US 2015251035A1[P]. 2015-09-10.

[32] Stern R M, Fan W Q. Aqueous film-forming foam compositions: WO 9819742A1[P]. 1998-05-14.

[33] Hansen S W, Wagner D L. Aqueous film forming foam concentrates for hydrophilic combusible liquids and method for modifying viscosity of same: EP 0609827A1[P]. 1994-08-10.

[34] Boggs J, Brandstadter S M, Chien J, et al. Production processes and systems, compositions, surfactants, monomer units, metal complexes, phosphate esters, glycols, aqueous film forming foams, and foam stabilizers: WO 2005074593A2[P]. 2005-08-18.

[35] Hansen S W. Aqueous foaming fire extinguishing composition: US 6231778[P]. 2001-05-15.

[36] Tujimoto H, Maki T, Suganuma S, et al. Foam fire extinguishing agent: US 4049556A[P]. 1977-09-20.

[37] Aqueous wetting and film forming compositions for fire-fighting or prevention: GB 1565088[P]. 1980-04-16.

[38] Tanaka K, Nagao K, Hashimoto Y. Fire extinguishing composition: US 2002014610[P]. 2002-02-07.

[39] 端木亭亭.新型氨基酸型氟碳表面活性剂的合成及其在水成膜泡沫灭火剂中的应用[D].南京：南京农业大学，2011.

[40] 端木亭亭，王嘉，梁路，等.非 PFOA 型水成膜泡沫灭火剂[J].消防科学与技术, 2011, 30(9): 825-829.

[41] Moody C A, Field J A. Perfluorinated surfactants and the environmental implications of their use in fire-fighting foams [J]. Environmental Science and Technology, 2000, 34(18): 3864-3870.

[42] Howard R D. Fire-fighting foams: GB 2011784[P]. 1979-07-18.

[43] Garcia G, Durual P. Alcohol resistant film-forming fluoroprotein foam concentrates: US 5824238A[P]. 1998-10-20.

[44] Warnock W R, Flatt D V, Eastman J R. Anti-reflash dry chemical agent: US 3553127A[P]. 1971-01-05.

第九章

氟表面活性剂的应用配方

　　与碳氢表面活性剂相比，氟表面活性剂价格稍显高昂，所以但凡是应用氟表面活性剂的领域，通常是发挥氟表面活性剂独特性能或者说体现其不可替代性的领域。与碳氢表面活性剂相比，氟表面活性剂具有诸多优势，比如低表面能、高表面活性、疏水疏油性、高化学稳定性、高热稳定性等。本章首先介绍选择氟表面活性剂的基本原则，然后举例介绍氟表面活性剂的常见应用以及在某些高技术领域的应用，高技术领域的应用分两节进行介绍，其一为通常意义的具有两亲性的氟表面活性剂，其二为全氟烃。全氟烃被认为是新概念的氟表面活性剂，颠覆了人们对传统表面活性剂概念的认知，其低压蒸气能显著改变很多液体的表面张力并产生一些新的表面现象，因而也被称为"蒸气氟表面活性剂""挥发性表面活性剂"或"气体肥皂"。因而某些场合，全氟烃也被归入氟表面活性剂类型当中。

　　本章涉及的高技术应用领域包括步进快闪式压印技术、治疗诊断学、聚焦超声热疗、防伪技术、多孔二氧化硅材料的制备、超临界 CO_2 微乳、特种涂料、医学成像、电路板或精密零部件的清洗、血液替代品等。

第一节

选择氟表面活性剂的基本原则

做出在产品或配方中使用氟表面活性剂的决定之前，应回答以下几个问题[1]：

① 想利用氟表面活性剂达成什么效果？改善润湿性、改善铺展性、改善起泡性、减少水斑？还是为得到更小的气泡、更小的液滴？增强液体的渗透性还是对热、酸、碱、氧化剂或还原剂的稳定性？

② 氟表面活性剂的物理和化学性质是否适合该体系？

③ 氟表面活性剂会给产品或体系带来问题吗？

④ 该氟表面活性剂成本可接受吗？其效果显著吗？

⑤ 该氟表面活性剂对环境有不良影响吗？

氟表面活性剂的价格相对较高，应用于碳氢表面活性剂无法胜任的场合。值得注意的是，氟表面活性剂使用浓度通常很低，能弥补其价格不利的因素。有时，氟表面活性剂的用量只要 50 ~ 150 μg/g 就足够了。氟表面活性剂的成本通常是硅表面活性剂的 10 倍，碳氢表面活性剂的 100 倍。然而，氟表面活性剂的效果是硅表面活性剂的 10 倍左右，是碳氢表面活性剂的 50 ~ 100 倍。在某些应用中，氟表面活性剂和碳氢表面活性剂复配使用比单组分更为经济或性能更好。

氟表面活性剂可以是液体、膏状或固体。有些用水或有机溶剂做成浓溶液销售；有些则是 100 % 的活性成分。如果体系怕水（要求做成无水体系），则必须使用未稀释的或用有机溶剂配制的氟表面活性剂产品。一些非离子型氟表面活性剂可溶于几种非水溶剂。一般来说，表面活性剂必须在溶解的情况下才能发挥效用。因此，表面活性剂的溶解性可能会限制其在某些体系中的应用。

在选择氟表面活性剂时其他物理特性也很重要，例如浊点、临界胶束浓度（cmc）、亲水亲油平衡（HLB）、倾点和密度等，必须加以考虑。

表面活性剂必须与体系中存在的其他表面活性剂或组分兼容。有些体系能与表面活性剂发生反应。尽管氟表面活性剂的氟化部分可以抵抗化学侵蚀，但连接在表面活性剂上的官能团（如聚氧乙烯链）可能无法抵抗所设计的化学环境。

通常，氟表面活性剂并不具备特定应用所需的全部性能。氟表面活性剂可以显著改善聚酯或聚乙烯片材的润湿性，但不能作为水中油的有效乳化剂。在选择氟表面活性剂时，必须考虑其应用有哪些可取的和不可取的副作用，不应该仅仅根据制造商提供的性能列表来进行选择。例如，表面张力不仅取决于表面活性剂的结构，而且取决于界面的性质。因此，氟表面活性剂在大规模使用之前，应该在体系或产品中进行测试。表面活性剂应在不同浓度下进行测试，观察表面活性剂的表面活性和副作用。

此外，在计划应用一种氟表面活性剂时，必须考虑氟表面活性剂对生态环境的影响。

第二节
氟表面活性剂的常见应用

许多氟表面活性剂是强效润湿剂。对于临界表面张力低于 25 mN/m 的表面，需要用氟表面活性剂作湿润剂。对于具有较高临界表面张力的表面，氟表面活性剂能发挥独特作用，基于其非再润湿效应——某些氟表面活性剂被强烈吸附在表面上，而其碳氟链指向溶液，被吸附的氟表面活性剂可防止或阻碍表面被溶液再润湿。例如，Zonyl FSP[$R_fCH_2CH_2OP(O)(ONH_4)_2$]是一种阴离子型氟表面活性剂，是铝在酸性或碱性介质中的保护剂和抗腐蚀剂。某些氟表面活性剂会降低碳氢表面（比如聚乙烯）的可润湿性。

对于连续相或分散相为氟碳化合物的体系，氟表面活性剂是有用的乳化剂和分散剂。氟表面活性剂和碳氢表面活性剂的混合物比单独使用一种组分更有效且更便宜。

氟表面活性剂的泡沫性能差异很大。例如，两性表面活性剂 Zonyl FSK 和 Zonyl FSC 是很好的发泡剂，而阴离子氟表面活性剂 Zonyl FSP 和非离子氟表面活性剂 Zonyl FSN 起泡性很低。在一些体系中，Zonyl FSP 是一种消泡剂。

一、黏合剂[1]

氟表面活性剂可用于溶剂型胶黏剂（如 Zonyl FSN-100 和 FSO-100）或水基型胶黏剂（如 Zonyl FSA、FSP 和 FSN）。添加到水基型胶黏剂中的氟表面活性剂有利于黏结基质的润湿和渗透。通过改善流平性和铺展性，氟表面活性剂保证了黏结表面之间的有效接触，并延缓起泡。

举个例子，如在使用环氧树脂黏合剂时，只需加入质量分数为 0.6 % 的 $C_8F_{17}CONHC_{12}H_{25}$，在铁板上的涂布量为 0.17 g/cm² 时，黏合剂的压缩剪切强度可达 240 N/cm²。又如，只要把 100 μg 全氟烷基磺酸钾加到 1 g 甲基丙烯酸胶黏剂中，以不锈钢假牙黏结到牛的牙齿上做实验，其黏结强度由 440 N/cm² 提高到 867 N/cm²。[2]

氟表面活性剂还可用于黏结剂底涂材料。α-氰基丙烯酸酯[CH$_2$=C(CN)COOR]黏合剂具有室温瞬间固化的特点，适用面广，在金属、陶瓷、木材、玻璃、塑料、橡胶等表面均可使用。但在使用过程中，应选用合适的底涂材料，以提高该黏合剂的附着性，提高其黏结强度。其中一类黏合剂的底涂材料叫覆盖型底涂物，与通常的底涂材料不同，它不是在黏结面上处理，而是在黏结液体上进行处理，以促进涂布黏结剂硬化，一般用在被黏结零件有部分间隙的场合。将具有显著低表面张力的氟表面活性剂作覆盖型底涂材料，可帮助 α-氰基丙烯酸酯填充固化。这类氟表面活性剂有 C$_9$F$_{17}$O(CH$_2$CH$_2$O)$_7$CH$_3$、C$_9$F$_{17}$OC$_6$H$_4$SO$_2$NH(CH$_2$)$_3$N$^+$(CH$_3$)$_3$I$^-$、C$_9$F$_{17}$OC$_6$H$_4$CH$_2$N$^+$(CH$_3$)$_2$CH$_2$COO$^-$等。例如，取 100 份丙酮，加入 0.05 份 C$_9$F$_{17}$OC$_6$H$_4$CH$_2$N$^+$(CH$_3$)$_2$CH$_2$COO$^-$配成溶液，得到一种覆盖型底涂剂。在低碳钢的钢板上，放置 1 根直径为 2.5 mm 的尼龙包覆电线，涂覆黏度为 0.2 Pa·s 的 α-氰基丙烯酸酯黏合剂 0.3 cm³ 形成 1 cm 宽的带状。再在这上面涂覆上述底涂剂 0.3 cm³，5 min 后，涂覆了该底涂剂的表面已均匀硬化，与使用碳氢表面活性剂配制的同浓度的丙酮溶液在同等情况下相比，氟表面活性剂配制的底涂剂所得的剥离强度要高得多。[2]

评价氟表面活性剂时，应选取其固体占黏合剂配方重量的 0.001 %、0.01 %和 0.1 %，因为氟表面活性剂的效果在这个浓度范围内会有很大的变化。阴离子氟表面活性剂（如 Zonyl FSA 和 FSP）应在软水中进行评估。如果使用硬水，应加入螯合剂以降低水的硬度。

含聚酰胺和氟表面活性剂或硅表面活性剂的泡沫型热熔胶适用于粗糙表面。氟表面活性剂添加到橡胶中（SKF 26）可使橡胶与钢实现无胶连接。

二、防雾剂

氟表面活性剂可以在玻璃、金属或塑料表面形成耐用的防雾膜。含有氟表面活性剂的防雾配方对防止暴露在潮湿空气中玻璃表面起雾非常有效，例如浴室的镜子、汽车挡风玻璃和眼镜镜片[1]。

阴离子、非离子或两性氟表面活性剂可防止农业用玻璃和塑料盖板起雾。全氟辛烷磺酸钾和非离子表面活性剂掺入透明的聚氯乙烯膜、聚乙烯膜或乙烯-乙酸乙烯共聚物膜中，可减少大气水分凝结造成的浑浊。一种耐气候的农业覆盖膜由聚氯乙烯、邻苯二甲酸酯塑化剂、非离子表面活性剂和邻苯二甲酸酯不溶性氟表面活性剂（Zonyl FSN）混合制成，在农地使用 2 个月后仍显示出防雾效果[1]。

下面举一个具体例子，见表 9.1。

表9.1　内添加法制造薄膜防雾剂配方（日本专利152822，1992年）[2]

组分	质量份
聚氯乙烯	100
邻苯二甲酸二辛酯（塑化剂）	45
添加剂	10
$C_8F_{17}CH_2CH[O(C_2H_4O)_5CH_3]CH_2O(C_2H_4O)_8CH_3$	0.1

说明：在 180 ℃混炼成 100 μm 厚的塑料薄膜，有良好的防雾效果。

除表 9.1 所示配方外，还可将山梨醇和硬脂酸形成的酯（一种多元醇型非离子碳氢表面活性剂）与全氟辛基聚氧乙烯醚大约按 6∶1 比例混合，再加入聚氯乙烯、塑化剂及添加剂，经碾滚捏合，制成 100 μm 厚的塑料薄膜，使用 10 个月仍有良好的防雾防凝露效果[2]。

类似的还有表 9.2 所示的配方，其中氟表面活性剂作为防雾剂和防滴水剂[3]。

表9.2　农用聚氯乙烯薄膜配方[3]

组分	质量份
聚氯乙烯（PVC）（d.p.1300）	100
氟表面活性剂 Megafac F142 D	0.3
环氧树脂	2
$[(C_6H_5CH_2O)_2P(O)OC_6H_4]_2C(CH_3)_2$	1
Ba-Zn 稳定剂	2.5
邻苯二甲酸二辛酯（DOP）	49
山梨醇酐硬脂酸单酯	1
山梨醇酐棕榈酸单酯	1

说明：将上述组分混合，模塑成 0.1 mm 厚的膜。这种特殊农用聚氯乙烯薄膜有优良的热稳定性和长效的防雾能力。

含氟有机锡化合物和非离子表面活性剂作为防雾剂，用于防雾农用覆盖材料，这种材料主要用于湿室等。配方举例如表 9.3 所示[3]。

表9.3　防雾薄膜配方1[3]

组分	质量份
PVC	100
DOP	45
磷酸三甲苯酯	5

续表

组分	质量份
Ba-Zn 稳定剂	3
环氧树脂	2
山梨醇单棕榈酸酯	1.3
乙氧基化山梨醇单硬脂酸酯	0.5
二丁基锡双十七氟癸酸盐（表面活性剂）	0.3

说明：制作成的薄膜在户外暴露 3 个月以上能很好地防雾，不加氟表面活性剂的对照样品防雾时间小于 10 天。

其他应用配方举例见表 9.4 ~ 表 9.8。

表9.4　防雾薄膜配方2[3]

组分	质量份
PVC	100
DOP	50
山梨醇棕榈酸酯	2
聚氧丙烯-3-全氟辛基丙醇单醚	0.1

说明：压延制成的薄膜（0.075 μm 厚）没有水滴黏附或雾状（45 ℃）达 9 个月以上。

表9.5　防雾薄膜配方3[3]

组分	质量份
PVC	100
DOP	45
磷酸三甲苯酯	5
Epikote 828（环氧树脂）	2.5
Ca-Ba-Zn 络合物稳定剂	2.5
山梨醇单棕榈酸酯	2
Unidyne DS401（氟化合物）	0.2
Alcamizer II（氢化滑块石化合物）	5
UV 吸收剂	0.7

说明：压延制成的薄膜有良好的防雾和保温性能。

表9.6　耐久性防雾膜配方[3]

组分	质量份
PVC	100

续表

组分	质量份
DOP	45
磷酸三甲苯酯	6
环氧树脂	2
Ba-Zn 稳定剂	2
甲烯基双硬脂酸酰胺	0.1
UV 吸收剂	0.1
山梨醇单硬脂酸酯-环氧乙烷加成物	1
山梨醇单棕榈酸酯	1
$C_8F_{17}CH_2CH(OAc)CH_2O(CH_2CH_2O)_8Ac$	0.1

说明：混合压延成 0.1mm 薄膜，有优良的防雾、防水、耐候性。作为比较，不加氟表面活性剂的薄膜防雾性差。

表9.7 防雾薄膜配方4[3]

组分	质量份
PVC	100
DOP	45
3-氯-1,2-环氧丙烷羧基树脂	2
磷酸三甲苯酯	5
Ba-Zn 液体稳定剂	2
Ba-Zn 粉末稳定剂	1
山梨醇单棕榈酸酯	1
2:1 乙氧基化山梨醇硬脂酸酯	1
二苯甲酮 UV 吸收剂	0.2
$HC_8F_{16}CH_2O(CH_2CH_2O)_9H$	0.1

说明：制成的膜可保持良好的防雾性约 4 个月。

表9.8 用于PVC膜的防雾剂配方[3]

组分	质量份
山梨醇单棕榈酸酯	2
$C_8F_{17}CON(C_3H_7)CH_2CH_2(OCH_2CH_2)_nOCH_3$	0.1
$Mg(OH)_2$（$d=1\ \mu m$）	2
$Mg_{0.87}Al_{0.33}(OH)_2(CO_3)_{0.165}0.5H_2O$（$d=0.4\ \mu m$）	3

说明：使用该防雾剂制作的薄膜经过 1、4 和 6 个月后防雾性能评分分别为 1.0、1.1 和 1.1（最好为 1，最差为 4）。

　　Ueno 等研究了表面活性剂对透明的纤维素酯膜的防雾作用。单分子层非离子氟表面活性剂比相应的非离子碳氢表面活性剂具有更好的防雾效果。放置在 60 ℃充满水蒸气的密闭舱内，薄膜的表面在很长一段时间内保持透明。非离子氟表面活性剂的防雾作用是由于单分子层中碳氟链和聚氧乙烯链组成的双重结构[1]。

三、抗静电剂[1]

　　抗静电剂可防止静电累积，并可驱散基底上形成的电荷。

　　Brueck 研究了正电端为聚乙烯亚胺、负电端为六氟丙烯-四氟乙烯共聚物的摩擦带电系列聚合物的静电性质，并将多种聚合物商品与摩擦带电系列聚合物进行了比较。不同极性基团的电性质（电性及带电程度）有所不同，决定聚合物的带电性能。用氟表面活性剂进行表面处理可极大地改变聚合物自身的带电性能。

　　两性表面活性剂，如羧甲基-3-十九氟癸酰胺丙基铵氢氧化物内盐，溶于有机溶剂（如异丙醇）中，可作为磁带和唱片的抗静电剂。阴离子氟表面活性剂（如 $C_6F_{13}SO_3Li$）已用于抗静电橡胶复合材料中。具有 C_{4-16} 全氟碳链的阴离子表面活性剂（如 $C_6F_{13}SO_3Li$）和具有 C_{4-16} 全氟碳链和聚氧乙烯链的非离子表面活性剂[如 $C_8F_{17}SO_2N(C_3H_7)(CH_2CH_2O)_{20}H$]的混合物已宣称作为聚氯乙烯的抗静电剂。非离子型氟表面活性剂 $C_6F_{13}SO_2N[(CH_2)_5CH_3]CH_2CH_2(OCH_2CH_2)_nOH$ 配成异丙醇溶液进行应用，可减少聚酯薄膜的表面电荷。

　　非离子型氟表面活性剂（如 Monflor 51 和 Monflor 52）是低密度聚乙烯有效的内部抗静电剂。

　　氟表面活性剂可作为感光材料的抗静电剂。通常使用的是阴离子氟表面活性剂，有代表性调整带电体电荷的抗静电剂是 $C_8F_{17}SO_2N(C_3H_7)CH_2COOK$[2]。

　　氟表面活性剂可用于热显影光敏材料。该材料的任一面有成像层，成像层含有可还原的有机 Ag 盐、还原剂、卤代银、黏合剂以及高聚物保护层，涂以氟表面活性剂和聚氧乙烯化合物。该涂层阻止热显影体系中形成的摩擦静电荷。例如，热显影成像层（在纸张上）用如下组成的材料复涂，复涂材料由 Gohsenol NH189（聚乙烯醇）、Fluorad FC129（氟表面活性剂）、Denasol EX832、硅组分和水组成。成像纸在 140 ℃显影，速率为 100 mm/s，无摩擦静电荷产生。如果不加入 Fluorad FC129 和／或 Denacol EX832，光敏材料将产生高静电荷，这种静电荷在纸张传送体系中将造成电撞击并引起干扰[3]。

　　氟表面活性剂作织物抗静电剂，抗静电效果比碳氢表面活性剂强得多。例如，与使用碳氢硬脂酸盐处理尼龙纤维相比，使用吡啶盐型氟表面活性剂 $CF_3CHFCF_2CH_2COO(CH_2)_{10}N^+C_5H_5Br^-$ 能更快地使产生的静电荷消散，而且耐久性好并兼有拒水拒油功效[2]。

四、生物材料[1]

表面特性，如表面组成、形貌和润湿性，影响着生物材料的生物响应性（biological response）。在聚氨酯上接枝全氟癸酸可以提高其与血液的相容性，这与氟化表面的惰性、低表面能以及形貌有关。此高疏水表面的临界表面张力（γ_c）值较低，为 6.9 mN/m，这与—CF_3 基团在外表面的取向良好有关。

五、水泥添加剂[1]

氟表面活性剂可减少水泥收缩。涂着含有氟表面活性剂的炭黑分散体的水泥瓦比用木质素磺酸盐分散剂制出的水泥瓦具有更强的耐候性。氟表面活性剂对用来覆盖水泥砂浆的底漆有改善作用。

六、硬表面清洁剂[1]

在由传统表面活性剂配制的硬表面清洁剂配方中，引入少量[0.2 %（质量分数）]氟表面活性剂可以显著增强清洁能力。氟表面活性剂有助于硬表面润湿，并辅助清洁低能表面，如聚乙烯。它们还可促进冲洗液快速流走。在一种洗涤剂中氟表面活性剂 $C_{10}F_{21}CONH(CH_2)_5COONH_4$ 可减少清洁后的玻璃因擦拭遗留的条纹和反射闪光。

举一个例子，以光洁度[光洁度=（洗净后玻璃光度/未污染玻璃光度）× 100 %]来表示清洗效果，若将通常使用烷基苯磺酸钠、烷基苯聚氧乙烯醚硫酸钠等清洗剂清洗后的玻璃的光洁度定为 90 %的话，在上述清洗剂中分别加入 0.2 %的氟表面活性剂 $C_8F_{17}SO_2NH(CH_2)_3N^+(CH_3)_2CH_2COO^-$、$C_8F_{17}SO_2N(C_2H_5)(C_2H_4O)_5H$、$C_8F_{17}CONH(CH_2)_5COONH_4$ 后，光洁度分别提高至 99 %、99.5 %和 100 %[2]。

氟表面活性剂（如 Zonyl FSN、Zonyl FSP 或 Zonyl FSA）应用于清洁配方，用来从反渗透膜上清除硫酸钙水垢。

出色的化学稳定性使得氟表面活性剂可用于含强酸或强碱的清洁剂中。一种典型的碱性清洁剂含有 5 %~10 %的氢氧化钠和 0.01 %的阴离子氟表面活性剂（例如 Fluorad FC129）。一种阳离子氟表面活性剂（约 0.01 %）有助于润湿和去除混凝土上的油性污垢，并且辅助磷酸-盐酸混合物清洗混凝土或砖石建筑。氟表面活性剂也可用于清洁金属表面（如飞机外部的清洁）和金属脱脂。

汽车蜡中的氟表面活性剂有助于铺展和提高抛光剂的耐水性和耐油性。氟表面活性剂也用于其他汽车护理产品，如用于喷洗汽车的清洁剂和用于织物、乙烯基表面的清洁剂。

氟表面活性剂[如 $C_8F_{17}SO_2N(C_3H_7)CH_2COOK$]在非水性清洗剂中有助于去除黏合剂，并对纺织品或金属表面的干洗有帮助。用含有少量表面活性剂[如

$C_8F_{17}SO_2N(C_2H_5)CH_2COOK$]的环状醇，可从集成电路模块去除固化的环氧树脂。在镀镍后，用一种含全氟辛烷磺酸盐的三氯三氟乙烷可清洗机器部件（如钢螺钉等）。

七、涂料及涂层[1]

涂层有两个界面：涂层-空气界面和涂层-基底界面。氟表面活性剂可改善涂料的润湿性和流平性，并控制涂料在涂覆、干燥和固化阶段的表面张力。使用氟表面活性剂降低表面张力的特性可以解决表面上污染物（如烃类或硅油的膜）引起的润湿和抗润湿（dewetting）问题。为满足欲涂覆的第二涂层的表面张力低于第一涂层，采用氟表面活性剂会很有效。然而，氟表面活性剂在涂层中的效果取决于涂料的配方。Linert 和 Chasman 测试了各种含有氟表面活性剂的涂料配方的重涂性（recoatability），其效果取决于涂层的类型。有些氟表面活性剂可改善重涂性，有些则无影响，有些甚至妨害了热固化体系和紫外线固化体系的重涂性。例如，Fluorad FC430 提高了热固性环氧烘烤涂料的可重涂性，但妨害了高固相聚酯涂料的重涂性。由于表面活性剂的选择取决于涂料的配方，因此应测试一系列氟表面活性剂，以选择最佳的氟表面活性剂用于改善重涂性。

氟表面活性剂在涂抹和干燥阶段有助于保持均匀的低表面张力。通过在整个干燥和固化阶段中均匀地压低表面张力，可使刷痕和轧辊引起的流平性缺陷最小化。氟表面活性剂可消除表面张力梯度引起的涂层缺陷，如橘皮、凹坑、画框、边缘皱缩起块和鱼眼。表面张力的局部差异可导致类似于橘子外皮状的表面粗糙。环形坑（crater）是表面污染物或颗粒造成的小的碗状凹陷。由此产生的表面张力差导致树脂从表面张力下降的区域向别处迁移。溶剂的迅速蒸发导致表面张力梯度变化，并导致颜料颗粒和树脂迁移。氟表面活性剂降低涂料的表面张力，减少颜料上浮，这在使用强着色颜料时是很常见的。氟表面活性剂还可提高光泽，调节流变性，控制流动和泡沫。

含有氟表面活性剂（如全氟烷基磷酸酯）和铝粉颜料的颜料分散体在高温下稳定，并可用于采用喷涂和烘烤涂覆方式的汽车涂料中。氟表面活性剂作为涂料添加剂，可提高内外部涂料的防尘性能。将分散体系（含有丙烯酸、乙烯基类的单体、氟表面活性剂和过硫酸铵催化剂）与 TiO_2 颜料和六甲氧基甲基三聚氰胺混合，喷于金属表面，在 150 ℃固化，发生聚合得到涂层。在没有氟表面活性剂的情况下，类似的涂层会形成环形坑和裂缝。

涂料中使用的氟表面活性剂是阴离子型或非离子型的。根据涂层以及所要求的效果不同，氟表面活性剂占树脂固体的 0.05 % ~ 0.5 %。表面活性剂的效果取决于涂料体系。例如，对于环氧涂层，Fluorad FC430 效果极佳，而 Fluorad FC431 的效果较差。然而，Fluorad FC431 对纤维素体系和丙烯酸体系极佳，而 Fluorad FC430 的效果只能说还好。（3M 公司已停止生产 Fluorad FC430 和 Fluorad FC431，并停止在涂料和油漆中使用氟表面活性剂）。

涂料中的表面活性剂发挥多重作用——润湿剂；黏合剂的乳化剂；颜料的分散剂。然而，在干燥的涂料膜中，表面活性剂会软化涂料膜，损害涂层的耐久性。通过使用可破坏的或可水解的表面活性剂或可聚合的表面活性剂，可避免涂层中残留在表面的活性剂所造成的问题。

热塑性丙烯酸漆是性能优良的装饰性涂料，有很好的硬度，颜色浅不易泛黄，耐久性、耐热性好并有良好的耐候性[2]。在丙烯酸漆中加入氟表面活性剂可赋予其更好的性能，举一个例子如表9.9所示。

表9.9　添加了氟表面活性剂的丙烯酸漆配方（欧洲专利EP0402085）

组分	添加量
甲基丙烯酸、甲基丙烯酸乙酯、甲基丙烯酸甲酯（三种单体的质量比=10：23.4：66.7）合成的共聚物的水分散液（固含量15%）	—
苯并三唑类紫外线吸收剂	每100份单体总量添加0.67份
酚类抗氧化剂	每100份单体总量添加0.67份
丙烯酸增稠剂	添加量为水分散液的0.8%
氟表面活性剂	添加量为水分散液的0.1%

说明：通过高压均质化得到水基保护性涂料，其特点是干燥快，并有良好的耐酸、耐热、耐光性能。

将氟表面活性剂加入涂料中可使涂料产生防污功能，把这种涂料涂于墙壁表面，会形成10~20μm厚的防污保护层，在室外保持3个月仍有防污效果，且不受气候影响。另外，用80℃的油与水的乳液（5：95）又可方便地将此涂层擦掉，因此又称为能剥离的保护涂层涂料。一种保护涂层涂料配方如表9.10所示[2]。

表9.10　保护涂层涂料配方[2]

组分	质量份
聚乙烯醇	4
质量分数为20%的全氟烷基苯甲酸钾（$R_fC_6H_4COOK$）	51
水	91

说明：该涂料涂于聚氯乙烯塑料、耐热有机玻璃、钢或铝板表面，3天之后用车体漆或车身底板含沥青的涂料玷污上述物体表面，如用热水稍加压擦洗即可把车体漆或含沥青涂料擦去，而不含氟表面活性剂的涂料没有这种防污功能。

氟表面活性剂可作为涂料分散剂。氟表面活性剂最适合用于分散颜料的制备。一般用平均官能度≥2.5和NCO基团含量5%~50%的异氰酸酯单羟基聚醚醇

（分子量 150~5000，环氧乙烷含量 50%~99.5%）5%~90%，N-羟烷基化氟烷基磺酰胺 0.1%~50%，带有 NCO 反应基团的叔胺（M_w 88~250）5%~80%和乙氧基化合物（M_w 32~3000）0~40%制备水涂料分散剂，可有效用于触水设备。如表 9.11 所示配方的水溶液混合组成涂料分散剂，作触水涂料。[3]

表 9.11　涂料分散剂配方[3]

组分	质量份
聚乙二醇-聚丙二醇单丁醚（M_w 2250，环氧乙烷含量 87.5%）	181.16
N-2-羟乙基-N-甲基全氟辛基磺酰胺	35.7
51% 2,4-TDI 异氰尿酸酯三聚体（NCO 含量 8.0%）的水溶液	128.76
Me$_2$N(CH$_2$)$_3$NH$_2$	5.05

说明：该涂料分散剂适用于触水设备。

氟表面活性剂可用于硅橡胶改性。例如，在硅橡胶片表面涂上如配方（表 9.12）组成的混合物，在 120 ℃固化得到的产品有良好的外观、优等的黏附性和硬度[3]。

表 9.12　底漆配方[3]

组分	质量份
γ-缩水甘油丙基三甲基硅烷	10
γ-氨基丙基三甲基硅烷	20
四异丙氧基钛	0.3
双酚 A 环氧树脂	100
3,9-双(3-氨基丙基)-2,4,8,10-四氧杂螺旋(5,5)十一烷	100
氟表面活性剂 Fluorad F430	0.5

全氟尿烷能提高抗腐蚀涂料的保护性能。此外，氟硅表面活性剂也被用作涂料添加剂。另外，氟表面活性剂可用于地板护理（如抛光剂和蜡）。

八、化妆品[1]

氟表面活性剂在化妆品中用作乳化剂、润滑剂或疏油剂。

表 9.13 给出了一个用氟表面活性剂配制化妆品膏霜的例子[3]。

表9.13 膏霜型化妆品配方[3]

组分	含量/%
1-(2′-氟己基乙硫基)-3-(2″-乙基己氧基)-2-丙醇①	29.40
MgSO$_4$	0.7
Abil EM90	3.00
甘油	5.00
Unitwix	0.5
4-羟基苯甲酸甲酯	0.2
4-羟基苯甲酸丙酯	0.1
水	61.1

① 氟表面活性剂的制备：2-氟己基乙基硫醇 152 g，30 %的甲醇钠 3.6 g 和 2-氟乙基基缩水甘油醚 74.4 g 在 60～70 ℃反应，反应混合物再用盐酸中和得到产物。

皮肤保护剂主要抗紫外线，防虫以及保护皮肤不受农业化学品和有毒物质毒害。这些保护剂含有氟表面活性剂和 UV 保护剂、防虫剂。配方举例如表 9.14 所示[3]。

表9.14 皮肤保护剂配方[3]

组分	质量份
R^4(R^1)$_2$SiO[(R^1)$_2$SiO]$_l$[R^{1}R^{2}SiO]$_m$[R^{3}R^{1}SiO]$_n$Si(R^1)$_2$R^4 其中 R^1 = R^4 = Me，R^2 = C$_2$H$_4$CF$_3$，R^3 = C$_3$H$_6$O(C$_2$H$_4$O)$_{10}$H，l = 0，m、n =10	20
DEET	15
硅处理过的超细 TiO$_2$ 颗粒	6
SiO$_2$	1
Parsol MCX	6
十甲基环四硅烷	52

说明：混合配制成的皮肤保护剂有防蚊子和防晒黑的功能。

在皮肤保护剂中加入 0.01 %～ 1 %的 C$_{4\sim32}$ 全氟烷基表面活性剂如 Fluorad，可改善皮肤保护剂和化妆品的液流性能和铺展性能。配方举例如表 9.15 所示[3]。

表9.15 睫毛油配方[3]

组分	质量份
黑氧化铁	6.00
Fluorad FC170C	0.20

续表

组分	质量份
羟乙基纤维素	1.00
对羟基苯甲酸甲酯	0.18
阿拉伯树胶	1.00
咪唑烷基脲	0.30
Cannauba Wax	36.56
乙氧基化甘油基单硬脂酸酯	9.14
水	加至 100

卸妆净化油中加入氟表面活性剂，卸妆时更容易除去所用的化妆品。配方举例如表 9.16 所示[3]。

表9.16 卸妆净化油配方[3]

组分	含量/%
全氟辛基乙基辛酸酯（用十七氟十碳醇与辛基羧酸酰氯制备）	20
液体石蜡	30
三十碳羧酸异丙酯	40
聚氧乙烯甘油基三硬脂酸酯	10

说明：上述组分混合得到的卸妆净化油能有效地去除含氟或含硅的化妆品。

某些既含碳氢链又含碳氟链的化合物既易溶于低级醇中，又可溶于通常用于化妆品的油中。按表 9.17 所示配方可配制防散逸的黏稠的化妆品[3]。

表9.17 防散逸化妆品配方[3]

组分	质量份
1-(2′-全氟辛基乙硫基)-3-辛基癸基硫基-2-丙醇①	1
硬脂醇	20
三十烷基羧酸异丙酯	10
滑石	1
Aerosil R972	0.5
AlCl$_3$	15
香料	
cyclomethicone	加至 100

① 该化合物由十八烷基硫醇与 2-全氟辛基乙基缩水甘油硫醚反应制备。

氟表面活性剂还可用于均相化妆品。例如，用表 9.18 所示配方可配制化妆品洗剂[3]。

表9.18 化妆品洗剂配方[3]

组分	质量份
1-(2-全氟己基乙硫基)-3-(2-乙基己氧基)-2-丙醇	30
六亚甲基乙二醇	60
水	9.8
NaCl	0.1
对羟基苯甲酸甲酯	0.1

氟表面活性剂可应用于防水防油化妆品。化妆品中的固体粉末及 ZnO（质量表面积为 $10 \sim 100$ m²/g）经氟化物处理后配制的化妆品有防水防油功能。Sericite（100 g）与 33 g 含约 17.5 %全氟烷基磷酸酯双（2-羟乙基）铵盐在 40 ℃搅拌，得到 105 g 处理过的粉末，化妆品的基材中含有质量分数为 3.0 %这种处理过的粉末[3]。

氟表面活性剂可应用于稳定乳剂化妆品。这种乳剂化妆品含有液体有机氟化合物，$C_{10 \sim 22}$ 饱和或不饱和脂肪酸多价金属盐和经疏水处理的颜料。所配制的化妆品乳剂有高的贮存稳定性，配方举例如表 9.19 所示[3]。

表9.19 化妆品乳剂配方[3]

组分	含量/%
甘油 α-单异硬脂酸酯	1.5
硬脂酸单铝盐	0.5
KF6015（二甲基聚硅氧烷-聚氧乙烯共聚物）	1.5
用($C_8F_{17}CH_2CH_2O)_2P(O)(OH)$处理过的滑石粉	15
KF964（二甲基聚硅氧烷）	10
MgSO₄	1.0
FOMBL IN25（全氟聚醚）	10

说明：加入平衡乳化成分得到化妆品乳剂，在 40 ℃贮存 7 天外观没有变化。

化妆品中有些基料为固体粉末，如这些基料粉末在配制之前用氟表面活性剂作表面处理，则配制的化妆品具有更优越的性能。配制的化妆品能在皮肤表面滑润地铺展，同时有防水防油的性能。配方举例如表 9.20 所示[3]。

表9.20　防水防油化妆品配方[3]

组分	含量/%
包覆氟表面活性剂的 TiO$_2$①	35.0
十四碳羧酸异丙酯	3.5
颜料	4.5
山梨醇单油酸酯	2.5
滑石粉	41.0
甘油	3.0
液体石蜡	10.0
香料	0.5

① TiO$_2$（10 g）用 2 g C$_6$F$_{13}$(CH$_2$)$_2$O(CH$_2$)$_2$OH 的乙醇溶液在室温下处理，除去乙醇以后即得到由氟表面活性剂包覆的 TiO$_2$。

如果将表9.20中氟表面活性剂的结构做些改变，由这些粉末基料配制的化妆品则既有良好的防水防油性能和延展性能，又容易洗去。配方如表9.21所示[3]。

表9.21　易洗去的防水防油化妆品配方[3]

组分	含量/%
处理过的 TiO$_2$①	35.0
十四碳羧酸异丙酯	3.5
颜料	4.5
山梨醇单油酸酯	2.5
滑石粉	41.0
甘油	3.0
液体石蜡	10.0
香料	0.5

① 将 TiO$_2$ 10 g 用 2 g HOCH$_2$(CF$_2$)$_3$CH$_2$OH 的乙醇溶液在室温下处理，除去乙醇后得到由氟表面活性剂 HOCH$_2$(CF$_2$)$_3$CH$_2$OH 包覆的 TiO$_2$ 粉末。

再举一个氟表面活性剂用于无机粉末包覆处理的应用例子。化妆品中的无机粉末经处理后配制的化妆品具有防水防油性能，在皮肤表面使用呈现均匀性。配方如表9.22所示[3]。

表9.22　化妆品基料粉末配方[3]

组分	质量份
包覆过的 Sericite[①]	53
Squlane（2，6，10，15，19，23-六甲基二十四烷）	7.8
包覆过的 TiO₂	10
滑石粉	17
2-辛基十二烷基十四碳羧酸酯	4
球形硅酸铝	4
香料	0.2
红氧化铁	4

① 处理方法：Sericite 100 份在异丙醇中用丙酮和水处理，干燥，在 260 ℃加热 24 h，再与含有 8 份全氟烷基硅和 0.25 份三乙酰丙酮铝的二甲苯溶液混合，除去二甲苯，残物干燥并加热至 150 ℃（12 h）得到已包覆氟硅表面活性剂的 Sericite。

氟表面活性剂可改善化妆品的逸散。无水黏稠化妆品，例如口红，按表 9.23 配方配制可改善其逸散[3]。

表9.23　口红配方[3]

组分	含量/%
PVP-二十碳烯共聚物	3.00
芦荟提取物	0.30
合成碳氢化合物（烃）	3.50
PE-48 季戊四醇四辛酸酯	1.00
含氟辛基十二烷基绣绒菊酯	4.00
双异十八碳酰基三羟甲基丙烷甲硅氧基硅酸酯	1.00
合成蜡	7.00
地蜡	1.00
Dimethicone copolyol	5.00
蜡状菌素	1.10
D&C Red 7 Ca Lake	1.00
对羟基苯甲酸甲酯	0.30
D and C&6 Ba Lake	3.25
对羟基苯甲酸丙酯	0.10
FD&C Yellow 6 Al Lake	0.05

续表

组分	含量/%
GHA	0.10
氯氧化铋	5.00
维生素 E 乙酸酯	0.10
云母	2.10
苹果提取物 / 氢化蔬菜油	0.30
cyclomethicone	48.47
聚丙烯	0.50
云母 / 二氧化硅	11.78

一种防逸散、有光泽的唇膏配方如表 9.24 所示。

表9.24 唇膏配方[3]

组分	含量/%
含氟辛基十二烷基绣绒菊酯	6.00
云母/二氧化硅	13.80
己二酸双癸基酯	3.00
云母/尼龙	5.00
合成蜡	8.00
云母	2.10
Polywax-500（聚乙烯蜡）	2.50
异十二烷	9.50
维生素 E 乙酸酯	0.10
PVP-二十碳烯共聚物	5.00
苹果提取物/氢化蔬菜油	0.30
羊毛脂油	5.00
芦荟提取物	1.00
Cyclomethicone/三甲硅氧基硅酸酯（50：50）	5.00
对羟基苯甲酸丙酯	0.10
BHA	0.10
Cyclomethicone	27.50
颜料研磨粉	11.00

油基化妆品的成分中至少含油相 75％，含水相 25％。表 9.24 配方中加入氟表

面活性剂后是很好的皮肤化妆品配方。配方举例如表 9.25 所示[3]。

表9.25 手用膏霜配方[3]

组分	含量/%
Jojoba 油	15
Dimillicone	67.5
N-2-全氟辛基乙氧基羰基肌氨酸钠盐	0.4
水	加至 100

充氧护肤品的主要成分是磷脂、载氧氟碳化合物、营养素、活性和/或保护物质。氟碳化合物的比例在 0.2 % ~ 100 % 的范围内；磷脂（含 33 % ~ 99 %）为磷脂胆碱，磷脂胆碱为不对称层状聚集体；组分中还含有由植物细胞、细菌或酵母经超声和／或高压（25 MPa）均质化而成的悬浮液或分散液的温和分解产物；化妆品成分或其他皮肤护理剂作为载体以便适合用于皮肤。这一配方的特点是该配方的含氧量，而含氧量则是氟碳化合物与上述分解产物之间协同作用的结果。配方举例如表 9.26 所示。

表9.26 充氧护肤品配方[3]

组分	含量/%
分散液①	
丙烯酸酯共聚物	0.4
酵母提取物	0.1
三乙醇胺	0.4
香料	0.3
Jojoba 油	1.5
C_{12-15} 烷基苯甲酸盐	3.5
Babassu 油	1
Steareth-2	3
维生素 E	0.5
Steareth-21	1.9
防腐添加剂	0.3
辛基/癸基甘油 PEG 酯	2.5
蒸馏水	加至 100

① 先将磷脂的水溶液与高纯度的氟碳混合物（90 %氟化萘和 10 %全氟二丁基甲基胺，临界共溶温度 26 ℃）均质化成分散液，其中含有氟碳聚集体 0.1 %。

头发护理配方中的氟表面活性剂能提高润滑性，改善湿发的易梳性，并使头发疏油。氟表面活性剂被添加到发乳和染发液中，以防止头发变油。例如 $(R_fCH_2CH_2O)_x$ $PO(O^-NH_4^+)_y$，$x+y=3$（Zonyl FSP）；$(R_fCH_2CH_2O)_xPO(O^-NH_4^+)_y(OCH_2CH_2OH)_z$，$x+y+z=3$（Zonyl FSE）；全氟辛酸；$CF_3(CF_2)_6(CH_2)_yS(CH_2)_xCOOM$，$x=1\sim20$，$y=1\sim4$，M=碱金属或铵离子；$C_8F_{17}(CH_2CH_2O)_8COC_{15}H_{31}$；$C_8F_{17}SO_2N(C_2H_5)CH_2CH_2OP(O)(OH)_2$，$C_8F_{17}SO_2N(C_2H_5)CH_2COOK$ 或者一种阳离子型氟表面活性剂 $C_8F_{17}SO_2NH(CH_2)_3N^+(CH_3)_3I^-$；$C_{10}F_{21}SO_2N(C_2H_5)CH_2CH_2OP(O)(OH)_2$，$HOCH(CH_2SCH_2CH_2C_6F_{13})_2$，$C_8F_{17}CH_2CH_2SCH_2CH(OH)CH_2CH(C_{10}H_{21})C_{12}H_{25}$。少量（<0.05%）的氟表面活性剂（如 Lodyne S-106B、Lodyne S-112B、Zonyl FSA 和 Zonyl FSN）便能增强阳离子护发剂的效果。

又如，在头发调理剂中只要加入 5 μg/g $C_8F_{17}SO_2N(C_3H_7)CH_2COOK$，就有改善头发综合调理的效果，还有防止头发分叉、断裂的作用[2]。

氟表面活性剂低聚物作为护发剂已获得专利保护。氟烷基（甲基）丙烯酸酯聚合物在头发护理配方中也很有用。

氟表面活性剂应用于头发调理剂的具体配方举例如表 9.27 所示[3]。

表 9.27 头发调理剂配方[3]

组分	含量/%
RCOOCH₂CH(OH)CH₂OH（R=C₈、C₁₀直链全氟烷基）	3
乙醇	57
水	40

说明：采用 $C_4H_9(C_3H_6O)_{40}H$ 代替氟表面活性剂配制的头发调理剂有较少的黏结性和更好的头发调理性能。

九、晶体生长调节剂[1]

当氟表面活性剂（全氟辛基磺酸钾）存在时，在蓄热系统中，水溶液中形成的芒硝（$Na_2SO_4 \cdot 10H_2O$）晶体的平均尺寸减小。

十、分散剂[1]

利用氟表面活性剂[$C_8F_{17}SO_2N(C_2H_5)CH_2COOK$]将铁磁性金属氧化物颗粒（磁铁矿）分散在氟碳类型的溶剂中，制成磁性流体。

利用非离子型或阳离子型碳氢或碳氟表面活性剂将导电炭黑分散于聚合物共混物中，所制成的聚（氯乙烯）管表面电阻降低。

氟表面活性剂可用于制造抗静电模铸件的工艺中，材料组成有聚砜 100 份，吸附过邻苯二甲酸二丁酯（≥150 mL/100 g）的导电性炭黑 3～15 份，氟表面活性剂

0.1～2.5份，可生产出表面电阻率为10^7～$10^{13}\Omega$、热稳定性良好、高精度的模铸件。具体配方举例如表9.28所示。[3]

表9.28 抗静电模铸件配方[3]

组分	质量份
VictreX PES3600P	100
玻璃纤维	25
Ketjen Black EC	8
Fluorad FC95（氟表面活性剂）	1.4

说明：经掺和、制片和注模，得到的薄片（在挤压机中停留5～30min）表面电阻率为$10^9\Omega$，电荷半衰期6s，揉曲强度121MPa，黏度为440Pa·s和540Pa·s。不加氟表面活性剂Fluorad FC95的挤压片相应性能数据为：$10^{12}\Omega$，31s，129MPa，390Pa·s和600Pa·s。

氟表面活性剂在润滑脂中用作分散剂。

氟表面活性剂可用于制备临时保护涂层。有一种绿土（smectite）分散液可用于机械如汽车的临时保护涂层，不需要时可很容易地除去。氟表面活性剂作为该分散液的添加剂。水分散液含有1％～7.5％绿土矿物，0.05％～0.75％氟表面活性剂。配方组成示例如表9.29所示。[3]

表9.29 绿土分散液配方[3]

组分	含量/%
Bentone EW（改性水辉石）	2.0
乙二醇	3.0
$C_8F_{17}SO_3^-N^+(C_2H_5)_4$	0.2
水	94.8

十一、化学镀助剂[1]

氟表面活性剂能提高铜的化学镀的品质。氟表面活性剂能使镀液稳定，以便沉积镍-硼层时避免镀层形成树状的层结构。

十二、电子工业助剂[1]

在电子工业中，氟表面活性剂用于各种各样的应用。电线和电缆用绝缘体由含有氟烷基酯或全氟烷酸盐的聚乙烯制成。通过电泳法对电线进行涂覆，在烘烤前用氟表面活性剂溶液对涂覆的电线进行处理，制备出具有改进的卷绕倾向的绝缘电线。用氟表面活性剂和环氧树脂的混合物浸渍玻璃纤维强化的云母带并进行固化，制备了绝缘胶带。通过将聚酰胺酸、一种硅烷衍生的环氧化合物和一种非离子型氟表面活性剂在 N, N-二甲基乙酰胺（DMAC）中混合、固化，制成一种电路密封材料。

经氟表面活性剂处理的玻璃纤维强化的环氧树脂板在高湿度环境下仍能保持其电阻。

氟表面活性剂可用于光学纤维处理剂。用于光纤防结块处理剂的主要成分是紫外线可固化的（甲基）丙烯酸酯低聚体。光学纤维带采用表 9.30 所示配方组成的处理剂作为涂层并固化[3]。

表 9.30　光纤防结块处理剂配方[3]

基料（A）配方	
组分	质量份
聚氨酯丙烯酸酯低聚物①	55
N-烯基吡咯烷酮	10
Yupimer UV-SA 1002	15
丙烯酸异冰片酯	10
M210（双酚 A 聚乙二醇乙醚双丙烯酸酯）	10
1-羟基环己基苯酮	3
理液（B）配方	
组分	质量份
基料（A）	100
聚硅氧烷微球	0.4
$C_8F_{17}(CH_2)_2Si[OSiMe_2(CH_2)_3O(CH_2CH_2O)_3H]_3$	0.1

① 由 PTG2000、2, 4-TDI、PTG650 和 2-羟乙基丙烯酸酯制备。

模拟评价实验：将 B 应用于玻璃板表面，然后用 UV 照射固化，得到防结块、透明的薄膜，ASTMD 1894 动态摩擦系数为 0.40，杨氏模量为 920MPa。

为防止碱性电池和碳锌电池析氢和电极腐蚀，锌被汞齐化。汞的过电位高，降低了析氢速率。然而，由于环保限制，汞不能再使用。氟表面活性剂，如 Forafac 1110 [$C_6F_{13}C_2H_4(OC_2H_4)_{12}OH$]，已被发现可以抑制氢生成并作为汞的替代品。

在锌电池电解液中加入氟表面活性剂，以防止树枝晶形成。非离子型氟表面活性剂 Forafac 1110 将锌酸盐电极上的粗晶沉积改变为细晶表面，抑制了锌对电极上缠绕晶须形成。采用多孔 Zn 负极、氧化镍正极，电解液组成为 ZnO 饱和的 8 mol/L KOH 中含 0.001 % ~ 0.1 %的非离子型氟表面活性剂 Zonyl FSN[$R_fCH_2CH_2O$ $(CH_2CH_2O)_nH$]，这种电池提高了充放电周期和使用寿命。用含有经氟表面活性剂（如全氟烷基羧酸钾）和非离子碳氢表面活性剂处理的炭黑的 MnO_2 正极制成碱性锰电池。非离子型氟表面活性剂 $CF_3(CH_2)_mCH_2CH_2O(CH_2CH_2O)_nH$（其中 m 为 5 ~ 9，n 接近 11），可使得疏水的聚合物[如聚四氟乙烯（PTFE）]变得亲水，用于电解槽（或电解池）的微孔隔离膜（microporous separator）。

氟表面活性剂可用作电子零件焊料中的低泡无腐蚀性润湿剂，并用于清洁电子元件。含有氟表面活性剂的聚合松香提供了一种用于自动焊接的消光整理助焊剂（dull finish flux）。

氟表面活性剂能极大地降低助焊剂的表面张力，助焊剂配方示例如表 9.31[2]。

表9.31　高效助焊剂FSA配方[2]

组分	含量/%
松香	32 ~ 36
$C_8F_{17}SO_2NH(CH_2)_3N(CH_3)_3I$	0.1 ~ 1
甘油	2 ~ 3
异丙醇	余量

使用方法：将要焊接的电子印刷线路板焊件在此助焊剂中浸渍数分钟，干燥后即可自动焊接。该助焊剂发泡良好，上锡均匀，焊点饱满，焊剂残留少，干燥快，消光性好，合格率高，各项技术指标均达到或超过标准要求。

氟表面活性剂可用于制作半导体元件保护层。由聚酰胺酸组成的材料可保护半导体元件抵抗 α 射线诱发的差错。配方举例如表 9.32 所示[3]。

表9.32　半导体元件保护层配方[3]

组分	质量份
4, 4′-二氨基二苯醚	2.290
3, 3′, 4, 4′-双苯基四羧酸二酸酐	11.276
β-苯二胺	2.886
1, 3-双氨基丙基四甲基二硅氧烷	0.048
N-甲基-2-吡咯烷酮（NMP）	85.0

说明：上述组分在 25 ℃反应 6 h，再加热（80 ℃）6 h 至黏度为 70 Pa·s，与 100 g 聚酰胺酸溶液和 0.08 g F-142D（氟表面活性剂）在 0.72 g NMP 中于室温混合 1 h。半导体元件（4.5 mm×13.0 mm）用 40 mg 上述制备的聚酰胺酸封盖，于 23 ℃和 60 %湿度的环境中放置 30 min，在 N_2 气氛中于 100 ℃加热 90 min，200 ℃加热 30 min，350 ℃加热 60 min。聚酰胺酸以极强的黏附力覆盖在元件上。因而半导体元件具备防护 α 射线的性能。

　　氟表面活性剂在金属压片的生产工艺中可提高层压片的性能。用于印刷电路的层压片必须具有良好的介电性能和耦合性能，为此将底物浸于氟聚合物有机溶胶、热固树脂和氟表面活性剂的混合物中，干燥后与金属片一起层压。此类混合物的配方举例见表 9.33[3]。

表9.33　层压片薄层配方[3]

组分	质量份
C_2F_4-C_3F_6 共聚物的有机溶胶	50
BT2170（双马来酰亚胺-三嗪树脂）	12.5
$C_8F_{17}SO_2N(C_2H_5)(C_2H_4O)_{11}H$	0.2

　　说明：将玻璃布浸入该混合物中，浸件经干燥得到预压件，预压件 4 片在铜片（0.018 mm）之间层压 1 h，温度 180 ℃，压力 2 MPa，再于 220 ℃固化 4 h，得到的层压片介电常数为 2.6，介电损失（tanδ）为 0.0015，与铜的黏结强度在未经水煮和水煮 2 h 后分别为 0.17 MPa 和 0.16 MPa，而工艺中仅仅使用 BT2170 时层压片的介电常数、介电损失、水煮前后与铜的黏结强度（MPa）分别为：4.2，0.0020，0.12 和 0.10。

　　电路板和电接触器的清洁剂和润滑剂可由乙醇、烷氧基胺和氟表面活性剂组成，用于清洁电路板及电接触器等电器，保护电器以防磨损，以及防止测定低电流的电位器腐蚀。配方示例如表 9.34 所示[3]。

表9.34　电路板及电接触器清洁保护剂配方[3]

组分	质量份
二丙二醇	6
$[(CH_2)_4CO_2CH_2(CF_2)_6H]_2$	0.12
乙二醇	10
$PrCO_2CH_2(CF_2)_6H$	0.08
三乙胺	4

十三、电镀

　　氟表面活性剂优异的化学稳定性使其可用于碳氢表面活性剂不能稳定存在的电镀液中。氟表面活性剂在 50 ℃氧化铬的硫酸溶液中非常稳定[1]。

　　氟表面活性剂，如全氟烷基磺酸锂或钾，可防止铬电镀过程中电极上气泡形成雾。氟表面活性剂通过降低电解质溶液的表面张力来减小气泡的体积。用于抑制铬雾的氟表面活性剂必须满足几个要求：表面活性剂应易溶于电解液，迅速降低表面张力，并具有合适的泡沫性能；在电解质溶液表面形成的泡沫起到屏障的作用，减缓电解液的挟带；形成一层细泡沫是有利的，但过度发泡是不可取的[1]。举个例子，在电镀液中加入 0.02 ~ 0.04 g/L 的一种铬雾抑制剂[主成分为含有醚键的含氟烷基磺酸钾 $ClCF_2CF_2(CF_2CF_2)_nOCF_2CF_2SO_3K$]即可使空气中铬雾浓度降至 0.005 ~ 0.002 mg/m³，低于国家规定的允许排放标准（0.05 mg/m³）。此外，很多厂家的铬雾抑制剂主成分是全氟辛基磺酸钾，效果非常好[2]。

从含有阳离子和两性氟表面活性剂的酸性硫酸铜溶液中沉积铜，其中表面活性剂 $\{C_6F_{13}SO_2N[CH_2CH(OH)CH_2SO_3Na]C_3H_6N^+(CH_3)_2C_2H_4OH\}OH^-$ 为主要成分。氟表面活性剂通过调节泡沫和提高镀液的稳定性来防止镀铜"起雾"（注：指成品于制程中所造成表面有白雾状的现象）。光亮度和附着力亦得到改善[1]。

氟表面活性剂 $C_{10}F_{19}OC_6H_4SO_3Na$ 可用于无氰电镀工艺中铜镀件的电解去油污。在有碱液的电解槽中 [电解液中 $w(NaOH)=0.5\%$，$w(Na_3PO_4)=8\%$，$w(Na_2CO_3)=5\%$]加入质量分数为 0.15 % ~ 0.20 % 的 $C_{10}F_{19}OC_6H_4SO_3Na$，在电流密度为 5 ~ 10 A/dm² 条件下，电解 1 min，即可除去黄铜表面的油污及抛光胶，而且在电解液面形成稳定的泡沫层，抑制毒雾逸出。经此工艺处理的电镀镍、铬的铜镀件牢度高，经反复折曲试验直至折断，镀层仍不剥落[2]。

氟表面活性剂在镀镍液中作为无泡型表面活性剂，以降低表面张力，并通过消除针孔、裂纹和剥落来增加电镀镍的强度[1]。

镍与氟化石墨共沉积，然后将其分散在含有辛基磺酰胺衍生的阳离子氟表面活性剂的镀液中。阳离子型、阴离子型和非离子型氟表面活性剂被加入悬浮有氟化石墨的含硫酸铜和硫酸的镀液中、在增加氟化石墨在铜基体中的沉积方面，阳离子表面活性剂效果最好，阴离子表面活性剂效果最差[1]。

氟表面活性剂添加到镀锡液中可以得到厚度均匀的镀锡层[1]。

阳离子型或两性型氟表面活性剂可使含氟聚合物粒子带正电荷，并对在钢铁上聚合物（如 PTFE）的电镀起辅助作用（在钢铁上镀聚合物能够保护其表面）。非离子型氟表面活性剂（Forafac F1110）是电沉积锌的整匀剂[1]。

已有不少文献研究了氟表面活性剂在金电极、铂电极和汞电极上的电化学行为，并与碳氢表面活性剂进行了比较，感兴趣的读者可查阅相关文献。

十四、电抛光[1]

一种氟表面活性剂被用于对镍合金制成的燃气轮机叶片进行电抛光。

十五、乳液[1]

氟表面活性剂（如全氟辛酸铵和全氟辛酸钠）在乳液聚合中用于氯碳化合物和氟碳化合物的乳化剂。氟表面活性剂在医药和化妆品中用作乳化剂。氟表面活性剂可改善丙烯酸乳液、地板上光剂和鞋子光亮剂的流平性。

全氟聚醚羧酸铵是全氟聚醚油的有效乳化剂。由氟表面活性剂乳化的全氟聚醚构成的水包油型微乳在电化学工艺中用作阴极电解液（catholytes）。

有一类黏弹性各向同性材料是以水、氟表面活性剂和氟化油为主要成分的胶状材料，其中含水 60% ~ 68%，具有含高浓度水滴的微孔结构，水滴被包覆在表面活性层中且分布于油-表面活性剂连续相中。该结构不允许水通过，但氟碳化合物溶液中的疏水化合物可以通过。该材料是光学、化妆品、药物、润滑织物、光化学、电动力学和其他领域中很有用的材料。例如，144.2 mg 水与 10.4 mg $C_{10}F_{21}CH_2CON[(C_2H_4O)_2CH_3]_2$ 和 45.4 mg 全氟萘烷组成的溶液混合，得到的凝胶在 10 ~ 60 ℃时是稳定的[3]。

以全氟萘烷和非离子型氟表面活性剂 $C_6F_{13}C_2H_4(OC_2H_4)_2OH$ 制备的高浓度乳液，分散相水含量可达 98%，具有黏弹性凝胶的性质。

某些氟表面活性剂可用作破乳剂，例如，用于油井中破坏油包水乳液。

十六、蚀刻[1]

氟表面活性剂在强酸中具有低表面张力和稳定性，在蚀刻液中用作润湿剂。玻璃制品用含硫酸、氟化氢和氟表面活性剂（如全氟辛基磺酸四乙铵或全氟辛基磺酸钾）的溶液抛光和蚀刻。氟表面活性剂可增大用氢氟酸对平面玻璃（如玻璃片、玻璃板）进行蚀刻、酸抛光或磨砂的速度。首选的润湿剂是全氟烷基磺酸四甲铵、全氟烷基磺酸四乙铵或全氟辛基磺酸钾。

熔融二氧化硅（石英玻璃）的平面蚀刻受到 HF、H_3PO_4 和氟表面活性剂 $[CF_3(CF_2)_{14}COO]_2Ca$ 混合物的影响。氟表面活性剂可降低表面张力，以促进润湿和去除蚀刻副产物。

氟表面活性剂，如全氟辛基磺酸锂、全氟烷基磺酸钾和全氟烷基磺酸铵，是塑料蚀刻液中有效的润湿剂。

聚缩醛在含有磷酸、硫酸和氟表面活性剂的溶液中发生蚀刻。

当用硫酸和铬酸蚀刻时，氟表面活性剂增大了等规（isotactic）聚丙烯的润湿性和附着力。

用于半导体器件制造的润湿剂的氟表面活性剂是不含金属的[例如全氟烷基磺酸铵、$C_9F_{19}CH_2CH(OH)CH_2NHCH(CH_3)CH_2CH_3$、$H(CF_2)_6COOH$]。半导体器件由金属导体（铝或铜）、作为绝缘体的二氧化硅以及硅半导体组成。二氧化硅涂层被蚀刻以产生精细的图案。在酸蚀刻过程中，润湿不充分可能会导致小气泡滞留，从而掩盖要蚀刻的区域。蚀刻液中的氟表面活性剂促进整个区域完全润湿，并获得具有清晰细节的图案。

在印刷电路制造中，金属薄膜（通常是铜）被涂上一层光刻胶膜，并用 NO_2 气体或硝酸水溶液进行蚀刻。一种氟表面活性剂（例如 Zonyl FSP）从电路区域去除铜，没有发生蚀刻不净（蚀刻过浅）的情况。

氟表面活性剂可以提高用于蚀刻铝的碱液的有效寿命。在低碳钢的蚀刻中，氟表面活性剂对蚀刻过程的影响取决于表面活性剂的结构。例如，Atsurf F-21 的雾抑制效果最好，Atsurf F-35 则得到了最好的表面。氟表面活性剂也用于蚀刻塑料预制板。

十七、消防

氟表面活性剂在消防中的应用包括氟蛋白泡沫灭火剂、水成膜泡沫灭火剂（AFFF）、抗溶型 AFFF 等。这里仅举若干例子[1]。

一种氧化胺含有一个 $C_{4\sim20}$ 烷基和两个 $C_{1\sim14}$ 烷基，能改善含有两性氟表面活性剂的灭火剂的抗复燃性能。氟表面活性剂如 $C_8F_{14}\{OC_6H_4SO_2N[(CH_2)_2OSO_3NH(CH_2CH_2OH)]_2\}_2$ 在海水中可产生稳定的泡沫，用于在海水环境中使用的灭火器。

Schuierer 等用带和不带磷酸酯基的两性氟表面活性剂制备消防泡沫。有专利报道一种灭火剂含有两种两性氟表面活性剂[如 $C_7F_{15}CF{=}CHN^+Me_2(CH_2)_2OSO_3^-$ 和 $C_7F_{15}CF{=}CHN^+Me_2(C_2H_4OH)Cl^-$]、一种非氟化烷基硫酸盐、乙二醇丁醚和乙二醇。Cordes 和 Achilles 将两性氟表面活性剂、氟氯烃和环氧丙烷-环氧乙烷共聚物混合在一起，制备了一种与水混合后起泡的乳液。

有专利报道了阳离子型氟表面活性剂和非离子型氟表面活性剂混合物作为泡沫灭火剂，可最大限度地减少可燃溶剂蒸发，保护溶剂（如烃）不被点燃。

氟表面活性剂和硅表面活性剂的混合物也有专利报道。

含有阳离子、两性和非离子型氟表面活性剂混合物的消防泡沫被声称能在烃类表面迅速铺展。

用两性氟表面活性剂 N-[（二甲基氨基）丙基]-2（或 3）-（1,1,2,2-四氢全氟烷基硫代）琥珀酰胺酸、一种阴离子氟表面活性剂、全氟烷酸以及一种离子型和一种非离子型非氟化表面活性剂配制了一种用于灭火或防火的 AFFF。

有一类含氟的抗溶型灭火剂是以天然高分子化合物藻酸钠和多糖类物质为基料，添加两性氟表面活性剂制成。其能形成高分子聚合物膜，有延缓泡沫收缩，增加泡沫抗热能力，抵抗极性溶剂消泡作用的功能。

用来制备灭火泡沫的乳化剂通常使用含氟多羟基多胺和/或多糖。这种改性泡沫适合扑灭烃类和极性溶剂的火灾。配方举例如表 9.35 所示[3]。

表9.35　消防用假塑胶乳化物泡沫配方[3]

项目	组分	质量份
（A）	含氟多糖	30
	水	32

续表

项目	组分	质量份
（B）	十二烷氨基丙基甜菜碱	12
	丁二醇	8
	工业云母	10
	乙磺酸钠	4
	$C_8F_{17}SO_2NHC_3H_6N(CH_3)CH_2COOK$	4

说明：（A）形成的黏性物质在室温下均质化 1 h，然后将（A）与（B）混合。生成的假塑胶乳化物[黏度 1400 mPa·s（20 ℃）和 1800 mPa·s（5 ℃）]用于泡沫灭火剂。

日本专利 54-141100（1979 年）介绍，将两性氟表面活性剂添加到蛋白泡沫灭火剂中也可形成抗溶型泡沫灭火剂，如表 9.36 所示[2]。

表 9.36 抗溶型泡沫灭火剂配方[2]

组分	含量/%
3 %型蛋白泡沫灭火剂浓缩液	3
两性氟表面活性剂①	0.1
水	96.9

① 可选择的两性氟表面活性剂有 $F(CF_2)_8SO_2NH(CH_2)_2N^+(CH_3)_2CH_2CH_2COO^-$、$F(CF_2)_6CONH(CH_2)_3N^+(CH_3)_2CH_2CH_2COO^-$ 或 $F(CF_2)_8CH_2CH_2SO_2NH(CH_2)_3N^+(CH_3)_2CH_2CH_2COO^-$。

含全氟辛酸钾、氯化钙和乳酸铝的泡沫灭火器被声称是烃类和极性有机溶剂的强力灭火剂。

氟表面活性剂用于干粉灭火剂中，粉末不被烃类浸润。粉末漂浮在烃的表面，阻碍烃蒸发，这样就消除了复燃的危险。

灭火凝胶是一种非水溶液凝胶灭火剂，对臭氧破坏性低。表面活性剂体系的存在能保证干粉与载体凝胶的兼容性。举例如表 9.37 所示[3]。

表 9.37 凝胶剂配方[3]

组分	质量份
聚磷酸铵（Phos-Chek P/30）7 μm	100
HFC-134a（分子式 CF_3CH_2F）	125
Zonyl FSN	0.2
Antarox BL-240（非离子型润湿乳化剂，主成分为乙氧基丙氧基嵌段脂肪醇）	1
Coke 84	0.5

当前，对环境问题的关注开始减少氟表面活性剂在消防泡沫和粉末中的应用。

十八、矿物浮选[1]

氟表面活性剂用于矿石浮选工艺。氟表面活性剂在高浓度的酸中稳定，能加速矿石的润湿和氧化层的去除。全氟烷酸盐如 $CF_3(CF_2)_nCOOK$（$n = 2, 4, 6, 8$）是比相应的碳氢表面活性剂更有效的浮选剂。氟表面活性剂在 Al_2O_3 浮选中的捕集能力随链长增长而增大。

钒化合物，如 NH_4VO_3，可以用全氟化的表面活性剂进行浓缩。在钒浓度≤300 mg/L 时，可达到 100 %吸附。

氟表面活性剂在氮气浮选回收铀中很有用。氟表面活性剂改善了碳酸钠和/或碳酸氢钠溶液中铀的分离状况。举个例子，使用 Zonyl FSP 所得的回收率为 95.5 %，而采用十二烷基硫酸钠的回收率为 23.6 %。

十九、起泡和消泡[1]

氟表面活性剂的发泡能力差别很大。阳离子氟表面活性剂和两性氟表面活性剂（如 Zonyl FSK）是水介质中的发泡剂。另一方面，非离子氟表面活性剂（如 Zonyl FSN 和 Zonyl FSO）是低泡型表面活性剂。封端则会减少发泡。

氟表面活性剂有助于塑料和聚合物发泡，如聚烯烃、聚氨酯、聚二甘醇二丙烯酸酯、硅氧烷和可发泡的黏合剂。

阴离子型、阳离子型或两性型氟表面活性剂 α-碳上有羟基的可提高泡沫的稳定性。

氟表面活性剂用于在镀铬液和阳极氧化槽液中产生稳定的泡沫，以防止起雾和飞溅。一种非离子型氟化高分子表面活性剂可以在烃类溶剂中产生稳定泡沫。

磷酸型氟表面活性剂可作为消泡剂。当加入十七氟辛基膦酸和双（十七氟辛基）膦酸的混合物至浓度 0.02 g/L 时，1 g/L 仲烷基磺酸盐产生的 175 mm 高的泡沫在 1 s 便瓦解。只需 0.004 %氟表面活性剂 Atsurf F-12（一种磷酸酯型阴离子表面活性剂）就能将一种典型非离子表面活性剂的初始泡沫从 80 mm 降低到 38 mm，罗氏泡沫仪 5 min 时的测试读数从 38 mm 降低到 5 mm。在含有椰油醇-环氧乙烷缩合产物的洗涤剂中加入 2.0 % $H(CF_2)_{10}CH_2OPO(OH)_2$ 可几乎完全消除泡沫。1661 年 Dainippon Ink 的一项专利宣称了含有 $C_{3\sim20}$ 氟化脂肪基和>C_{10}（最好是 $C_{12\sim36}$）烷基的氟表面活性剂。氟表面活性剂 $C_8F_{17}SO_2N(C_{18}H_{37})(CH_2CH_2O)_{10}H$ 的加入降低了十二烷基苯磺酸钠的泡沫。由初始泡沫高度为 230 mm、5 min 后高度为 180 mm，降低成了初始泡沫高度为 10 mm、5 min 后泡沫高度为零。

氟化醇[如 $CF_3(CF_2)_{5\sim11}C_2H_4OH$]可降低机洗用洗涤剂的泡沫。

消泡剂制造商和 3M 公司对用于水介质中的氟表面活性剂 Fluorad FC129（阴

离子型）、FC135（阳离子型）和FC170C（非离子型）以及用于水介质和有机溶剂介质中的Fluorad FC430（非离子型）进行了评估。对于3M公司测试的每一种氟表面活性剂，3M公司编制的有效消泡剂列表推荐了不同的消泡剂。因为消泡剂的效果也取决于介质，所以推荐的消泡剂必须测试其在所用涂层（coating）系统中的适用性。

消泡作用的理论是复杂的。针对硅表面活性剂的典型消泡剂包括一种有机硅聚合物和细粉状二氧化硅。消泡剂的表面张力低于表面活性剂溶液的表面张力是必要条件但不是充分条件。传统的硅氧烷消泡剂不能对硅氧烷表面活性剂溶液进行消泡，但一种基于聚（甲基-3, 3, 4, 4, 5, 5, 6, 6, 6-九氟己基硅氧烷）的消泡剂 $\{CH_3[CF_3(CF_2)_3(CH_2)_2]SiO\}_n$（其表面张力很低，为19.2 mN/m），则很容易对硅氧烷表面活性剂溶液进行消泡。氟硅氧烷如聚甲基三氟丙基硅氧烷的效果则不佳，因为其氟化程度不足，表面张力较高（为24.4 mN/m）。然而，对于给离子型表面活性剂消泡，静电效应与低表面张力同样重要。

二十、图形成像[1]

印刷油墨是颜料分散体或染料溶液，可以印在承印物上并干燥。凸版和平版油墨是颜料在黏性油中的分散体，而柔版和凹版油墨是含有树脂的挥发性溶剂的液体。紫外线和电子束油墨是通过自由基聚合机理进行固化和干燥的。辐射印刷过程产生的溶剂蒸气很少。

氟表面活性剂可降低水基和油基油墨的表面张力并改善其润湿性。增强润湿性对在塑料和金属等难以润湿的表面上印刷至关重要。氟表面活性剂还有助于颜料分散以及控制颜料流溢和浮色等问题。

凹版印刷的成功取决于油墨润湿被印表面的能力，以及油墨保持辊清洁和无污染物的能力。按油墨重量添加0.5%的Zonyl FSN可以提高滚筒寿命25%～40%（根据油墨和滚筒有所不同），并通过减少某些油墨的"雪花"和条纹以及保持油墨黏度，来提高印刷质量。

氟表面活性剂赋予水基油墨耐水性，并提高碳粉载体材料的有效寿命。

在圆珠笔墨水、记号笔墨水、防堵塞喷嘴记录墨水、塑料用印刷油墨中加入氟表面活性剂，用于改善流平性、润湿性、流畅性、对基材的附着力，以及印刷品的防水性。修正液中的氟表面活性剂可以排斥油墨并减少印刷掺混。

氟表面活性剂可应用于墨汁随动件的制造。用于圆珠笔的墨汁随动件按如下方法制造，即加入增稠剂，例如粉粒二氧化硅和黏土，以降低压力至0.02MPa，并在不影响圆珠笔书写性能的前提下除去极少的气泡。在加入增稠剂后实施两百倍于重力的离心力来消泡。配方中加入氟表面活性剂，举例如表9.38所示[3]。

表9.38 墨汁随动件配方[3]

组分	质量份
聚丁烯	47.4
Acrosil R976D（二氧化硅）	5
氟表面活性剂 Eftop EF 801	0.1
Diana Process oil MC S 32	47.5

说明：压力0.02 MPa。

在普通的含醇墨水中，加入氟表面活性剂可提高墨水的润湿性、光滑流动性及抗水性。表9.39给出一个配方示例[2]。

表9.39 添加氟表面活性剂的含醇墨水配方[2]

组分	质量份
炭黑	8
聚乙烯醇缩丁醛	6
脲醛树脂	13
乙醇	58.2
异丙醇	14.6
全氟烷基季铵盐碘化物[$R_fSO_2NH(CH_2)_3N^+(CH_3)_3I^-$]	0.2

说明：该墨水可在金属、聚丙烯腈、聚苯乙烯、聚丁二烯、ABS工程塑料、聚丙烯塑料等的表面书写，其黏附力强，字迹有抗水抗油性。

氟表面活性剂添加到油墨中能降低涂污性。这种油墨可由聚乙二醇醚、聚乙二醇醚乙酸酯、氟表面活性剂和颜料组成。举例如表9.40所示[3]。

表9.40 油墨配方[3]

组分	质量份
Dowanol TPM（三亚丙基二醇甲醚）	85.58
Solsperse 20000 分散剂	2.70
Degussa FW200 炭黑	6.70
氟表面活性剂 Fluorad FC430	0.75

说明：混合得到表面张力为22.5 mN/m、黏度18 mPa·s的油墨，喷印在织物上显示出明显降低表面涂污的性质。

感光平版显影剂中的阳离子表面活性剂，一种全氟烷基三甲基铵盐，有助于控制显影剂的显影过程。

日本专利 91-172849 介绍了一种用于印刷行业的含氟表面活性剂的感光材料配方，如表 9.41 所示[2]。

表9.41　一种用于印刷行业的含氟表面活性剂的感光材料配方[2]

组分	质量份
萘醌-1,2-二叠氮-5-磺酰氯酯化的连苯三酚-丙酮树脂	0.9
甲酚-甲醛树脂	2
萘醌-1,2-二叠氮-4-磺酰氯	0.03
603 号油蓝	0.05
N-丁基全氟辛基磺酰胺基乙基丙烯酸酯、丙烯酸聚氧乙烯聚氧丙烯酯 $[HO(C_2H_4O)_{10}(C_3H_6O)_{22}(C_2H_4O)_{10}COCH\!=\!CH_2]$、硬脂酰丙烯酸酯（质量比为 $25:20:50$）的共聚物	0.01
溶剂	适量

说明：将该感光材料涂于铝板上，干燥后厚度均匀，受墨性良好。

氟表面活性剂可用于制作热敏接受纸。该接受纸最外层须含有氟烷基物质，保证其良好的抗黏性质。制作配方如下：纸张的两面用含 TiO_2 的聚乙烯涂布得到底物，底物用明胶水溶液涂布，干燥后用 Vylon200 的水溶液涂布，干燥后再用含有明胶、Vylon200、$CF_3(CF_2)_7SO_2N(C_3H_7)CH_2COOK$ 和 $(CF_2CFCl)_n$（$n=4\sim12$）的水溶液覆盖，干燥后得到的接受纸产品对板片显示抗黏性质，板片涂过含有热转印染料的聚乙烯醇溶液[3]。

二十一、润滑油和润滑剂[1]

以氟表面活性剂为分散剂，制备了含 15 % ~ 40 % PTFE 的润滑脂。

氟表面活性剂{例如[（全氟烷基）烷氧基]烷基磺酸盐和全氟聚烷基醚}可作为涂覆在磁带、软盘和磁盘驱动器等磁记录介质表面的润滑剂。

氟化有机硅是橡胶表面有用的润滑剂。氟烷基链长和硅氧烷链长比较好的氟硅油是有效的润滑剂，可降低液体石蜡的摩擦系数。

二十二、除草剂和杀虫剂[1]

Sakakibara 等测定发现非离子型氟表面活性剂几乎没有除草剂活性。因此，精选的氟表面活性剂可以安全地用作农药的分散剂和辅助剂。与碳氢表面活性剂相比，氟表面活性剂对叶片（如小麦叶片）有更强的润湿剂。

氟表面活性剂用于杀虫剂配方中，有助于杀虫剂润湿并渗透到昆虫体内。杀虫气雾剂可能含有杀虫剂、溶剂和氟表面活性剂。一种用氟表面活性剂和二甲醚（作溶剂）配制的杀虫剂，易于被昆虫吸收。一些氟表面活性剂本身就是杀虫剂，对家蝇和棉红蛛有影响。其杀虫机理似乎是吸附的氟表面活性剂使昆虫窒息。

含氟化合物 N-(2, 6-二氟苯甲基)-N'-[2-氟-4-(1, 1, 2, 2-四氟乙氧基)苯基]脲能很好地控制虫害。当使用 50 mg/kg 该化合物时，在 21 天中 Acaphyllatheac 的成虫数量从 619 条每 10 叶减少到 23 条每 10 叶，如果使用 Chlorfluazuron 的水溶液代替该化合物，成虫数量从 408 条每 10 叶仅减少到 370 条每 10 叶[3]。

氟表面活性剂可作鼠药增效剂，例如 Zonyl 类型的氟表面活性剂可增强已知鼠药如杀鼠灵的药效。在含有 0.06 %杀鼠灵的诱饵中添加 Zonyl FSB[$F(CF_2CF_2)_n$CH$_2$CH$_2$N$^+$(CH$_3$)$_2$CH$_2$COO$^-$，n=3 ~ 6]，可大大增强诱饵的药效[3]。

二十三、皮革[1]

氟表面活性剂用于各种皮革制造工艺和鞣革的拒水处理。

氟表面活性剂已被用于浸水、软化、浸酸、脱脂和鞣制工艺。氟表面活性剂提高了工艺效率，缩短了加工时间，提高了产品质量。

比如，在浸泡羊毛皮工艺一开始时在浸液中加入氟表面活性剂。浸液含有 14 kg 水/kg 毛皮、0.48 g 表面活性剂/L 水和 0.14 g $C_8F_{17}SO_3K$/L 水，由于加入氟表面活性剂 $C_8F_{17}SO_3K$，羊毛皮的浸泡工艺操作时间只需 2 h，不加氟表面活性剂时则需 3 h[3]。

Gratacos 等研究了氟表面活性剂在皮革鞣制和染色过程中的应用。阴离子氟表面活性剂量少（重量为 0.025 % ~ 0.05 %）时，会增加铬鞣剂和染料的损耗，但在较高浓度时，氟表面活性剂会产生相反的效果。当用阳离子氟表面活性剂对皮革表皮进行预处理时，Cr_2O_3 的分布更加均匀。

适用于鞣革后在皮革上应用氟表面活性剂的技术是：①滚筒翻滚使皮革从乳液、悬浮液或溶液中吸收氟表面活性剂；②喷涂；③铸涂。使用阳离子型助留剂，以及通过与铬、锆络合，氟表面活性剂处理皮革的耐水性有所提高。与母体氟表面活性剂相比，络合物提供的拒油性与拒水性更佳。被设计用于拒水/拒油皮革处理的高分子氟化学品在皮革上的性能已经大大超过了单体氟表面活性剂。

氟表面活性剂改善了丙烯酸光亮剂乳液在皮革上的流平性。

二十四、液晶[1]

阴离子氟表面活性剂能与阳离子氟表面活性剂形成液晶。氟表面活性剂的液晶用于各种工业和作为生物膜模型。

例如，在 60 ℃下搅拌 $C_9F_{19}CONH(CH_2)_3N^+(CH_3)_3I^-$、$C_9F_{19}COONH_4$ 和 H_2O，得到 $C_9F_{19}CONH(CH_2)_3N^+(CH_3)_3C_9F_{19}COO^-$ 晶体。形成液晶的离子对的表面张力为

15.5 mN/m，而单独阳离子组分的表面张力为 18.3 mN/m，单独阴离子组分的表面张力为 21.0 mN/m。当液晶元件玻璃支撑板的内表面涂上一层氟表面活性剂时，在没有产生图像的超声波振动或电压的情况下，液晶元件不太可能变浑浊。

二十五、医疗及牙齿护理

将氟表面活性剂作为分散剂加入溶剂氟利昂 114 和氟利昂 12 中，制备抗过敏、抗生素、止咳或抗心绞痛的自推进气雾剂。例如，酒石酸肾上腺素（epinephrine bitartrate）采用全氟正辛基-N-乙基磺酰胺基乙基磷酸盐进行分散[1]。

氟表面活性剂用于气溶胶药物的主要作用是使其喷供药剂用量均匀。配方示例如表 9.42 所示[3]。

表 9.42 药物气溶胶配方[3]

组分	含量/%
全氟羧酸	0.05
Pributerol·HCl	0.5
1, 1, 1, 2-四氟乙烷	余量

说明：该配方显示长期没有晶体出现且容易重分散，药剂不絮凝。

含氟化钾牙膏中的氟表面活性剂可以促进氟磷灰石形成并抑制龋齿。牙膏中的氟表面活性剂配方（1% Lodyne S-110）由两性氟烷基氨基羧酸和非离子型氟烷基酰胺增效剂组成，增加了釉质-氟化物的相互作用。就预期用途而言，药剂配方和牙膏中的氟表面活性剂必须是无毒的[1]。

在临床实验中，细胞分散体被制备出来，用来诊断细胞异常。一种阴离子型氟表面活性剂促进了来自组织中（tissues）的细胞聚集体在生理盐水中分散[1]。

二十六、金属表面处理[1]

阴离子型、阳离子型和非离子型氟表面活性剂被用于各种金属处理工艺。金属表面经过处理可以防止腐蚀，减少机械磨损或提高外观美感。氟表面活性剂用于铝的磷化处理（phosphating）以及铜和黄铜的光亮浸渍处理（bright dip）。一些氟表面活性剂（如阴离子表面活性剂 Zonyl FSA 和 Zonyl FSP）在金属上有很强的吸附作用，并具有拒水拒溶剂的性能。

氟表面活性剂被用于制备电泳涂层的前处理工艺中。为使大面积电泳涂层具有均匀和光滑的外观，可将涂件在电泳涂层之前用氟表面活性剂预先处理。例如将铝片浸泡在水 940 份、Unidyne DS 101（全氟烷基碳酸酯）30 份、异丙醇 30 份的溶液中 1 min，再用含有三聚氰胺树脂和丙烯酸丁酯-2-羟乙基甲基丙烯酸酯-甲基丙烯酸-苯乙烯的共聚物电沉积，水洗，加热（180 ℃）0.5 h，得到电泳涂层产品。与用新鲜的 $Zn_3(PO_4)_2$ 溶液预处理制作的产品相比较，用氟表面活性剂预处理的产品有更光滑的表面且有很好的防酸、碱和水的性能[3]。

氟表面活性剂可用于金属抛光，如镀镍-磷合金的铝磁盘，见表 9.43。类似的配方也可用于宝石制品的表面增亮[2]。

表9.43　金属抛光剂[2]

组分	含量/%
粒度为 0.6 μm 的 Al_2O_3	8.6
$Al(NO_3)_3 \cdot 9H_2O$	1
氟表面活性剂 Surflon S-141	1
水	余量

说明：在 0.54 μm/min 速度下抛光后，表面粗糙度为 21，表面无划痕、凹坑、结节等缺陷。

有效的表面处理进行的前提是表面洁净。金属表面的清洁可采用碱性、中性或弱酸性清洗剂，或用有机溶剂，或用熔盐浴进行浸渍。氟表面活性剂在酸洗和除垢的浴液中能分散浮渣，并且当金属从浴液中拿出时能加速酸径流，而且能延长浴液的寿命。氟表面活性剂能抑制初生态的氢形成，从而防止氢造成材料脆化。

有些氟表面活性剂对钢有缓蚀作用。例如，在室温下，0.01 % 的 Atsurf F-21 可使在 15 % 盐酸中的低碳钢至少 20 天不被腐蚀。用含有氟表面活性剂的缓蚀剂进行表面处理可降低磁性录音带或录像带的摩擦系数。

氟表面活性剂能促进金属涂层流动，防止涂层在干燥过程中产生裂纹。

一些氟表面活性剂是有效的铝箔防结块剂，例如，在铝箔上涂覆 0.025 g/m²（活性成分）的 Monflor 91（5 %）。

一种非离子氟表面活性剂，如 Monflor 51，能使渗透油的渗透率（penetration rate）提高至 3 倍。

二十七、成型与脱模[1]

因其疏油性和疏水性，氟表面活性剂是一种有效的脱模剂，只需要少量的氟表面活性剂，有时只需要碳氢化合物类或有机硅类脱模剂所需量的 1/50。由于使用的氟表面活性剂量非常小，所以可以在不去除定型剂的情况下，对模塑件进行涂漆、金属化或粘贴到另一个表面上。氟表面活性剂可用于热塑性塑料、聚丙烯、环氧树脂和聚氨酯弹性体泡沫塑型的脱模剂[1]。

氟表面活性剂可减少自粘（autoadhesion）和结块，并防止铸膜和涂层上产生橘皮皱[1]。

属于磷酸酯或其盐类的氟表面活性剂可作为脱模剂，如 $C_nF_{2n+1}(CH_2)_mOP(O)(OH)_2$。但立原等认为，这种脱模剂分子结构中 C—O—P 键的热稳定性和耐久性均较差，不宜用于 100 ℃ 以上的高温脱模，而且合成上也有难度。他们提出用工业上易于得到的全氟烷基乙基碘化物与磷酸三酯反应，生成的产物再进行水解制得 $R_fCH_2CH_2P(O)(OH)_2$ 或其酯，将其作为主组分，再添加必要的油（如硅油）为填充剂，组成脱模剂。该脱模剂性能优良，可用于硫化成型（molding）领域[2]。

二十八、围堵泄漏的油品

向水中注入一种化学屏障（chemical barrier），该化学屏障含有一种氟表面活性剂和一种马来酸酐衍生聚合物（后者特征基团为羧酸基和酯基），可遏制水面上泄漏的石油并防止其扩散[1]。氟表面活性剂 $C_8F_{17}SO_2N(C_3H_7)CH_2COOK$ 可防止原油或汽油在水面上扩散[1]。这类功能的氟表面活性剂被认为可发挥"集油剂"的作用，但与物理方法清理石油相比，该法并不实用[2]。

珍珠岩或蛭石用一种阳离子氟表面活性剂进行处理后，据称疏水且能有效地清理泄漏的油品[1]。

二十九、油井[1]

氟表面活性剂被用于油井增产和水驱采油，以及用于起泡的烃类液体（如煤油）的非水增产液。在采油过程中，通过发泡将 1 % $F(CF_2)_8CH_2CH_2O(CH_2CH_2O)_2H$ 的甲醇溶液制成泡沫，该泡沫可以激发地下岩层。

为了提高石油采收率，可向油井中循环灌注含有氟表面活性剂的混合液。配方示例如表 9.44 所示。此外，类似的氟表面活性剂如 $C_6F_{13}CH_2CH_2SCH_2CH(CH_2OH)O(CH_2CH_2O)_6[CH(CH_3)CH_2O]_{56}(CH_2CH_2O)_6H$，也可以蒸汽压灌入油井，提高采收率[3]。

表 9.44　油井灌注液配方[3]

组分	含量/%
水	28
甲醇	15
$C_9H_{19}C_6H_4O(CH_2CH_2O)_nH$	40
$C_6F_{13}CH_2CH_2SCH_2CH(CH_2OH)O(CH_2CH_2O)_6[CH(CH_3)CH_2O]_6(CH_2CH_2O)_6H$	17

说明：由此配方配制的灌注液可增加石油采收率。

氟表面活性剂比碳氢表面活性剂更能降低增产液的表面张力，并且能在

100 ℃的水基增产液中保持稳定。填砂模型中盐溶液（2 % KCl）的排出量与表面张力成反比。氟表面活性剂比碳氢表面活性剂更有利于排液。氟表面活性剂对通过填砂模型或低渗透砂岩岩心的流体流速没有影响，这表明氟表面活性剂对地层的堵塞是不可能的。氟表面活性剂水溶液不能形成煤油的乳液。

被凝析油静压头（hydrostatic head）堵塞的气井可以通过使用氟表面活性剂来打开，氟表面活性剂使得井内气体将凝析油和水输送到地面（以泡沫的形式）。

三十、纸制品[1]

氟表面活性剂在纸张和纸板上起到拒油和拒溶剂的作用。单体氟表面活性剂及其铬或锆配合物，以及高分子型氟化学品被用于拒水拒油处理。

氟表面活性剂可被添加到纸浆中，应用于纸张表面或被包含在着色涂层之中。表面处理工艺是氟表面活性剂应用最有效的方式，比内用法（internal application）工艺更容易控制。在包装盒或包装袋外部的着色涂层中，使用氟表面活性剂来防止玷污和保持包装的外观。

对于内用法，大约需要 1.0 % ~ 1.5 %（按照纤维干重）的氟烷基磷酸酯以提供良好的拒油性。在内用法中，阳离子型助留剂与氟烷基磷酸酯一起使用。

采用氟表面活性剂处理的材料包括以下几种：

① 用于包装机器零件、绳子、合股线、肉类等的牛皮裱面纸板（liner board）。

② 用于零食、外卖快餐、蛋糕粉、人造黄油、糖果、烘焙食品和宠物食品的折叠纸盒（folding carton）。用氟表面活性剂进行拒水拒油处理，可防止脂肪和油脂渗入冲压聚乙烯或聚丙烯衬里的纸箱边缘。

③ 用于零食、蛋糕粉、宠物食品的多层袋（multiwall bag）。

④ 用于外卖快餐、糖果的柔性包装。

⑤ 耐甲苯的复印纸和复制纸。

⑥ 用于糖果和烘焙产品的支撑卡片（support card）。

对食品和宠物食品包装的纸张或纸板所进行的处理需要美国食品和药物管理局（FDA）批准。此项要求禁止使用氟表面活性剂的铬配合物和锆配合物。经批准用于与食品直接接触的纸板和纸张进行拒水拒油处理的单体氟表面活性剂是氟烷基磷酸酯[例如，一种由单（氟烷基）磷酸酯 $(R_fCH_2CH_2O)P(O)O_2^{2-}$ $[H_2N^+$ $(CH_2CH_2OH)_2]_2$ 和双（氟烷基）磷酸酯 $(R_fCH_2CH_2O)_2P(O)O^-H_2N^+(CH_2CH_2OH)_2$ (Zonyl RP)组成的混合物或（$C_8F_{17}SO_2N(C_2H_5)CH_2CH_2O)_nP(O)(ONH_4)_{3-n}$（Scotchban）]。杜邦公司的研究表明，会有极少量的氟表面活性剂从纸板中被提取进入溶剂中（该溶剂是用来模拟食品的）。为测定提取液中痕量的有机氟，必须开发高灵敏度的分析方法。

氟烷基磷酸酯具有优良的拒油性和拒脂性。适度的耐水渗透性能可通过阳离子型助留剂和烯酮二聚体上浆或少量明矾来实现。过量的明矾会阻碍氟表面活性剂渗透，降低拒油性。通过将明矾从纸张和纸板中排出，或使用碱性施胶剂，可使氟烷基磷酸酯达到最佳的拒油效果。

含有氟表面活性剂与蜡和/或石蜡的乳液是纸面涂布组合物的脱模剂。高光泽印刷纸（cast-coated paper）是通过在纸上涂布含颜料和黏合剂的溶液，风干，再以聚乙烯乳液润湿，并用涂有氟表面活性剂的热滚筒按压潮湿的表面，使纸具有高光泽。

氟表面活性剂还被用于热敏记录纸和喷墨打印纸的制造。

内田、田村等介绍，全氟烷基磷酸酯$(R_fRO)_nP(O)(OH)_{3-n}$（其中 R_f 为 $C_6 \sim C_{12}$ 全氟烷基，R 为—CH_2—或—CH_2CH_2—，n 为 1 或 2，混合物的 n 平均值在 1.5 以上）可作为反应物，与水溶性高分子聚乙烯亚胺反应，其生成物可作为性能优良的纸张拒油内处理剂。全氟烷基磷酸酯与聚乙烯亚胺水溶液在耐压反应釜中加热到 110 ℃，反应 6 h 所得产物为半透明乳液。如将该乳液用作纸张外添加剂时，需将此乳液稀释到 0.5 %（质量分数）。纸张经浸轧、滚筒烘干（15s），即可获得优良的拒油性能。如作为内添加剂时，则需用 1 %的处理剂，用量为纸浆质量的 1.8 %，同样可得到很好的拒油性能。处理过的纸张可用作墙纸、油性食物包装纸、防锈纸、金属机械零件包装纸等[2]。

氟表面活性剂可应用于原纸制作。原纸是纸涂布含羧基烯醇聚合物（A）和 0.01 ~ 5.0 份含亲水基氟碳化合物（每 100 份 A）的混合物。500 份乙酸乙烯与 3.4 份马来酸共聚得到共聚物，共聚物用 NaOH 皂化生成羧基烯醇聚合物（A），皂化度 94.0 %（摩尔分数）。玻璃纸一边用 6 份（A）和 0.048 份聚乙二醇单全氟辛基醚（Megafac F-142D）的混合物涂布，涂层为 0.7 g/m²（固体计），干燥，再用 100 份 X-52-131（聚硅氧烷脱模剂）和 30 份 Pt 催化剂的混合物涂布至涂层为 1.0 g/m²（固体计），在电子束中照射便得到防粘纸，其透气抵抗度（JIS P-8117）5100 s，层合强度<100 g/50 mm[3]。

氟表面活性剂可用于纤维材料脱酸。纤维材料如印有各种图文的纸张采用碱性颗粒进行处理，碱性颗粒如碱性金属氧化物、氢氧化物和盐，颗粒大小为 0.01 ~ 0.9 μm，表面积为 50 ~ 200 m²/g（BET）。按一定的量和一定的时间让这些碱性颗粒充分通过纤维材料的间隙，增加纤维材料的碱性而不损伤纤维材料表面原有的图文资料。例如，将一片有图文的酸性书纸（pH 值 6.4）用 0.20 % MgO 和含 0.05 % Fluroral FC740（氟表面活性剂）的氟碳溶剂组成的水分散液处理 20 s 并风干。干燥的纸片（pH 值 9.4）经 105 ℃老化 28 天，MIT 揉叠耐久试验（0.5 kg 负载双揉叠）为 35 和 pH 值为 8.2，不经过处理的纸片则分别为 7 和 5.4[3]。

氟表面活性剂可用于制造手感好的多孔纸张。配方举例如表 9.45 所示[3]。

表9.45　纸张处理液配方[3]

纸张处理液（A）配方	
组分	质量份
处理剂（B）	100
氨基甲酸酯乳化剂	2
MEK	20
二甲苯	20
水	85
处理剂（B）配方	
组分	质量份
30%聚氨酯（来自聚己二酸乙烯酯）（M_w 1000，羟值1.2）的 MEK 溶液	1000
1,4-丁二醇	144
MDI	650
1∶1的己烯基二异氰酸酯、羟丙基二甲基硅氧烷加成物	5
2∶1的 $H(CF_2CF_2)_5OH$、Duranate24A100 加成物	适量

使用：将 A 涂在纸张上，干燥 2min（80℃），再于 125℃干燥 2min，得到柔软，平滑，良好抗水压、水洗的多孔纸张。

三十一、摄影材料[1]

氟表面活性剂作为照相材料（如胶片、相纸等）单层或多层感光涂层的助剂，起润湿剂、乳液添加剂、稳定剂和抗静电剂的作用。氟表面活性剂施加抗静电性和非黏性，防止斑点形成，并控制多层涂层（multilayer coating）边缘的均匀性。氟表面活性剂与非离子表面活性剂结合使用，或添加到亲水保护层中，可防止静电放电引起的雾状和条纹。氟表面活性剂对卤化银感光乳液没有不良影响。

在扩散转移照相过程中，感光材料和影像接收材料（image-accepting material）以层状形式紧密接触，从而影响扩散转移。摄影过程完成后，两类材料被剥离。在感光扩散转移材料定时层（timing layer）中的氟表面活性剂能在潮湿或干燥时良好地接触，从而防止乳液层破裂或剥落。一种含有氟表面活性剂的低表面张力显影液可消除会导致图像转移失败的气泡。

三十二、塑料、树脂和薄膜[1]

氟表面活性剂可以降低水和有机溶剂的表面张力，有助于低能塑料表面润湿。

例如，一种非离子型氟表面活性剂 Fluorad FC740 可以将一些弱极性溶剂的表面张力降低至 20~24 mN/m，这有利于塑料表面润湿（这些塑料表面可能被硅树脂、油或油脂污染）。

用一种非离子型氟表面活性剂配制了硫化橡胶或未硫化橡胶的防结块剂（antiblocking agent）。用非离子型氟表面活性剂 $C_8F_{17}SO_2NRCH_2CH_2O(CH_2CH_2O)_{10}H$ 处理聚乙烯醇膜或皂化的乙烯-乙酸乙烯酯共聚物膜，以减少摩擦和结块。

含有氟碳聚合物透析膜的透水性可以通过阳离子氟表面活性剂进行表面处理来提高。

由六氟环氧丙烷衍生的部分氟化的低聚物{例如，$F[C(CF_3)FCF_2O]_9C(CF_3)FCOOCH_2CH_2(OCH_2CH_2)_6OCH_3$} 吸附在聚合物[如聚苯乙烯、聚（甲基丙烯酸甲酯）、氯乙烯-偏氯乙烯共聚物]上，能降低聚合物的临界表面张力。

硅橡胶密封剂中的两性氟表面活性剂使密封处具有耐污性。阴离子氟表面活性剂能防止丁腈橡胶密封圈周围的矿物油渗漏。

氟表面活性剂有利于聚四氟乙烯和金属在金属基板上共镀（coplating）。一种阳离子氟表面活性剂吸附在聚合物颗粒上，赋予其正电荷，从而允许聚合物和金属进行电解共镀。

氟表面活性剂能改善复合树脂中纤维或填料的润湿性，并能加速滞留在黏性树脂中的气泡逃逸。

氟表面活性剂降低了聚甲醛二乙酸酯聚合物-尼龙共聚物[poly（oxymethylene）diacetate polymer-nylon copolymer]的摩擦系数。

氟表面活性剂能降低高聚物熔融温度。丙烯酸化合物在辐照固化时加入适量氟表面活性剂比不加氟表面活性剂的高聚物具有更低的熔融温度。这项技术对制造光学显微组织物件特别有用。举例如表 9.46 所示[3]。

表 9.46 树脂配方[3]

组分	含量/%
Photomer 4035（2-苯氧基乙基丙烯酸酯）	12.5
RDX 51027（四溴双苯酚 A 二丙烯酸酯，分子式 $C_{21}H_{16}Br_4O_4$）	30
EB220（氨基甲酸酯丙烯酸盐）	20
BR31	37.5

说明：将表中物质配制的混合物加热（65 ℃）1 h，加入氟表面活性剂 Fluorad FC430 至熔融，加入量为总量的 0.3 %，得到未固化树脂，熔融温度约 40 ℃，不加 Fluorad FC430 的熔融温度为 55 ℃。

氟表面活性剂可应用于防色料扩散的交联泡沫乙烯聚合物，这类材料被用于垫层、包装材料等。配方举例如表 9.47 所示[3]。

表9.47　无色料扩散的泡沫材料配方示例[3]

组分	质量份
DFDA1137	100
Cellmic CAP 500（起泡剂，起泡温度 T_2=150 ℃）	10
Percumyl P（有机过氧化物，10 min 半衰期对应的分解温度 T_1=170 ℃）	1
Unidyne DS 401	3
Irganox 1076	0.02

说明：混合滚捏，造粒，模压成 0.2 mm 的膜，再于 210 ℃加热 5 min，得到 1.5 mm 的没有色料扩散的泡沫，敞开气室含量 88 %。

用氟表面活性剂按如下配方处理硅橡胶可增加其贮藏稳定性。将 70 份 N-聚氧乙烯-N-烷基全氟辛烷磺酰胺和 100 份 Florite R（一种微米尺度的硅酸钙粒子）在 400 份甲乙酮（MEK）中混合搅拌并在 50 ℃干燥 1 h，得到粉末。当含有烯基的低分子量聚硅氧烷化合物或含活性氢硅氧烷化合物添加到上述制备的粉末中时，贮存稳定性大于 6 个月，不用氟表面活性剂的则仅有 1 星期。用这种材料制作的辊件有良好的形稳性[3]。

含氟镓盐可作为含氟聚合物的固化加速剂，而且由于含氟镓盐的存在不需使用脱模剂。配方操作举例如下，3-(1, 1-二氢全氟辛氧基)丙基二异丁基膦与苄基氯反应得到 3-(1,1-二氢全氟辛氧基)丙基二异丁基苄基镓氯化物，该化合物用于 60：40 的氟二烯-六氟丙烯共聚橡胶固化（177 ℃，10 min）得到的产品，其中，t_{90} 为 1.82 min，拉伸强度为（100 %）4.9 MPa，剥离强度为 8.7 MPa[3]。

氟表面活性剂可用于制作导电的氟树脂。非炭黑导电体添加物的导电氟树脂由可热熔的含氟聚合物 100 份、非炭黑导电体粉末 10～200 份和氟表面活性剂 1～10 份组成。配方示例如表 9.48 所示[3]。

表9.48　导电氟树脂配方示例[3]

组分	质量份
MP-10 340J	90
W-1（导电 TiO$_2$）	10
氟表面活性剂 Megafac F-10	1

说明：该混合物的电阻率为 3×10^8 Ω·cm。

某吸湿高聚物显示吸附生理盐水的能力≥10 g/g，每 100 份的分子链中含有 0.001 ~ 10 份 $C_nF_{2n-m}H_m$（$n≥1$，$m=0$ 或≥1，$n≤m$）。该高聚物被用于卫生材料、农业中的水保留剂以及建筑工艺中的密封剂。氟表面活性剂可用来改进吸湿聚合物的胶体强度，举例如表 9.49 所示。[3]

表 9.49　吸湿聚合物配方[3]

组分	质量份
丙烯酸-丙烯酸钠盐-三羧甲基丙烷三丙烯酸酯共聚物	100
Fluorad FC135	1
异丙醇	3
水	2

说明：该配方对水的吸收能力为 45 g/g，胶体强度为 1.5 Pa。

三十三、抛光和打蜡[1]

自抛光液体地板护理品取决于合适的润湿和变干性能，以实现完整的覆盖和得到光泽的外观。一些聚合树脂配方不能完全润湿地板，并且变干后得到粗糙的表面，尤其是乙烯基地板。只要在配方中加入 50 μg/g 的氟表面活性剂，就可以通过消除条纹和增加光泽来显著改善变干后地板的外观。氟表面活性剂可使各种类型的抛光剂（包括基于苯乙烯、丙烯酸或蜡的地板抛光剂）具有自流平（self-leveling）性能。

氟表面活性剂可作为地板光亮液的添加剂。近年来由于环保和健康的需要，多应用水基乳液作为地板光亮剂，氟表面活性剂能改善对地板的润湿性，特别是已"打蜡"的地板，防止出现斑点。举一个配方例子，如表 9.50 所示[3]。

表 9.50　地板上光乳液配方[3]

组分	质量份
苯乙烯-甲基丙烯酸甲酯-丙烯酸丁酯-甲基丙烯酸共聚物水乳液①	85
聚乙烯蜡乳液	15
$C_7F_{15}CONH(CH_2)_3N^+(CH_3)(C_2H_5)_2I^-$	1.0
含 Zn 试剂	4.0
三丁氧乙基磷酸酯	2.0
邻苯二甲酸二丁酯	2.0
甲基卡必醇	3.0

① 按 40∶15∶30∶15 比例混合，固含量 35%，平均粒径 0.07 μm，$T_g=43$ ℃，由各单体在十二烷基苯磺酸钠（Neoperex F-25）存在下乳液聚合制备。

在用于乙烯基地板的清洁抛光剂中氟表面活性剂被用作流平剂（leveling agent）。这些抛光剂通常含有低分子量的丙烯酸-甲基丙烯酸共聚物、马来酸酐-苯乙烯共聚物或丙烯酸-苯乙烯共聚物，以及氟表面活性剂、碳氢表面活性剂、短效的增塑剂（fugitive plasticizer）、二甲基聚硅氧烷消泡剂、碳酸氢钠、氨水、香精及其他配料。

氟表面活性剂可用于二氧化硅-氮化硅的上光处理，配方材料可采用含有研磨油的颗粒、表面活性剂和至少含两个以上相同或不同的官能团（有可解离质子）能与 SiO_2 和 Si_3N_4 成键的化合物。举例如表 9.51 所示[3]。

表9.51　上光处理剂配方[3]

组分	含量/%
CeO_2	0.2 ~ 5
邻苯二甲酸盐	0.5 ~ 3.5
氟表面活性剂（Zonyl FSP）	0.1 ~ 0.5
添加碱或胺	调节 pH 值至 6 ~ 7

三十四、聚合[1]

氟表面活性剂作为乳化剂用于含氟聚合物的乳液聚合，改善了聚合物的物理性能并提高了聚合速度。由于氟表面活性剂在乳液聚合中比单独使用碳氢表面活性剂更有效，所以能够降低表面活性剂的总浓度。例如，在氯乙烯乳液聚合中，160 μg/g Monflor 31 可使所需十二烷基苯磺酸钠的浓度降低 40 %左右。

乳液级聚四氟乙烯（PTFE）聚合物是 PTFE 颗粒在水相中的分散体。PTFE 是四氟乙烯在含有氟表面活性剂的水中发生自由基聚合制成的商业品。表面活性剂通常是全氟烷酸盐[如全氟辛酸铵或全氟烷酸锂 $CF_3(CF_2)_nCOOLi$，$n = 5 \sim 8$]。表面活性剂增溶单体，并稳定所生成的聚四氟乙烯颗粒。聚合速率、表面活性剂吸附和聚合物颗粒形貌取决于表面活性剂的初始浓度。根据聚合条件不同，可形成棒状颗粒、球形颗粒、小六角形或液晶悬浮液状的 PTFE 晶须。表面活性剂在聚合初期的缔合状态与 PTFE 颗粒形貌之间存在相关性。在氟表面活性剂的 cmc 附近，颗粒尺寸和形状发生了变化，说明这两个浓度区的颗粒成核情况是不同的。在氟表面活性剂浓度低于 cmc 时，PTFE 颗粒的成核步调是均一的，而在胶束体系中，成核步调是不均一的。胶束容纳着生长的聚四氟乙烯链，并作为四氟乙烯的储蓄池提供高浓度的单体。其与少量 $CF_2{=}CFCF_3$ 共聚可减少棒状聚合物形成。

偏氟乙烯在全氟辛酸铵、全氟辛酸钠、全氟异辛酸铵或全氟壬酸铵的存在下进行聚合。

ω-氢全氟壬酸铵、全氟壬酸铵和全氟庚酸钠能用作氟乙烯聚合的乳化剂。

非离子型氟表面活性剂被用作乙烯均聚或共聚的乳化剂。

Kato 等研究了十二烷基硫酸钠和全氟辛基磺酸锂存在下苯乙烯的乳液聚合。氟表面活性剂降低了聚合速率和所生成聚合物的分子量。

氟表面活性剂用于含氟单体的聚合反应，有利于提高聚合产物的分子量。举一个合成的具体例子，如表 9.52 所示[3]。

表9.52 氟表面活性剂用于含氟聚合物制备配方[3]

组分	质量份
CF_2=CF_2	45
CF_3OCF=CF_2	36
Na_2HPO_4	0.5
$(NH_4)_2S_2O_8$	0.2
$C_4F_9CH_2CH_2CF_2COONH_4$	1.5
水	200 mL

说明：将水溶性组分先溶于水中，再加含氟单体，于 70 ℃加热振荡 4 h，得到共聚物，玻璃化温度-20 ℃，无结晶熔点。

氟表面活性剂可作为悬浮聚合的分散剂。以一个共聚反应为例，取 1.2 L 装有搅拌装置的不锈钢反应器，除去空气后，加入 540 g 全氟己烷、119 g HCFC225cb、403 g 去离子水、0.4 g 氟表面活性剂 $C_7F_{15}COONH_4$、84 g 四氟乙烯和 6 g 乙烯，保持温度 65 ℃，加入 6.8 mL 50 %叔丁基过氧异丁酯的 HCFC225cb 溶液作为引发剂引发反应，反应过程中将四氟乙烯／乙烯（摩尔比 53/47）混合气体导入体系，反应压力保持为 16.1 MPa。6.5 h 后得到悬浮状态的 142 g 共聚物。共聚物的聚合单元组成为四氟乙烯／乙烯（摩尔比）=53／47，熔点 273 ℃，开始分解温度 342 ℃。在 300 ℃制备的模压制品均匀，有很高的透明度。模压制品的抗张强度为 48.5 MPa，拉伸长度为 460 %[3]。

三十五、拒水拒油性[1]

氟化学品类拒水拒油剂与有机硅类或碳氢类拒水剂相比，最重要的不同之处就是拒油性。顾名思义，含有碳氟链的拒水拒油剂既拒水又拒油，而含有有机硅或碳氢疏水基的拒水剂只能拒水。

多孔基材或织物对液体（如水或油）润湿和渗透的抵抗程度取决于其化学性质、几何形状、表面粗糙度和基材中的毛细管间距。然而，表面整理剂的初始拒水性或初始拒水拒油性并不是选择拒水剂或拒水拒油剂的唯一标准，还要求耐干洗、耐洗涤、抗磨损、抗污染、易于使用，且成本合适。

含氟拒水拒油剂的结构与性能之间的关系符合 Zisman 提出的临界表面张力概念。Shafrin 和 Zisman 测定了 ω-全氟烷基取代的正十七烷酸的临界表面张力及其单分子膜的润湿性。润湿性结果表明，末端全氟烷基链至少有 7 个氟碳才是足够长的，可以将非氟烷基片段掩蔽在氟烷基片段的下面。对于织物上的含氟拒水拒油剂，大约需要 10 个全氟碳原子才能达到最大的拒水拒油效果。

氟表面活性剂被用于配制纤维制品的防油防水防污处理剂。调配成的处理剂用于处理地毯、外套、内装饰材料、坐垫等。例如：尼龙-6 塔夫绸用含 0.1255 % Baychrom F（Cr 硫酸盐）的水溶液处理 10 min（40 ℃），接着用含 0.125 % CF_3CF_2 $(CF_2CF_2)_nCH_2CH_2OP(O)(OH)_2$ 的三乙胺盐处理，洗涤，干燥得到防水织物。防水级（JIS L-1092-1977）初始为 100，洗 20 次以后为 80。防油级（AATCC TM-118-1975）初始为 5，洗 20 次以后为 2[3]。

氟表面活性剂被用于织物防水防油拒污整理剂的例子如表 9.53 所示[3]。

表9.53　织物防水防油防污整理剂配方[3]

组分	质量份
n-$RSO_3C_6H_4NHCOC_6X_4COOM$（R=氟烷基；X=氯或溴；M= NH_4、Na、K、Li、H、质子化的烷基胺）	≥0.7
含氟烷基的聚环氧烷基化物	≥0.1
惰性溶剂	适量

织物处理剂配方举例如表 9.54 所示[3]。

表9.54　织物处理剂配方[3]

组分	质量份
65：35 的 $C_8F_{17}SO_2N(CH_3)C_2H_4OCOCH{=}CH_2$-聚乙二醇甲醚丙烯酸酯共聚物（A）	20
水	80
9.0 %的 $C_8F_{17}SO_3C_6H_4$-m-$NHCO$-o-C_6Cl_4COOK	27
$C_4H_9OCH_2CH_2OH$	18
异丙醇	18

说明：尼龙-6 织物用 0.1 %上述组成的混合物整理，处理后织物防 H_2O/异丙醇为 90：10，织物按 AATCC 防油测试级（最好为 8 级，最差为 1 级）为 5，不加化合物 A 时，分别为 100：0 和 1。

一种 100 %丝织品的防水防油处理剂配方如表 9.55 所示[3]。

表9.55　丝织品的防水防油处理剂配方[3]

组分	含量/%
65：35 的 $C_8F_{17}SO_2N(CH_3)CH_2CH_2OOCC(CH_3)$＝$CH_2$-$C_{18}F_{37}OOCC(CH_3)$＝$CH_2$ 的共聚物	10
三甲基氧丙烷三[3-(1-氮丙啶基)丙酸酯]	1
Zr 丁酸盐	3
溶剂三氯乙烷	余量

说明：上述三氯乙烷溶液用矿物精油稀释20倍，经此稀溶液浸渍过的丝织品再经轧滚、80℃干燥具有最高的防油防水级（4级，AATCC-118-1981）。

再举一个例子，尼龙布用 0.5％ $CF_3(CF_2)_7(CH_2)_2Si(NCO)_3$（一种含异氰酸基团的氟表面活性剂）的 $C_2Cl_3F_3$ 溶液处理以后，获得良好的防油防水性。需要注意的是，氟氯烃作为溶剂危害臭氧层，实际应用必须寻找替代溶剂[3]。

小分子和高分子型的氟表面活性剂用于对纸张或硬纸板施加拒油拒脂性，以及对玻璃、皮革和金属表面施加拒水拒油性。

如铝板在用含氟烷基磷酸酯的防污处理剂处理后，不仅防污，而且可使水在其表面吸附量减少80％，用该法处理过的飞机，在寒冷的冬季飞行是非常有利的。同样，用它处理汽车挡风玻璃，可防止玻璃在冬季结冰[2]。

氟表面活性剂可用于制备皮革防油防水剂。皮革防油防水剂是含有全氟烷基和环氧氯丙烷基团的水分散液。将 30 g 环氧氯丙烷缓慢加到 1.5 kg 的 $CF_3(CF_2)_nCH_2CH_2OH$ 中（$n = 5 \sim 13$；羟值 104，450 mL $C_2Cl_3F_3$，15 g $BF_3 \cdot Et_2O$，50 ℃），搅拌回流 2 h，得到 1.7 kg $CF_3(CF_2)_nCH_2CH_2O[CH_2CH(CH_2Cl)O]_bH$（$n=5 \sim 13$，$b=1.2$，羟值 85.9）。将该产物 548.5 g 于 80 ℃ 与 73.1 g TDI 混合，于 110 ℃ 搅拌反应 5 h 生成 614 g 含 51.4％F 的氨基酯。上述处理剂除了用于皮革、毛皮的防油防水处理外，也用于织物的防油防水处理[3]。

类似的处理剂也用于多孔纸张、人造皮革的防油防水处理，而且经处理过的纸张、人造皮革表面平滑，有防污性质。配方举例如表 9.56 所示，将这些组分搅拌制成乳液，可用于人造皮革及织物的整理[3]。

表9.56　整理剂配方[3]

组分	质量份
改性树脂①	1000
甲苯	10
丙烯环氧-乙烯环氧嵌段共聚物	4
二甲苯	20

续表

组分	质量份
二氧六环	10
水	70

① 改性树脂的制备方法：114 份含氟醇 $CF_3(CF_2CF_2)_3CH_2CH_2OH$ 加到 120 份 CoronateL（75 % 固体）中于 50 ℃ 反应，得到透明中间体，5 份该中间体与 100 份聚氨酯分散液（30 % 固体，由聚四甲烯基二醇 1000 份、乙二醇 93 份和 MDI 625 份在 4000 份 MEK 中制备）在 60 ℃ 反应 4 h，生成乳白色的改性树脂。

　　再举一个氟表面活性剂用于皮革防油防水处理的例子，由六羟甲基蜜胺、$C_8F_{17}SO_2N(C_2H_5)CH_2CH_2OH$ 和 Prisorine 3515 按 1∶3∶3 比例制备的缩合物用于皮革处理（1.8 % 固体），经测定其防油性能为 2 级（1=防液体石蜡，10=防庚烷），防水性能为 7 级（0=防 100 % 水，10=防 100 % 异丙醇）。所制备的氟碳化合物易溶于非氟溶剂[3]。

　　一种水溶性聚合物[FC-759，3M 公司，其含有全氟烷基、羧基、乙氧基单元和硅烷醇基 $Si(OH)_3$]已被应用于混凝土、水泥浆、瓷砖、花岗岩、大理石、赤陶和石灰石的多孔表面处理。该聚合物与表面中的多价离子反应，变成水不溶性的，并使多孔表面耐水、耐油、耐污。

　　氟表面活性剂能提高弹性体的拒污性。例如，丙烯腈-苯乙烯-丙烯酸酯弹性体 Luran S778T、紫外稳定剂及 0.1 % 氟表面活性剂 Zonyl FSN100 混合后注模得到的试片经室温 24 h 老化，显示优良的拒污性能[3]。

　　由含氟聚合物与氟表面活性剂组成的水分散液能增强堵缝剂的防污性，其与堵缝剂有良好的黏附强度。例如，全氟烷基乙基丙烯酸酯-氯乙烯-马来酸双辛基酯-羟乙基丙烯酸酯共聚物（单体比例 70∶20∶8∶2，共聚物平均分子量 40000）的水分散液用水稀释，与 $C_nF_{2n+1}CONH(CH_2)_3N^+(CH_3)_3I^-$（$n=6, 8, 10, 12, 13, 16$）混合，喷涂在湿的堵缝剂 POS Seal（改性硅堵缝剂）上，暴露在阳光下形成不开裂的防污膜[3]。

　　氟表面活性剂可用于配制防污织物清洗剂。由苯乙烯-马来酸酐聚合物防污剂、非离子表面活性剂、混合烷基乙氧基 $C_{10\sim16}$ 非离子表面活性剂（HLB 值 10.5~15）和氟表面活性剂组成的清洗剂可用于编织织物如地毯的清洗，且具有拒污性能。配方可为稀溶液也可为浓溶液。举例如表 9.57 所示[3]。

表9.57　地毯、挂毯及室内装饰物的清洗剂配方[3]

组分	质量份
无机或有机洗涤剂增强剂（三聚磷酸钠）	0.1~50

组分	质量份
混合烷基乙氧基 $C_{10\sim16}$ 非离子表面活性剂（MerpolSH）（HLB 值 10.5～15）	0.1～100
氟表面活性剂（Zonyl 7950）	0.1～100

氟表面活性剂常用于配制持久防污剂。经防污剂处理的纸张及其他纤维物质具有持久的防污性以及防水防油性。以地毯防污剂为例，配方及操作如下：尼龙-66 地毯先充水，再用 0.14 %（按在织物上的质量计）Scotchgard FX1373M（氟碳氨基甲酸酯水乳液）和 0.10 %（按织物上的质量计）$C_7F_{15}COON(C_4H_9)_4$（45 %异丙醇水溶液）的混合物喷涂，121 ℃固化 15 min，处理过的地毯进行行走试验（通过 1 万次），其防污能力改进 49 %。该处理剂也用于纸张处理[3]。

氟表面活性剂参与的涂层可赋予多孔基材（如保护膜）拒油性。涂层是作为可固化的组分被应用的。处理后，保护膜仍可透过空气，同时又能防止液体透过，在农业、药物等很多领域有很好的应用。配方举例如表 9.58 所示[3]。

表9.58　涂层配方[3]

组分	质量份
N-甲基-N-2-羟乙基全氟辛基磺酸酰胺	51.3
聚乙二醇 400 单硬脂酸酯	12.2
1,4-丁二醇	1.4
二丁基锡二月桂酸盐	5.0

说明：上述组分溶解在甲乙酮（MEK）中，以约 30 %（质量分数）应用于 Cotran 聚乙烯薄膜，得到的产品性能与没有涂层的膜相比，其防水/异丙醇性能基本不变，防油/庚烷能力则大大提高。

三十六、玻璃表面处理[1]

用于照相机和光学仪器的光学玻璃镜头通过阳离子氟表面活性剂进行表面处理，赋予其疏水性和疏油性。经处理的玻璃表面比未经处理的表面更能抵抗指纹污染。采用阴离子氟表面活性剂混合物（$C_6F_{13}SO_3K$ 和 $C_6F_{13}SO_3NH_4$，比例为 70∶30）的甲醇溶液进行涂覆并干燥，玻璃也可以获得拒油涂层。

挡风玻璃清洗液中的氟表面活性剂可防止挡风玻璃结冰。

玻璃防水处理剂可由氟烷基硅烷溶于能与水互溶的有机溶剂的溶液和酸的水溶液组成。例如，按如下方法配制：十七氟癸基三甲氧基硅烷和异丙醇（1∶99）组成的溶液与异丙醇（95 %）、水（2.0 %）、HNO_3（3.0 %）混合，5 min 内喷在玻璃板上，放置，洗涤，干燥后形成经处理的玻璃板，其与水的接触角为112°，防水耐久性（≤50 %面积出现雾）超过240天[3]。

再举一个主要用于汽车窗玻璃防水处理的例子，配方如表9.59所示[3]。

表9.59　汽车窗玻璃防水剂配方[3]

组分	质量份
异丙醇	100
十七氟癸基三甲氧基硅烷	1.5
二甲基硅氧烷二醇	0.5
HNO₃	0.015

说明：加热回流，即可制备汽车窗玻璃防水剂。

三十七、纺织品[1]

氟表面活性剂可使纺织品和纸张具有拒水拒油性能，并增加表面润滑性。例如，一种用于涤纶纱的上浆剂含有 C_{6-8} 全氟烷羧酸、聚乙烯醇和丙烯酸聚羧酸酯，能使纱线易于纺织。而用月桂醇磷酸酯钾代替氟表面活性剂后，可织性较差。

一种阴离子氟表面活性剂，如 3-[3-全氟甲基苯氧基]-1-丙磺酸钠，据称可以增加用于醋酸纤维（acetate fiber）的阳离子染料的染浴竭染性（dye bath exhaustion）。

在干洗配方中，氟表面活性剂可改善全氯乙烯中污垢的悬浮并减少再沉积。

含氟季铵盐表面活性剂可用于干燥和干洗，这种干燥、干洗和防污组分含有 ≥1 种卤碳化合物和 ≥1 种氟表面活性剂。这些成分能从织物宽广的表面除去水或水膜，并使织物具有防污的性能。例如棉织物用 N-乙基甲基-1, 1, 2, 2-四氢全氟癸胺的辛基苯基磷酸盐在 HFC-356 中处理后，其油滴吸收时间显示为（5000 mg/L 氟表面活性剂）201~225 s[3]。

氟表面活性剂可用于降低黏胶生产中二硫化碳的消耗量。在生产黏胶的工艺中用于纤维碱化的碱中加入 0.01 %~0.2 %氟表面活性剂。100 g 软毛浆的 4.4 %悬浮液在 16.5 % NaOH 中（含有 0.1 %含氟聚氧乙烯烷基醚 Fluorad FC170C），加热至 28 ℃，加压，压饼经研磨，与 26 % CS₂ 在 30 ℃加热 1 h，再溶解于 NaOH 中，得到胶体容积为 1.4 mL/g、过滤堵塞值 127 和 gamma 值为 41.2 m 的黏胶。如果使用不含氟的聚氧乙烯醚，这些性能数值分别为：3.5 mL/g，131，38.0 m，其中二硫化碳为 30 %[3]。

三十八、减缓油品挥发[1]

在石油产品储罐的液体表面覆盖一层漂浮的谷物（如玉米、小麦或经氟表面活性剂处理的珍珠岩），可以减少蒸发损失。

烃类燃料（如汽油）的蒸发可通过含有阴离子型或两性型氟表面活性剂的水膜来抑制。氟表面活性剂有效是因为其表面张力低。

Katrizky 等研究了延缓蒸发的原理。为获得最佳效果，假定的结构需要包括一个氟烷基、一个刚性的极性中间部分以及一个亲油性烷基或芳基烷基取代基。

三十九、润湿剂[1]

氟表面活性剂是一种有效的润湿剂，能在常规表面活性剂无法应用的情况下发挥润湿作用（例如在强碱性或强酸性介质中）。

在由 $w(HNO_3)=20\%$ 与 $w(H_2SO_4)=5\%$ 的低碳钢浸蚀液中加入 0.01%（质量分数）两性离子型氟表面活性剂 $C_8F_{17}SO_2NH(CH_2)_3N^+(CH_3)_2CH_2COO^-$，浸蚀处理 5 min，与同等条件下未加氟表面活性剂的情况相比，氟表面活性剂的存在使得浸蚀量（处理后减少的质量分数）大大提高[2]。

氟表面活性剂在用浓酸处理矿石的过程中用作稳定的润湿剂。润湿矿石的速度越快，越能尽快地打破氧化物保护层，并减少结块。在焊接液中，氟表面活性剂作为低泡型润湿剂，可减少起泡（使用硅表面活性剂会遇到起泡的情况）。在脱盐过程中，氟表面活性剂有助于润湿绵羊皮。添加 0.1%氟表面活性剂可以将脱盐时间缩短至七分之一。

碳氢表面活性剂和氟表面活性剂的混合物是比单独使用其中一种表面活性剂更为有效的润湿剂。将含有 0.1%三甲基[3-(全氟辛基磺酰胺基)-1-丙基]碘化铵和 1%十二烷基硫酸钠的一滴水滴在聚乙烯上，能铺展成一个直径为 15 mm 的圆。在相同的时间间隔内，含有 2%单一表面活性剂的液滴则只铺展成了直径为 6 mm 的圆。

Tadros 研究含有氟表面活性剂、碳氢表面活性剂或其混合物的水滴对小麦叶片的润湿情况。Tadros 发现，对小麦叶片而言，氟表面活性剂比碳氢表面活性剂具有更强的润湿作用。通过比较 Monflor 31（$C_{10}F_{19}OC_6H_4SO_3Na$）和十二烷基苯磺酸钠以及 Monflor 51[$C_{10}F_{19}O(CH_2CH_2O)_nH$]和 $C_{16}E_{17}$（$C_{16}H_{31}O(CH_2CH_2O)_nH/C_{16}H_{33}O(CH_2CH_2O)_nH$）发现，浓度低一个数量级（甚至更低）的氟表面活性剂便能得到对应碳氢表面活性剂所表现出的铺展系数（spreading coefficient）。然而，氟表面活性剂的保留因子（retention factor）却低于碳氢表面活性剂（注：保留在喷淋表面上的液体体积与保留因子成正比）。

为维持良好的润湿性和保留性，Tadros 提出了一种氟表面活性剂和碳氢表面活性剂的混合物作为折中方案。使用表面活性剂混合物具有成本优势，对环境造成的污染也较小。

石棉有致癌作用，在石棉开采、加工或清理建筑物石棉天花板时喷射润湿剂，对控制石棉粉尘飞扬很有效。一种含有氟表面活性剂的石棉润湿剂配方如表 9.60 所示，其对石棉的润湿力显著比水强[2]。

表9.60　石棉润湿剂配方[2]

组分	浓度
磷酸氢钠	5%
乙二醇	8%
全氟烷基羧酸盐	10 μg/g
水	余量

　　氟表面活性剂添加到聚合物乳液中做建筑材料密封剂有很好的效果。例如表9.61所示的乳液对玻璃和灰浆有良好的润湿性并形成光滑的膜[3]。

表9.61　玻璃和灰浆润湿剂配方[3]

组分	质量份
聚氯丙稀	100
ToyoparaxA40[氯代烷烃，东素（株）制]	25
Sansocier E2000（环氧化大豆油）	15
Solvesso 200（芳烃类溶剂油）	140
甲苯	208
Nissan Nonion K220[脂肪醇聚氧乙烯醚（0～20）]	5
S141（全氟烷基胺氧化物）	0.2
水	421

第三节

氟表面活性剂在高技术领域的应用举例

一、反应性氟表面活性剂在步进快闪式压印技术中的应用[4]

　　步进快闪式压印技术（step and flash imprint lithography，S-FIL）是纳米压印技术的一种。步进快闪式压印技术与传统光刻相比具有许多优势：步骤简单、成本低、高保真图形转移以及能直接将多层结构图样化。

　　与其他纳米压印技术一样，S-FIL的一个主要关注点是缺陷。工艺相关缺陷的来源之一便是与模板分离失败。一个理想的工艺过程需要有效的模板脱离过程，如

图 9.1 所示，在压印和紫外线固化之后，希望压印材料与模板间能做到完美分离。

为改善分离效果，常采用两个措施。其一如图 9.2 左图所示，一方面，在滴涂的压印材料与转换层之间加上一个助黏剂层，其目的是提高压印材料与转换层之间的附着力，防止发生图 9.1 中"黏合破坏"的情况；另一方面，在石英模板表面修饰一个氟化自组装单层（又称脱模层），此处碳氟链提供的低表面能和疏水疏油性有利于模板表面与成型后压印材料的后续分离。另一个措施是对压印材料本身进行改进，如图 9.2 右图所示，在压印材料中添加表面活性剂，表面活性剂会向界面处迁移、浓集，降低界面的表面能，有助于实现完美分离。近期报道的一种该用途的氟表面活性剂如图 9.3 所示。

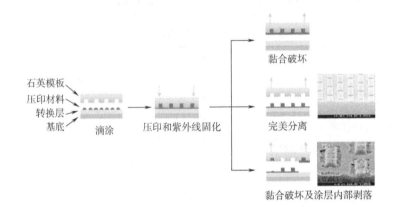

图9.1　压印材料与模板分离时的三种可能性

图9.2　改善压印材料与模板分离的方法

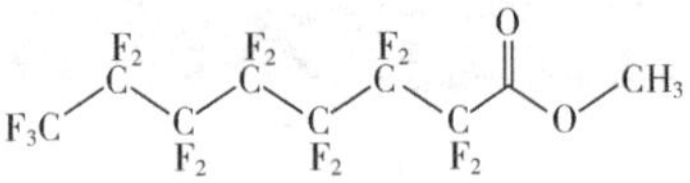

图9.3　减少分离缺陷的氟表面活性剂

在石英模板表面修饰一个氟化自组装单层，就要用到反应性氟表面活性剂。反应性氟表面活性剂是含有能参与化学反应官能团的氟表面活性剂。例如，用全氟烷基氯硅烷处理清洁的石英模板（图 9.4），在表面形成氟化自组装单层。但是，随着连续压印过程不断进行，其中部分表面会因表面修饰基团缓慢降解而造成裸露，会导致脱模时分离失败。

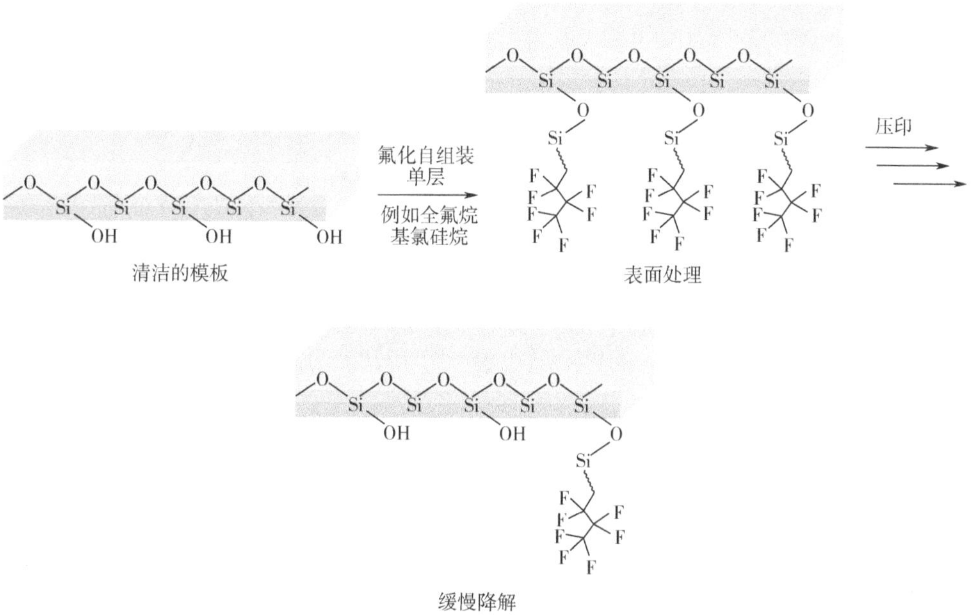

图9.4　氟化自组装单层表面处理及其在连续压印过程中的降解

针对上述问题，Ogawa 等提出一个解决方案[4]，如图 9.5 所示，模板初始用氟化自组装单层处理，同时，压印液中添加少量的反应性氟表面活性剂。在压印过程中，该材料会与模板表面的裸露区域反应，对氟化单层进行补充。保持了必不可少的疏水性，在不需要定期清洗和处理模板的情况下可进行连续压印。在压印胶中加入该氟表面活性剂既提高了分离效果又有效保证了模板寿命。

为实现 "改善压印材料" 与 "维护模板" 同时进行的想法，Ogawa 等开发了新型的反应性氟化添加剂，其发挥了表面活性剂的功能，同时也有能力在压印过程中对模板表面进行化学修饰，从而在模板上维持低表面能脱模层。经过对若干材料的筛选，发现硅氮烷官能团非常适合这一角色。以此结构为基础，合成了新型反应性氟表面活性剂（图 9.6，缩写为 F-硅氮烷），并对其进行测试[4]。

该材料具有足够的反应性来功能化模板表面以及在压印配方中可接受的稳定性（这意味着可以商品化并有一定的保质期）。在标准压印胶配方中添加 F-硅氮烷（配方见表 9.62）显著改善了模板脱模性能，并使其比对照配方的连续压印时间显著延长。使用 Imprio®100 工具进行的多次压印技术研究证实了这种新添加剂的有效性。

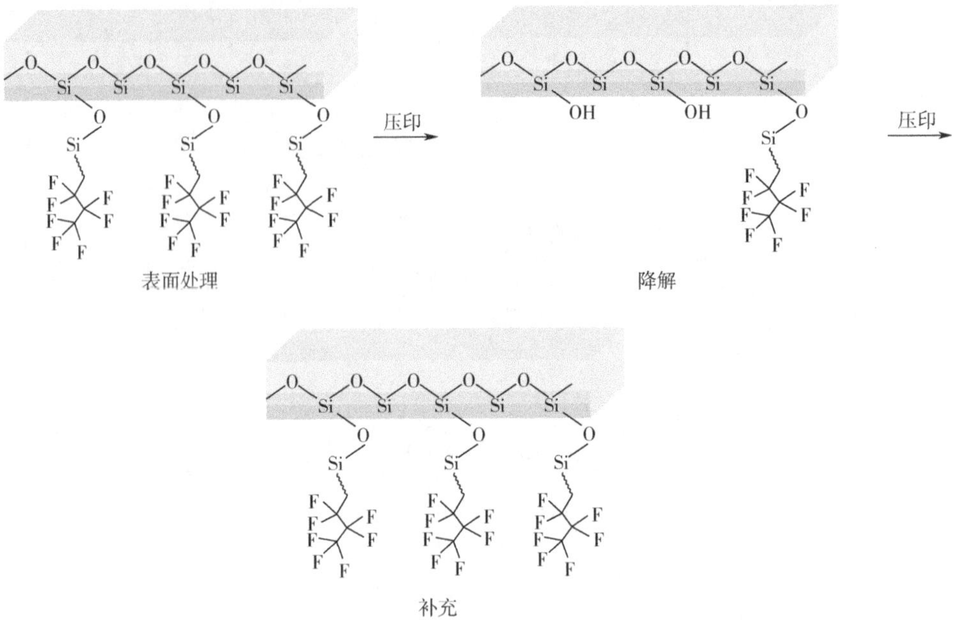

图9.5　补充脱模层

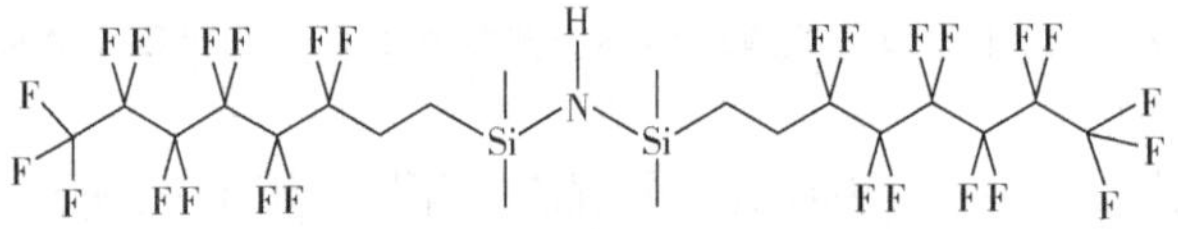

图9.6　一种反应性氟表面活性剂

表9.62　多次压印研究中所用的标准压印胶配方以及添加F-硅氮烷的配方[4]

	丙烯酸异冰片酯（IBA）	二丙烯酸乙二醇酯（EGDA）	丙烯酸正丁酯（nBA）	Darocure 1173	F-硅氮烷
标准液体	38.2 %	19.8 %	38.0 %	4.0 %	0
添加 F-硅氮烷的液体	35.4 %	19.8 %	35.4 %	4.0 %	5.4 %

二、生物相容性氟表面活性剂在治疗诊断学中的应用[5]

全氟烃（PFC）纳米级和微米级乳液因其可作为成像造影剂或药物载体而成为癌症治疗的新研究领域。它们还被证明具有帮助高强度聚焦超声热疗提高效率的能力。有必要对诊疗液滴的携氧能力、尺寸效应以及成像应用性能进行研究。2018年，Lorton 等使用 ^{19}F NMR 研究全氟辛基溴（PFOB）诊疗液滴[5]。这些诊疗液滴需要表面活性剂进行稳定，例如图 9.7 所示的生物相容性氟表面活性剂（缩写为 F-

TAC），它们是基于 6∶2 和 8∶2 型氟调聚物的衍生物，为非离子型氟表面活性剂，头基为多羟基结构。对于给定的乳化工艺（能量输入水平一定的情况下），根据所用的 F-TAC 表面活性剂不同，可控制 PFC 液滴的尺寸：F_8TAC_{11} 得到纳米级而 F_6TAC_5 得到微米级。

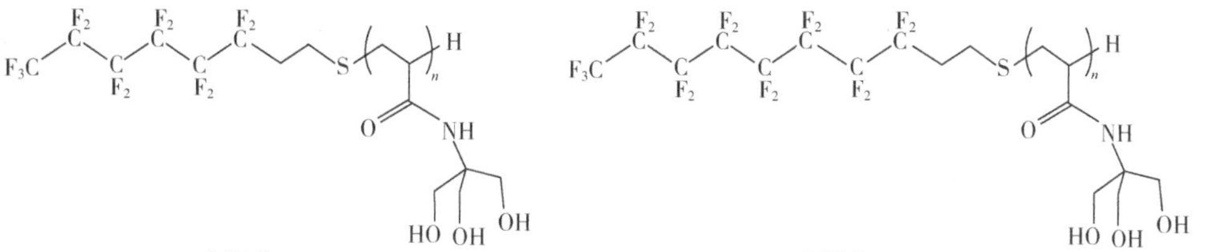

图9.7　生物相容性氟表面活性剂

　　Lorton 等通过对 ^{19}F NMR 信号的纵向弛豫（T_1）数据进行分析，确定了液滴尺寸对携氧能力的影响[5]。还测试了在不同含氧量水平下的液体 PFOB 和五个 PFOB 液滴样本（平均直径为 0.177 μm、0.259 μm、1.43 μm、3.12 μm 和 4.53 μm）。在组织模拟凝胶中加入诊疗液滴，进行空间 T_1 成像。实验数据表明，在所研究范围内，诊疗液滴 ^{19}F 信号的纵向弛豫率与氧水平呈近似线性关系，其斜率随液滴粒径增大呈二阶多项式下降趋势。该半经验模型推导自一般热力学和弱静电力理论，与实验数据的拟合精度在 0.75 % 以内。

　　诊疗液滴的携氧能力与液滴尺寸有关。上述诊疗液滴的氧输送能力趋向于纯 PFOB，而微米级的液滴则损失了 50 % 的氧输送能力。在一个氧浓度稳态梯度产生的特定装置中，Lorton 等演示了 6 kPa/mm 氧压力梯度空间绘图，其具有 1 mm 的平面分辨率，可通过 ^{19}F MRI 对 PFOB 诊疗液滴进行表征（使用不同的 F-TAC 表面活性剂，这些液滴尺寸可调）。T_1 绘图的当前精度和空间分辨率很有前途。进一步体内研究的一个潜在挑战则是缩短成像时间。

三、生物相容性氟表面活性剂在聚焦超声热疗中的应用[6]

　　如上所述，采用图 9.7 所示的生物相容性氟表面活性剂 F-TAC 能稳定 PFOB 液芯的液滴。该课题组于 2019 年采用这些氟表面活性剂稳定的微米级 PFOB 液芯液滴用作一种新型的用于聚焦超声热疗的血管内超声敏化剂[6]。开发微米尺寸液滴乳液的目的是能够增加高强度聚焦超声（HIFU）的热沉积，旨在加速高度灌注器官的肿瘤消融，减少副作用。

　　Desgranges 等研究的液滴由全氟辛基溴（PFOB）为核，核外覆有一种生物相容的氟表面活性剂 F-TAC[6]。这项工作的新颖之处在于，它使用高沸点的全氟碳内核（142 ℃）与内部的氟表面活性剂搭配来制备乳液，在 HIFU 束和液滴之间产生准可逆的强相互作用。为了微调乳液的尺寸，对不同疏水/亲水性比值的表面活性剂进行了筛选。不同浓度的 PFOB 液滴均匀地嵌入两种不同的 MRI 兼容材料中，表现出超声（US）吸收或非吸收性质。对于超声吸收 TMM（tissue mimicking material，仿组织材料），他们也评估了在每个液滴浓度下的声速。对这些 TMM 采用 1 MHz HIFU 进行声波处理[在两个不同的占空比（duty cycles）下，声功率为 94 W]。利用 MRI 质子位移共振频率对温度升高进行准确的近实时监测。超声敏感液滴的存在导致了 HIFU 热效应显著增加，且该效应在同一轨迹的重复超声作用下仍然存在。在所测试的最低浓度（0.1 %）处观察到最大提高程度，在焦点处有额外的温度升高（声能每施加 1 kJ 温度升高大约 4 ℃，对应于热剂量增大一个数量级）。此外，没有观察到焦点前或焦点后加热模式变形。

四、氟表面活性剂在防伪技术中的应用[7]

当前，防伪技术需要更可靠的解决方案。涉及光学操纵的技术由于其光学特性无需特殊设备即可用肉眼识别而备受关注。例如全息图，自从 1948 年 Gabor 的开创性工作以来，由于其依赖角度的耀眼效果或裸眼可见的三维动态图像，其已经成为日常光学防伪的首选。模压全息图特别重要，通过将全息图像从热金属母版转移到印刷机下的柔性聚合物薄膜上，可以很容易地以工业规模重现。模压全息图已越来越多地应用于证件、货币、银行卡等贵重物品的防伪。

热塑性聚丙烯酸酯具有优异的透明性、良好的耐候性和高度的柔性，通常用于记录转移的模压全息图。通常采用镍板作为母版，因为它在全息图制作中易于使用，而且成本相对较低。在压花过程中，镍基母版表面的全息图在压力作用下被转移到聚丙烯酸酯薄膜的软化区。通过加热至 160 ~ 180 ℃ 的玻璃态，可以使聚丙烯酸酯薄膜上的压印部分软化和再成型。问题是软化后的聚丙烯酸酯对热镍板的附着力较强。因此，很难将镍母版与压印的聚丙烯酸酯分离而不降低压印全息图的品质。

为避免聚丙烯酸酯对热金属板的强附着力，使用了一种防黏剂对金属板进行表面改性，并通过共聚或共混降低聚丙烯酸酯的表面能。为此，氟聚合物因其优异的疏水性和疏油性而被认为是最佳的防黏材料。全氟化聚合物，即聚四氟乙烯（PTFE）的表面能极低（$\gamma_s = 2.02 \times 10^{-2}$ N/m）。然而，聚四氟乙烯的低表面能导致其与其他材料的附着力和相容性较差。为提高聚四氟乙烯与聚丙烯酸酯的相容性，表面改性是一个很好的解决方案。

各种乙烯单体如丙烯酸、苯乙烯、N-异丙基丙烯酰胺可以接枝到 PTFE 上。PTFE 表面水接触角减小是成功接枝的证据。改性聚四氟乙烯还广泛应用于吸附剂材料、质子交换膜和生物医学材料。尽管研究者们对接枝工艺做了大量工作，如何改善 PTFE 与其他聚合物基体的相容性仍是一个挑战。接枝过程中，即使使用大的辐照剂量或单体浓度，也难以避免严重聚集。因此，为了满足模压全息图的要求，对接枝度和 PTFE 负载量的优化备受关注。

如上所述，在模压全息术（embossed holography）中，降低聚丙烯酸酯基材的表面能非常重要。但目前的解决方案通常涉及高成本的合成或遇到兼容性问题。Wang 等采用 PTFE 微粉与聚甲基丙烯酸甲酯（PMMA）接枝[7]。在接枝反应中，利用氟表面活性剂帮助形成水包油乳液至关重要。该接枝反应是在氟表面活性剂 $H(OC_2H_4)_n(CF_2CF_2)_mF$(Zonyl™ FSN-100，Dupont）存在下，通过原位电子束辐照引发聚合反应，生成接枝 PMMA 的 PTFE 微粉（PMMA-g-PTFE），最佳接枝度为 17.8%。随着 PMMA-g-PTFE 的引入，聚丙烯酸酯与 PTFE 的界面相互作用得到了很大的改善，形成了表面能较低的均匀的聚丙烯酸酯/PMMA-g-PTFE 复合材料。例如，聚丙烯酸酯中 PMMA-g-PTFE 的引入量可达 16%，与原始样品相比，水接触角增加了 20 度以上。这项研究为制备用于模压全息术的基于聚丙烯酸酯的膜奠定了基础。

五、氟表面活性剂用于模板法制备多孔二氧化硅材料[8]

表面活性剂模板法是制备多孔二氧化硅材料的重要手段之一，人们一直探索如何利用该法控制二氧化硅孔隙的大小、结构和取向。这些材料由表面活性剂和二氧化硅前体共同组装而成，然后通过煅烧或萃取形成二氧化硅网络并除去表面活性剂。各种碳氢表面活性剂（阳离子型、非离子型、阴离子型）包括单尾型和双尾型表面活性剂等都被用作模板。

与碳氢类似物相比，氟表面活性剂更易形成聚集体且曲率更低。但是，氟表面活性剂用作模板的相关探索则起步较晚。

2003 年 Rankin 等首次展示了氟表面活性剂可用作有序多孔二氧化硅材料的模板[8]，其易于组装，可以形成孔隙有序结构。Rankin 等先合成了一种基于 C_6 氟调聚物的吡啶型阳离子氟表面活性剂，其合成步骤是：吡啶与 1H，1H，2H，2H-全氟辛基碘进行反应，然后进行洗涤、重结晶和离子交换制备出 1H，1H，2H，2H-全氟辛基氯化吡啶。利用该氟表面活性剂所得材料的孔径（其孔径 2.6 nm）介于晶体分子筛和其他表面活性剂模板法制得的二氧化硅之间。前者所覆盖的孔径范围上限为磷酸铝的 1.4 nm 以及高硅分子筛 UTD-1 的 1.0 nm；对于后者，烷基三甲基铵模板法制备的有序二氧化硅孔径则超过 2.7 nm（除非使用双尾表面活性剂）。Rankin 等成功使用单尾氟表面活性剂作模板形成孔径介于中间范围的有序材料。

在 Rankin 等的工作中[8]，氮气吸附、X 射线衍射和透射电镜（TEM）结果表明，在室温下，使用 1H，1H，2H，2H-全氟辛基氯化吡啶来形成有序的具有二维六边形孔隙的粒子。由氮气吸附等温线的拐点求出的孔直径约为 2.6 nm，孔径分布很窄。用修正的开尔文方程和非局域密度泛函理论得到的直径相一致。针对投料比，发现（表面活性剂:二氧化硅）比值在一定范围内上述粒子具有相同的孔径和长程有序性。

从 Rankin 等的开创性研究工作不难看出，氟表面活性剂在模板法制备多孔二氧化硅材料领域具有很大的开发潜力，且具有实用性和可操作性。

2005 年 Osei-Prempeh 等以具有不同长度碳氟链的吡啶型阳离子氟表面活性剂（$C_6F_{13}C_2H_4NC_5H_5Cl$、$C_8F_{17}C_2H_4NC_5H_5Cl$、$C_{10}F_{21}C_2H_4NC_5H_5Cl$）为模板，采用"一锅法"（直接法）在碱性介质中于常温下合成了具有有序纳米孔隙的乙烯基功能化二氧化硅材料[9]。结果发现：

① 对于给定的功能化水平，以这些氟表面活性剂为模板制出的材料的孔隙尺寸都小于以十六烷基三甲基溴化铵（CTAB）为模板制出的材料。

② 乙烯基含量增加导致孔隙尺寸减小。

③ 根据粉末 XRD 分析，以 $C_6F_{13}C_2H_4NC_5H_5Cl$ 和 $C_8F_{17}C_2H_4NC_5H_5Cl$ 为模板所得材料的孔隙有序性随乙烯基含量增加而降低，而以 $C_{10}F_{21}C_2H_4NC_5H_5Cl$ 为模板所得的材料则具有相反的影响。

④ 以氟表面活性剂为模板制出的材料的孔隙尺寸较小（有的甚至是微孔），溴化实验表明以氟表面活性剂为模板制出的材料内，乙烯基的可达性（accessibility）要比以 CTAB 为模板的有序材料高。

⑤ 尽管乙烯基被限制在氟化胶束模板的栅栏区域可能有助于提高可达性，但正如以 CTAB 为模板的有意无序化材料，氟化模板材料中孔隙有序性降低也可能提高可达性。

⑥ 阳离子氟表面活性剂不仅具有作为模板剂的潜力，而且具有通过直接合成得到在有机-无机杂合物孔隙中将有机官能团重新排列的潜力。

六、氟表面活性剂用作超临界 CO_2 微乳的乳化剂

含有以水为核的反胶束的超临界 CO_2（$scCO_2$）可用于封装，换句话说，$scCO_2$ 包水型微乳（$W/scCO_2$）可构成一种"通用溶剂"，该液体结合了 $scCO_2$ 的所需特性和水的溶解性能。

人们不断研究试图确定或者设计出可溶于 CO_2 的表面活性剂，使之能够用于制备 $W/scCO_2$ 微乳。尽管在 20 世纪 90 年代初，对于水包油体系，有 130 多种常规表面活性剂被系统研究，但所有这些表面活性剂的微乳化能力均不超过每个表面活性剂分子约 3 个以上的水分子，也就是说，其反胶束内水与表面活性剂的摩尔比（W_0^c）小于 3。后来，一些氟表面活性剂被证明在 CO_2 中具有高溶解性且在水/CO_2 界面上具有高活性，这些特性表明了获得 $W/scCO_2$ 微乳的可行性。1996 年，Johnston 等发现一种全氟聚醚（PFPE）表面活性剂可以稳定 $W/scCO_2$ 微乳且 $W_0^c=14$[10]。

此后，许多关于 $W/scCO_2$ 微乳的报道都集中在 PFPE 上。很多研究表明，一种结构类似 AOT 的氟表面活性剂，双（1H，1H，5H-八氟戊基）-2-磺基琥珀酸酯钠（di-HCF$_4$），所制备的 W/CO_2 微乳 W_0^c 接近 20。Sagisaka 等合成了一些

结构类似 AOT 的氟表面活性剂,将其用作 W/scCO₂ 型微乳的乳化剂,并对所得微乳的 W_0^c 和稳定性进行了检验[11, 12]。他们发现,一种类似 AOT 的氟表面活性剂,双(1H,1H,2H,2H-十七氟癸基)-2-磺基琥珀酸酯钠[8FS(EO)₂],所制备的 W/scCO₂ 微乳 W_0^c 高达 32,该值与之前报道的其他 W/scCO₂ 微乳体系相比是非常大的。

Sagisaka 等对 8FS(EO)₂、PFPE、di-HCF₄ 及几种结构类似 AOT 的氟表面活性剂做了进一步研究(分子结构如图 9.8 所示),测试其在水/CO₂ 界面上的界面活性,采用悬滴法测定界面张力(IFT)[13]。根据界面张力曲线确定了表面活性剂单分子占据的面积(A),以及这些表面活性剂的临界微乳浓度(cμc)。在分析了这些结果与 W_0^c 的关系后,Sagisaka 等给出了微乳化力从何而来的答案。Sagisaka 等的这项工作揭示了界面性质、表面活性剂结构与微乳化力的关系,并为如何构建含水量高的 W/scCO₂ 微乳提供了参考。

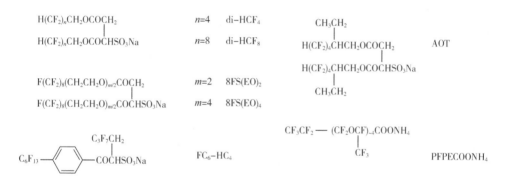

图9.8 表面活性剂分子结构及其缩写[13]

Sagisaka 等的结果表明[13],与其他类型的氟表面活性剂和碳氢表面活性剂 AOT 相比,所有的氟化 AOT 类似物表面活性剂都表现出出色的水/CO₂ 界面活性。在 AOT 类似物表面活性剂(双尾表面活性剂)中,随着亲 CO₂ 尾巴中碳氢链的数目从 0 到 1 再到 2[即从 8FS(EO)₂ 到 FC6-HC4 再到 AOT],表面活性剂的 IFT 增大。利用测得的 A 和 cμc 来确认反胶束内水与表面活性剂的摩尔比(W_0^c)。不考虑温度升高,发现形成具有高 W_0^c 的 W/scCO₂ 微乳的表面活性剂是能高效率地降低界面张力的表面活性剂。为得到最理想的 W_0^c,表面活性剂不仅需要高亲 CO₂ 的尾巴,而且需要高 Krafft 点,这些性质能导致低的亲水/亲 CO₂ 平衡值。

图 9.9 给出了各表面活性剂制备的 W/scCO₂ 微乳所具有的最大 W_0^c 值。可以看出,双尾碳氟表面活性剂优于单尾氟表面活性剂和碳氢 AOT 表面活性剂,而最优的表面活性剂要兼具低 IFT 以及高 Krafft 点。

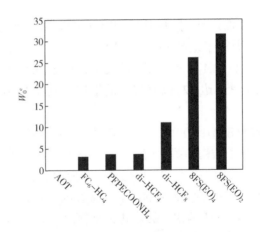

图9.9　表面活性剂制备的W/scCO$_2$微乳所具有的最大 W_0^c 值[13]

所用表面活性剂浓度为0.08 %（摩尔分数），测试温度40 ℃，压力25 MPa

七、可聚合型氟表面活性剂在涂料及表面修饰方面的应用[1]

可聚合型表面活性剂（又称表面活性单体）由于在药物传输、涂料、聚合工艺、表面修饰以及可聚合胶束研究等方面的潜在应用而备受关注。可聚合型氟表面活性剂可简单理解成分子中含有可供聚合反应的双键的氟表面活性剂。

在某些应用里，可聚合型表面活性剂比非反应性表面活性剂有优势。例如，表面活性剂在涂料中用作分散剂或乳化剂可以使涂料膜软化。在固化过程中，涂料中表面活性剂发生聚合则能阻碍表面活性剂向表面迁移，从而减小对涂料膜的软化作用。此外，通过使用可破坏的或可水解的表面活性剂或可聚合型的表面活性剂，可避免涂层中残留表面活性剂所造成的问题。

在乳液聚合中，可聚合型表面活性剂可提高乳液的剪切稳定性，并减少起泡。

通过所吸附的表面活性剂在紫外线照射下发生聚合，可聚合型表面活性剂可应用于表面修饰。通过交联已迁移到表面并形成单层的可聚合型氟表面活性剂，可以对涂料膜或漆的表面进行氟化。

涂料和地板上光剂（floor polish）的流平性也是基于氟表面活性剂的超强润湿能力。在变干过程中，降低涂料膜的表面张力梯度对涂层的均匀性至关重要。很低浓度（50～150 µg/g）的氟表面活性剂可以有效地克服条状和珠状纹路。

在聚甲基丙烯酸甲酯漆中加入两种氟表面活性剂，一种为可聚合型的，一种为非反应性的，证明聚合作用的效果。固化后，用溶剂冲洗漆膜。接触角测量结果（图9.10）表明，含有可聚合型氟表面活性剂（ⅰ）的膜被永久疏水化，而非反应性氟表面活性剂（ⅱ）则被冲走。另外，一种预先制成的氟聚合物（ⅲ）也能提供永久的疏水表面。

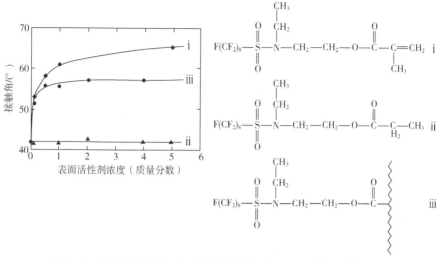

图9.10 氟表面活性剂对一种聚甲基丙烯酸甲酯漆膜润湿性的影响

（ⅰ）可聚合型氟表面活性剂；（ⅱ）非反应性氟表面活性剂；（ⅲ）氟聚合物

可聚合型氟表面活性剂可参与制作防黏纸（剥离纸）的涂层。配方举例如表9.63所示。[3]

表9.63 防黏纸涂层配方[3]

组分	质量份
CH$_2$=CHCH$_2$NHC(O)R$_F$C(O)NHCH$_2$CH=CH$_2$（R$_F$为聚全氟丙烯环氧链）①	4.47
H 四环硅氧烷（带 3-氨基丙基全氟聚醚酰胺基）	0.53
氯铂酸盐 CH$_2$=CHSiMe$_2$OSi—Me$_2$CH=CH$_2$ 络合物	0.17

① 黏度为 3120 cSt，分子量 5500，烯丙基含量 0.036 mol/100 g。

第四节
全氟烃在高技术领域的应用举例

一、全氟烃微气泡在医学成像方面的应用[14]

微气泡（microbubble）在化工、食品工业、工艺工程、水处理、医药等领域具有广泛的应用前景。由于微气泡的体积很小（通常在几微米左右），所以每单位体积的气液界面面积非常大。微气泡可以提高气液接触装置的效率，如泡罩塔、化学反应器和发酵罐。在化工中，许多气液反应是基于气泡在连续液相中的分散来改善流体力学和传质的。在食品工业中，凝胶和奶油类食品等产品的密度和质地可以通过这些材料中的单分散气体微泡来改善。在污水处理中，微泡曝气可以增强臭氧和氧的气液传质。

在生物医学应用中，直径为 1 ~ 10 μm 的微泡（能安全流过患者最小的毛细血管）被用作超声造影剂，也被用于研究药物、基因和代谢气体的传输。在这些应用中，单分散性对提高超声波回声检查的图像质量至关重要，同时，通过降低多分散微泡之间的拉普拉斯压力差来限制 Ostwald 熟化效应，从而获得更好的微泡稳定性。

为改进制造工艺，可以使用水溶性较弱的气体，如氟烃。全氟烃气体降低了渗透压，增大了微泡的稳定性，且表面张力较低。壳层组成也是决定微泡物理性质、声学行为和成像时间的关键因素。壳芯的作用是防止气体从内核逸出，防止微气泡聚并。而在生物医学应用中，微泡是用磷脂或白蛋白做壳的。可溶性表面活性剂也可用于制备全氟烃微气泡，由于它们在气液界面具有快速吸附作用，因此易于实施。例如用山梨醇酐单硬脂酸酯 Span-60 和聚乙二醇（40）硬脂酸酯（PEG40S）的混合水溶液经声波法制备出以全氟烃为内核的微泡。其他可能的外壳材料包括蛋白质和生物相容性聚合物，如 Pluronic F68。

微气泡在医学成像（提高超声成像的对比度）等领域的应用越来越广泛。这些微气泡通常由表面活性剂分子稳定的气体核心组成。Melich 等采用 Shirasu 多孔玻璃（SPG）膜制备全氟烃 C_3F_8 的微气泡[14]，过程如图 9.11 所示。气体（穿过膜的孔隙）被注入含表面活性剂的连续相中，形成微气泡，表面活性剂分子吸附在微气泡的表面上，负责稳定新生成的界面。

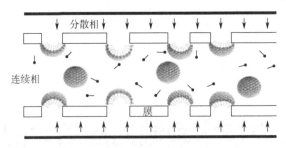

图9.11 气体（分散相）透过多孔玻璃膜的孔隙进入
含表面活性剂的液体（连续相）中形成微气泡

Melich 等对所得微气泡的尺寸、尺寸分布和稳定性进行了表征[14]。结果发现，膜的孔隙越小（从 1.1 μm 到 0.5 μm 再到 0.2 μm），所得的微气泡越小（分别为 13.3 μm、6.36 μm 和 4.42 μm），但微气泡尺寸分布更宽（分别为 16 %、24 %和

31 %），原因是施加在较小微气泡上的拉普拉斯压力较高，导致其不稳定。

Melich 等还发现[14]，在所用膜的平均孔径相同的情况下，声波法所得微气泡的大小和分布与表面活性剂的种类有关。例如，在膜的平均孔径均为 1.1 μm 的情况下，对于 SDS 所稳定的微气泡，全氟烃微气泡直径为 13.3 μm，分布为 16 %；对于 Tween-20 所稳定的微气泡，全氟烃微气泡直径为 15.6 μm，分布为 23 %；对于聚乙二醇（40）硬脂酸酯（PEG40S）所稳定的微气泡，全氟烃微气泡直径为 16.5 μm，分布为 26 %。

总的来说，膜技术被证明是一种有效的、可控的、可重复的方法，以（0.6 ~ 1.5）×10^{10} 微泡/分钟的高速率生产全氟烃微泡。决定微气泡形成的关键因素是孔口处新的气液界面处表面活性剂吸附动力学。

全氟烃微泡与空气微泡相比，具有两大优势：

① 全氟烃微泡比空气微泡的尺寸小。这是由于全氟烃具有较低的表面张力。

② 稳定性研究表明，与空气微泡相比，全氟烃气体大大延长了微泡的寿命。全氟烃微泡 90 s 后尺寸略有增加，为 1.3 倍，而空气微泡则为 2.2 倍。

二、全氟烃在肿瘤治疗方面的应用[15]

全氟烃（又称全氟碳，PFC）纳米粒子（NP）本身为约 98 % 的 PFC，其氟浓度很高，约为 100 mol/L。采用全氟烃的早期临床前和后期的临床研究涉及液体呼吸，利用全氟烃的高溶氧能力来克服天然表面活性剂缺乏而导致的早产儿呼吸窘迫。尽管 PFC NP 乳液在新生儿临床应用中是有效的，但表面活性剂替代品的替代技术很快出现并取代了它们。认识到 PFC 乳液的溶氧能力和高生物相容性，其他研究者继续将 PFC NP 作为人工血液替代品进行临床开发。在这段时间内，PFC NP 研究扩展到包括肠和一般血池造影方面，用于 CT、MRI 和多普勒超声。

80 % 的肺癌起源于支气管和肺泡的气道黏膜上皮层的细微的癌前病变，这些病变发展并渗入薄壁组织。采用 PFC 的液体通气技术在 1966 年首次在啮齿类动物中被证实，随后在 1996 年以脂质封装的 PFC 乳液形式用于改善遭受呼吸窘迫综合征的新生儿的肺功能。随后，PFC NP 作为静脉血管约束的纳米技术被广泛研究，用于诊断成像和靶向给药。

然而，Wu 等进行了一项概念验证性研究[15]，对静脉注射和气管内给药两种方式进行了对比。在小鼠体内的生物分布研究表明，静脉注射的荧光顺磁全氟烃纳米粒子（M-PFC NP）分布于网状内皮器官，而气管内给药的相同剂量的 M-PFC NP 在肺外则基本没有检测到。气管内给药的 PFC NP 不影响家兔行为或损害呼吸功能。PFC NP 对培养细胞的影响可以忽略不计，静脉注射或气管内给药对兔血液学和血清临床化学参数均无影响。

Wu 等据此得出结论[15]：PFC NP 的气管内传输为 PFC NP 在局部高浓度地转

移到肺癌中提供了一个难得的机会，同时，肿瘤外的全身性暴露极小。

三、全氟烃清洗电路板或精密零部件

氟氯烃（CFC）和甲基氯仿（1，1，1-三氯乙烷，TRIC）在精密清洁操作中被广泛用于微粒去除。该传统方法对环境产生了重大影响。这两种物质是大气中氯的两项主要来源，对臭氧层的破坏负有责任。蒙特利尔议定书确立CFC-113（三氟三氯乙烷）和TRIC逐步淘汰，这些产品也不再在美国生产。

Entropic Systems，Inc.（ESI）开发的替代工艺分为非核应用（污物颗粒无放射性）以及核应用（污物颗粒有放射性），后者是在前者的基础上改进而来的，工艺差别在于后者需要过滤装置。下面具体进行介绍。

1.非核应用

CFC-113和TRIC广泛用于可靠惯性制导系统陀螺仪的制造和维护。由于所涉及的间隙很小，惯性制导仪器制造商试图消除仪器部件中细微的外来粒子。在美国空军弹道导弹组织赞助的SBIR（小企业创新研究）项目（AF 91-186）的支持下，Entropic Systems，Inc.（ESI）开发了ENTROCLEAN™增强颗粒移除工艺，其从固体表面去除小颗粒，被证实比传统的CFC-113工艺更有效。在该工艺中，要清洗的部件在惰性全氟烃（PFC）液体（以高分子量氟表面活性剂稀溶液的液流形式）中进行超声波清洗，然后用纯载体液体清洗以去除残留的表面活性剂，然后干燥。该工艺中使用的全氟化液体溶液具有零臭氧消耗潜力，无毒、不易燃，通常被认为是无害材料。虽然人们对这些材料的全球变暖潜力有些担忧，但这些材料已被美国环保署接受，作为一种环境可接受的清洁高度复杂几何结构器件的材料（因为必须符合严格的颗粒清洁度标准）。

2.核应用

首先，ESI开发了一种实验室规模的超声去污系统，演示了强化颗粒去除工艺在电路板放射性去污中的应用[16]。该工艺以惰性全氟化液体为工作介质，这些液体的臭氧消耗潜力为零，无毒、不易燃，通常被认为是无害材料。要清洗的部件首先用高分子量氟表面活性剂在惰性全氟化液体中的稀溶液进行超声清洗。超声振荡和液体流动促进了颗粒从被清洗零件表面分离、从交界层转移到体相液体中，并从清洗环境中去除，从而降低了颗粒再沉积的概率。清洗过程结束后，用纯全氟化液体冲洗零件，以去除残留的表面活性剂。全氟化液体蒸发到空气中后，零件恢复。

随后，ESI公司开始将强化颗粒去除工艺应用在核设备无损去污中[17]。该工艺中使用的清洁介质是一种高分子量氟表面活性剂在惰性全氟化载体液体中的溶液，可以增强颗粒的去除效果。在此过程中回收的全氟化液体无毒、不易燃，通常使用安全，对大气臭氧层没有危害。该新工艺已经在麻省理工学院核反应堆实验室（MITNRL）进行了实验室规模的演示。在这些试验中，放射性粒子从小型部件（包括模型电路板）上被去除的程度很高。一般情况下，1 小时内污染减小 3 个数量级。从电路板上去除的放射性粒子被 0.2 μm 过滤器捕获，过滤效率为每阶段 99.5 %。与模型电子电路板进行的兼容性测试表明，所使用的工艺流体和所应用的超声振荡的最大水平都不会影响电路板或电路元件的工作。

ESI 的报告中明确显示[17]，所开发出的针对核应用的 SONATOL™ 工艺流程正是从非核应用的 ENTROCLEAN™ 工艺流程发展起来的：

"ESI 已经开发了一种新的环境兼容的工艺来去除固体表面的小颗粒，其比用 CFC-113 进行喷洒或声处理更有效。该工艺使用惰性全氟烃类（PFC）作为工作介质。PFC 无毒、不易燃，通常被认为是无害材料。此外，PFC 的臭氧消耗潜力为零，它们不是 OLDS（臭氧层消耗物质）。

在 ESI 的 ENTROCLEAN™ 工艺中，首先要清洗的部件要在惰性的全氟碳液体中使用高分子量氟表面活性剂的稀溶液进行喷淋或超声波清洗，以达到去除颗粒的效果。然后用全氟烃载体液清洗零件，去除第一步使用的氟表面活性剂。然后，剩余的含氟液体被蒸发，蒸气被回收，该部件被从系统中拿走。

现有的去污方法没有一种能在不造成不可逆损害的情况下用于电子/电气设备去污。因此，ESI 公司获得了核管理委员会的支持，以进一步开发 ENTROCLEAN™ 工艺在核净化方面的应用。他们开发了一个实验室规模的超声波去污系统，演示了 ESI 的增强粒子去除过程在放射性电子电路板去污中的应用。要清洗的部件首先用高分子量氟表面活性剂在全氟化惰性液体中的稀溶液进行超声清洗。超声振荡和液体流动的结合促进了颗粒从被清洗零件表面的分离，它们从交界层转移到体相液体中，并从清洗环境中将零件拿走，减少颗粒再沉积的可能性。清洗步骤完成后，用纯全氟化液体清洗，去除残留的表面活性剂，干燥。分离的颗粒通过过滤从工艺中去除，使工艺在一个封闭的流动循环中运行，从而最大限度地减少工艺液体的消耗。为了区分核净化应用和非核清洁应用，去污工艺被赋予了 SONATOL™ 商标。"

进一步地，ESI 将 SONATOL 工艺成功应用于设备的非破坏性去污。该工艺中使用的清洁介质是氟碳溶剂中的高分子量氟表面活性剂溶液，不会对大气臭氧层造成危害。SONATOL 核净化系统（SNDS）于 1997 年 6 月安装在波士顿爱迪生公司的 Pilgrim 核电站。对各种各样的电子设备进行了去污，包括台式电脑、电脑显示器、电压表、千分尺、扭力扳手和断线钳。这些物品不仅进行了去污以达到自由排放的水平，而且在去污后仍能发挥作用[18]。

结果表明，在流动的氟表面活性剂溶液中超声波处理的去污效果显著高于在类似条件下使用 CFC-113 或纯 PFC 的去污效果。在其他相似的实验条件下，用不同的介质 1 小时后得到的去污因子（DF）总结如表 9.64[18]。从中可以看出，所添加的氟表面活性剂能大幅提高 PFC 的去污效果。

表9.64　不同介质处理1小时后得到的去污因子（DF）[18]

工作液	DF	误差
CFC-113	64	5 %
PFC [Vertrel 245 （DuPont）]	93	8 %
PFC [PF-5070 （3M）]	250	15 %
PF-5070 + 0.3 %氟表面活性剂	1213	31 %

四、全氟烃乳液在医药方面的应用[19]

　　药物分散体系愈来愈多地被用于静脉注射，特别是人工血浆代用品、肠外营养药物、靶向给药系统等。与其应用相关的问题之一是血浆蛋白对微粒（MP）的调理作用。因此，网状内皮系统细胞吸收 MP 的过程和将其从血液中清除的过程会加速，从而降低药物的半寿期。另外，将一个大的外来表面注射入血流以及 MP 的调理作用可能导致副作用。这些副作用的强度通常取决于血浆蛋白吸附在 MP 上的量和组成。此外，蛋白质吸附在高度疏水的表面会失去天然构象，导致活性和功能发生改变。

　　以聚乙二醇和聚丙二醇为基础的三嵌段共聚物是一种非离子表面活性剂，在 MP 表面覆盖三嵌段共聚物，可显著抑制蛋白质吸附，从而减慢网状内皮系统细胞对 MP 的吸收。 然而，非离子三嵌段共聚物的应用仍然不能阻止复杂生物液体对非特异性蛋白的吸附。因此，研究三嵌段共聚物分子的化学结构特征及其对非特异性蛋白吸附的影响是非常重要的。

　　在进行上述理论研究时，可用全氟烃组成的亚微米级水基乳状液作为模型体系，例如，各种三嵌段共聚物所稳定的全氟烃混合物（全氟烃混合物由全氟萘烷和全氟甲基环己基哌啶按体积比 2∶1 混合而成）[19]。

　　在 Zhalimov 等的研究中，三嵌段共聚物被用于在水溶液中获得并稳定全氟烃乳液（液滴尺寸 200~300 nm）。所用的三嵌段共聚物具有不同的分子量、聚乙二醇（PEG）或聚丙二醇（PPG）链长以及 ΣPEG /ΣPPG 参数值。结果表明，血浆蛋白在液滴上的吸附量与 PEG/PPG 值直接相关。随着这一比值降低，吸附蛋白的量以及液滴单位表面积的吸附蛋白总质量下降。同时，蛋白质的吸附几乎与三嵌段共聚物的分子量、PEG 和 PPG 嵌段的长度无关。非蛋白物质如二氢卟吩 e6（chlorine e6）在乳液液滴上的吸附量随 ΣPEG /ΣPPG 值增大而增大，不依赖于三嵌段共聚物的其他特征。这项研究对在医用领域如何选择全氟烃水基乳液的乳化剂有一些帮助[19]。

五、全氟烃（全氟碳）乳液用作血液替代品

血液替代品又称人造血液，是具有载氧能力、可暂时替代血液部分功能的液体制剂，是全氟烃乳液的重要应用领域之一，多年来其研究从未间断。研究表明，携氧量与液滴尺寸有关，纳米尺度的全氟烃乳液对提高携氧量很重要[20]。

有专利报道了一种注射用高浓度超细全氟碳乳液，其中液滴的粒径在 40～80 nm 范围[21]，其大体流程是：将制备全氟碳乳液的设备、包装容器及所有物料先消毒灭菌，然后在无菌条件下制备全氟碳乳液，制得的产品不再需要高温灭菌，避免乳液中颗粒在高温灭菌时长大。配方组成见表 9.65。该乳液产品可以在室温下长期保存。注入体内后，在血液循环系统中运行和输氧作用时间较长。

表 9.65　一种注射用高浓度超细全氟碳乳液配方[21]

组分	每 100 mL 乳液中各组分的含量
全氟碳	20.0～115.0 g
乳化剂	0.5～10.0 g
等渗缓冲液	0.3～1.0 g
添加剂	0.5～10.0 g
水	余量

表 9.65 配方可选择的全氟碳有全氟溴辛烷、双（全氟丁基）乙烯、全氟碳乙烯、全氟醚或全氟萘烷；乳化剂首选生物配伍性好、乳化能力强的蛋黄卵磷脂或部分氢化蛋黄卵磷脂，其次可选高纯度聚醚 F-68；可使用常规的等渗缓冲液，如 $NaH_2PO_4 \cdot H_2O$、$NaH_2PO_4 \cdot 7H_2O$ 和 NaCl；全氟碳乳液可含有其他添加组分，如配以少量共乳化剂，如 $C_8F_{17}CH{=}CHC_8F_{17}$ 或 $C_6F_{13}C_{10}H_{21}$；如果用蛋黄卵磷脂或部分氢化的蛋黄卵磷脂作为乳化剂，可再加入少量抗氧化剂如维生素 E 和金属螯合剂如 EDTA，提高蛋黄卵磷脂的稳定性。

表 9.65 所示的全氟碳乳液具体制备步骤如下[21]：①在乳化之前，对所用设备与物料直接接触的部位、产品包装容器以及所有物料进行灭菌和除去热原。②在洁净的环境中称取物料，将除全氟碳外的所有组分加入水中配成水溶液，在高压蒸气中灭菌。③在合适温度下加热所述水溶液，搅拌，待水溶液变透明，加入全氟碳，搅拌均匀后，通过均质机回路。第一次通过均质机时的压力为 10～20 MPa；第二次通过均质机时，低压为 10～20 MPa，高压为 50～70 MPa。循环泵射 5～30 次，使乳液中颗粒的粒径达到 40～80 nm。④乳液装入包装瓶。步骤①中，用环氧乙烷灭菌或在隧道灭菌机中灭菌。

中村等介绍 $C_6F_{13}C_2H_4O(C_2H_4O)_mPO_3Na_2$（质量分数为 15 % ~ 35 %）与 $C_6F_{13}C_2H_4O(C_2H_4O)_nH$（质量分数为 85 % ~ 65 %）的混合氟表面活性剂以 0.01 % ~ 0.1 %添加到生理盐水、乳酸钠、氟碳人造血的体系中，通过超声波或高速搅拌（或喷射）处理，得到液滴尺寸在 0.25 μm 以下的稳定分散体。该体系可溶解氧高达 30 %（体积分数），是有效的输氧体[2]。

一份美国专利（专利号 286553）介绍了一种氟烷基硫代糖苷，即 1, 1, 2, 2-四氢氟辛基-β-D-硫代吡喃糖苷。该氟表面活性剂不会使蛋白质变性，透光性好，对酸和酶的水解作用稳定，对蛋白质试验呈惰性，化学纯度高，在水中溶解度大，临界胶束浓度也大，是人造血液代用品的良好乳化剂[2]。

Fluosol-DA 20 %是第一个商品化的全氟氟碳化合物血液替代品，配方如表 9.66 所示。[3]

表9.66　血液替代品配方[3]

组分	质量体积分数/%
全氟萘烷	14.0
全氟三丙胺	6.0
Pluronic F-68	2.7
卵磷脂	0.4
油酸钾	0.032
甘油	0.8
羟乙基淀粉	3.0
NaCl	0.60
KCl	0.034
$MgCl_2$	0.020
$CaCl_2$	0.028
$NaHCO_3$	0.210
葡萄糖	0.180

说明：Fluosol-DA 已经作为血液替代品进入临床试验，并已由 FDA 允许用于有关心肌疾病的供氧。

参考文献

[1] Kissa E. Fluorinated surfactants and repellents (2 edn) [M]. New York: Marcel Dekker, Inc., 2001.

[2] 梁治齐，陈溥.氟表面活性剂[M].北京：中国轻工业出版社，1998.

[3] 曾毓华.氟碳表面活性剂[M].北京：化学工业出版社，2001.

[4] Ogawa T, Hellebusch D J, Lin M W, et al. Reactive fluorinated surfactant for step and flash imprint lithography [J]. Journal of Micro-Nanolithography MEMS and MOEMS, 2013, 12(3): 031114.

[5] Lorton O, Hyacinthe J N, Desgranges S, et al. Molecular oxygen loading in candidate theranostic droplets stabilized with biocompatible fluorinated surfactants: particle size effect and application to in situ ^{19}F MRI mapping of oxygen partial pressure [J]. Journal of Magnetic Resonance, 2018, 295: 27-37.

[6] Desgranges S, Lorton O, Gui-Levy L, et al. Micron-sized pfob liquid core droplets stabilized with tailored-made perfluorinated surfactants as a new class of endovascular sono-sensitizers for focused ultrasound thermotherapy [J]. Journal of Materials Chemistry B, 2019, 7(6): 927-939.

[7] Wang H, Wen Y F, Peng H Y, et al. Grafting polytetrafluoroethylene micropowder via in situ electron beam irradiation-induced polymerization [J]. Polymers, 2018, 10(5): No. 503.

[8] Rankin S E, Tan B, Lehmler H-J, et al. Fluorinated surfactant templating of ordered nanoporous silica [J]. Mat. Res. Soc. Symp. Proc., 2003, 775: P3.18.

[9] Osei-Prempeh G, Lehmler H-J, Knutson B L, et al. Fluorinated surfactant templating of vinyl-functionalized nanoporous silica [J]. Microporous and Mesoporous Materials, 2005, 85: 16-24.

[10] Johnston K P, Harrison K L, Klarke M J, et al. Water-in-carbon dioxide microemulsions: an environment for hydrophiles including proteins [J]. Science, 1996, 271: 624-626.

[11] Sagisaka M, Yoda S, Takebayashi Y, et al. Preparation of a W/scCO$_2$ microemulsion using fluorinated surfactants [J]. Langmuir, 2003, 19: 220-225.

[12] Sagisaka M, Yoda S, Takebayashi Y, et al. Effects of CO$_2$-philic tail structure on phase behavior of fluorinated aerosol-OT analogue surfactant/water/supercritical CO$_2$ systems [J]. Langmuir, 2003, 19: 8161-8167.

[13] Sagisaka M, Fujii T, Ozaki Y, et al. Interfacial properties of branch-tailed fluorinated surfactants yielding a water/supercritical CO$_2$ microemulsion [J]. Langmuir, 2004, 20: 2560-2566.

[14] Melich R, Valour J P, Urbaniak S, et al. Preparation and characterization of perfluorocarbon microbubbles using shirasu porous glass (SPG) membranes [J]. Colloids and Surfaces A, 2019, 560: 233-243.

[15] Wu L, Wen X, Wang X, et al. Local intratracheal delivery of perfluorocarbon nanoparticles to lung cancer demonstrated with magnetic resonance multimodal imaging [J]. Theranostics, 2018, 8(2): 563-574.

[16] Yam C S, Harling O K, Kaiser R. Ultrasonic decontamination in perfluorinated liquids of radioactive circuit boards [J]. Transactions of the American Nuclear Society, 1994, 71.

[17] Yam C S, Kaiser R, Drooff P A, et al. Decontamination of electromechanical parts by the Sonatol™ process [R]. 1997.

[18] Kaiser R, Yam C S, Drooff P, et al. Decontamination of electromechanical parts by the Sonatol process : II – results [R]. 1998.

[19] Zhalimov V, Sklifas A, Kaptsov V, et al. The chemical structure of triblock copolymers and the adsorption capacity

of perfluorocarbon—core nanoparticles stabilized by them [J]. Colloid and Polymer Science, 2018, 296(2): 251-257.

[20] Fraker C A, Mendez A J, Inverardi L, et al. Optimization of perfluoro nano-scale emulsions: the importance of particle size for enhanced oxygen transfer in biomedical applications [J]. Colloids Surf B, 2012, 98: 26-35.

[21] 郑志风，徐宏，董岩，等.注射用高浓度超细全氟碳乳液及其制备方法：CN 1286081[P]. 2001-03-07.

第十章

硅表面活性剂的应用

硅表面活性剂大多数是以聚硅氧烷为疏水链，在其中间位或端位连接一个或多个极性基团而构成的一类表面活性剂，是特种表面活性剂的重要成员。硅表面活性剂通常以聚硅氧烷为疏水基，以聚醚链、羧基和磷酸基等极性基团为亲水基。按极性基团解离性硅表面活性剂可分为阳离子型、非离子型、阴离子型、两性离子型四类。典型的非离子型硅表面活性剂结构如图 10.1 所示。

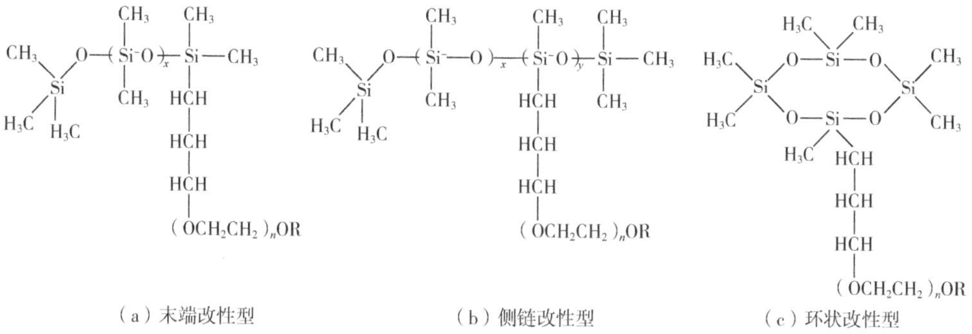

（a）末端改性型　　　　　（b）侧链改性型　　　　　（c）环状改性型

图10.1　非离子型硅表面活性剂结构

R=H，CH$_3$ 等

硅表面活性剂具有下列独特优点：

① 优良的降低表面张力的性能；

② 优良的润湿性能；

③ 消泡性和稳泡性；

④ 生理惰性（低毒性）；

⑤ 乳化能力强、配伍性能好。

硅表面活性剂可将水的表面张力降至 20~21 mN/m，强于常见碳氢表面活性剂或其复配体系。得益于高表面活性，硅表面活性剂的铺展能力极强，对其应用非常有利。硅表面活性剂和常见碳氢表面活性剂在疏水表面接触角的比较见表 10.1，硅表面活性剂的接触角极小。

表 10.1　硅表面活性剂在疏水表面的接触角[1]

表面活性剂类型（1%水溶液）	接触角/（°）	
	聚酯	高压聚乙烯
无表面活性剂	73	82
十二烷基磺酸钠	36	30
烷基醇聚氧乙烯醚	11	2
硅表面活性剂	0	1

基于以上特点，硅表面活性剂应用于纺织、皮革、油漆、涂料、农药、化妆品等方面，也可作为流平剂、消泡剂、阻燃剂等使用。

第一节
硅表面活性剂在纺织工业中的应用

硅表面活性剂具有消泡、乳化、洗净和分散作用，能大大提高洗涤效果，尤其在毛类纤维洗涤中有较大应用。表 10.2 介绍了一种羊毛羊绒丝毛专用洗涤剂的配方，可实现防蛀、无缩水、不变形。

表 10.2　羊毛羊绒丝毛专用洗涤剂配方[2]

组分	含量/%	组分	含量/%
氨基聚二甲基硅氧烷①	2.5	脂肪醇聚氧乙烯醚	5
异构十三醇聚氧乙烯醚	5	椰油酰胺丙基氧化胺	3
十六烷基三甲基氯化铵	3	右旋烯炔菊酯	0.05

续表

组分	含量/%	组分	含量/%
谷氨酸	0.2	羟甲基甘氨酸钠	0.3
乙醇	2	香精	0.1
去离子水	余量		

① 还可为水溶性硅油、自交联硅油。

硅表面活性剂以其独特的抗静电性、柔软性以及良好的杀菌和消毒能力，不但能赋予纤维很好的柔软效果，而且具有其他柔软剂无法比拟的优势，成为目前使用最广泛的柔软剂。常见柔软剂配方见表10.3~表10.7。

表10.3 硅表面活性剂柔软剂配方1[1][3]

组分	含量/%	组分	含量/%
硅表面活性剂[2]	10	乙酸	适量[3]
蒸馏水	余量		

① 使用前以 20~30 g/L 的浓度稀释，使用时与棉布质量比为（1~3）∶100。

② 由烯丙基胺改性聚醚与含氢硅油反应得到。

③ 调节 pH 至 5。

表10.4 硅表面活性剂柔软剂配方2[4]

组分	含量/%	组分	含量/%
氨基聚醚改性硅烷	22.5	异丙醇	20
AEO-4	2	AEO-15	3
乙酸	0.5	去离子水	52

表10.5 硅表面活性剂柔软剂配方3[5]

组分	含量/%	组分	含量/%
聚醚改性硅油[1]	70	乙酸	适量[2]
水	余量		

① 由氨基硅油与聚氧乙烯甲基缩水甘油醚反应得到。

② 调节 pH 至 5.5。

表10.6 硅表面活性剂柔软剂配方4[6]

组分	质量份	组分	质量份
端环氧硅油	8	氨基硅油	30

组分	质量份	组分	质量份
三元共聚硅油	6	异构十三醇聚氧乙烯醚	6
乙酸	0.6	去离子水	49.4

说明：端环氧硅油和氨基硅油反应形成高分子交联硅油，应用时赋予面料弹性和悬垂度。

表 10.7　硅表面活性剂柔软剂配方 5[7]

组分	含量/%	组分	含量/%
三元共聚硅油①	30	异构十三醇聚氧乙烯醚	10
乙酸	0.5	水	59.5

① 为双端含氢八甲基四硅氧烷和烯丙基环氧聚醚、有机胺反应产物。

抗静电剂是施加到纤维或织物表面，增加其表面的亲水吸湿性，以防静电在纤维上积聚的化学助剂。硅表面活性剂作抗静电剂效果非常突出，其配方见表 10.8、表 10.9。

表 10.8　硅表面活性剂抗静电剂配方 1[8]

组分	含量	组分	含量
侧链含氢硅油①	100 kg	烯丙基聚氧乙烯醚①	100 kg
氯铂酸异丙醇溶液②	130 mL		

① 分子量 7000。
② 质量分数 1%。

表 10.9　硅表面活性剂抗静电剂配方 2[9]

组分	质量份	组分	质量份
含氢硅油	130	聚醚	100
氯铂酸	2	异内醇	18

第二节

硅表面活性剂在皮革工业中的应用

硅表面活性剂具有独特的优点，应用领域十分广泛，发展迅速，在皮革加工过程中有极高开发价值，经济附加值很高，愈来愈显示出其发展前景。

加脂是皮革生产中的一个重要工序，用加脂剂处理皮革，可在胶原纤维表面形成一层油膜，从而赋予皮革一定的柔软性、丰满性和弹性等物理、力学性能。硅表面活性剂具有较低的表面张力和较好的疏水性，是制备皮革防水加脂剂的重要材料，而且加脂后的皮革特别平滑柔软。

硅表面活性剂应用于皮革加脂剂的配方见表 10.10 ~ 表 10.12。

表10.10　硅表面活性剂加脂剂配方1[10]

组分	质量份	组分	质量份
聚醚改性硅油	7	两性加脂剂[1]	100

① 由菜籽油、乙二胺、三氧化二铝、丙烯酸、亚硫酸氢钠反应得到，固含量40%。

表10.11　硅表面活性剂加脂剂配方2[11]

组分	质量份	组分	质量份
聚醚改性硅油	100	顺丁烯二酸酐	6.2
氧化鱼油	30	焦亚硫酸钠溶液（32.9%）	29.8
氢氧化钠溶液	适量[1]	防腐剂	0.18

① 调节 pH 至 6 ~ 7。

表10.12　硅表面活性剂加脂剂配方3[12]

组分	含量/%	组分	含量/%
羧基硅油[1]	15	磺化油脂	2
异构十三醇聚氧乙烯醚	2	水	80
氢氧化钠	1		

① 黏度为1000 mPa·s，羧基含量2%。

硅表面活性剂可以作涂饰剂，其特殊的化学结构使其兼具有机物和无机物的特性，因而具有良好的耐高、低温性，表面张力低，憎水防潮性好，化学惰性和生理惰性较强。处理后的皮革滑爽性、耐水性及耐干、湿擦性能都得到了较大的改善。

硅表面活性剂应用于皮革涂饰剂的配方见表 10.13 ~ 表 10.15。

表10.13　硅表面活性剂涂饰剂配方1[13]

组分	质量份	组分	质量份
聚氧乙烯改性氟硅烷溶液[1]	120	聚四氟乙烯水性分散液[2]	20
白炭黑[3]	15	聚氨酯缔合型增稠剂	0.5

组分	质量份	组分	质量份
三硅氧烷润湿剂[④]	0.2		

① 为烯丙基聚醚 $CH_2=CHCH_2O(C_2H_4O)_8H$ 和双氢封端甲基三氟丙基聚硅氧烷 $H—Si(CH_3)_2O[(CH_3)_2SiO]_6[(CH_3)(CF_3C_2H_4)SiO]_{10}Si(CH_3)_2—H$ 的反应产物，固含量 27%。

② 固含量 30%。

③ 比表面积 250 m^2/g。

④ 为 Silwet® HS-312。

表 10.14 硅表面活性剂涂饰剂配方 2[14]

组分	质量份	组分	质量份
聚氧乙烯改性羟基硅油[①]	3	甲苯二异氰酸酯	1
二丁基二月桂酸锡	1	N-甲基二乙醇胺	0.3
冰醋酸	适量[②]	去离子水	10

① 由 2.5 质量份聚氧乙烯醇与 500 质量份羟基硅油反应得到。

② 调节 pH 至 6。

表 10.15 硅表面活性剂涂饰剂配方 3[15]

组分	质量份	组分	质量份
聚醚改性硅烷	5	异佛尔酮二异氰酸酯	14
聚己内酯二元醇	20	二聚酸聚酯二元醇	10
二丙二醇二甲醚	1.47	有机铋催化剂	0.02
水	180	1,4-丁二醇-2-磺酸钠	1
增稠剂	0.465	润湿流平剂	0.93

手感是衡量成革质量的重要指标，顶涂时使用能改善手感的助剂，能明显地提高成革的表面性能，可赋予皮革滑感、柔感、油感、蜡感等。手感剂中以硅基手感剂效果最好、品种最多、应用最广、发展最快。经硅基手感剂整饰后的皮革，不仅可保持弹性、丰满性、透气性和卫生性能，而且可改善手感、提高柔软性，整饰后干燥速度快，干燥后不易变硬或变脆，皮革的表面对水、化学药品都有良好的稳定性，不易变形，有助于减小皮革的部位差。

硅表面活性剂作手感剂的配方见表 10.16、表 10.17。

表 10.16 硅表面活性剂手感剂配方 1[16]

组分	质量份	组分	质量份
聚醚改性硅油衍生物[①]	5	聚氨酯树脂	40

续表

组分	质量份	组分	质量份
三乙醇胺	3	六偏磷酸钠	3
氧化硅	10	水	40

① 为聚丙二醇与二羟基硅油反应制备的聚醚改性硅油与异佛尔酮二异氰酸酯在二月桂酸二丁基锡催化下得到。

表 10.17　硅表面活性剂手感剂配方 2[17]

组分	含量/%	组分	含量/%
氨基苯基改性聚硅氧烷	18	乳化剂	5
水	余量		

第三节

硅表面活性剂在农药中的应用

　　硅表面活性剂分子结构不同于一般的碳氢表面活性剂，在农药加工中加入少量硅表面活性剂作助剂，可优化制剂的物理性能、提升化学稳定性、增加制剂品种、扩大应用范围。

　　硅表面活性剂的应用给农药的配方及施用技术带来根本性变革。植物的叶、茎表皮常常具有抗润湿性的成分或结构，且往往带有负电荷，对农药液滴具有排斥作用。而硅表面活性剂可促进农药制剂在植物上顺利地附着、保持、铺展及渗透，对药效的提高起到关键作用。硅表面活性剂还可使喷雾液滴黏附于昆虫的表皮上，通过润湿、渗透等作用使农药的有效成分渗透到昆虫体内，使其死亡。因此硅表面活性剂作为杀虫剂助剂是十分有前途的。

　　硅表面活性剂作农药增效剂的配方见表 10.18 ～表 10.24。

表 10.18　硅表面活性剂农药增效剂配方 1[18]

组分	含量/%	组分	含量/%
聚醚改性硅油①	0.1	水	余量

① 由甲基烯丙基封端聚氧乙烯聚氧丙烯嵌段聚醚与含氢硅油反应得到。

表 10.19　硅表面活性剂农药增效剂配方 2[19]

组分	质量份	组分	质量份
聚醚改性聚硅氧烷	15	茶皂素	30
无患子皂素	15	皂角皂素	10
甲醇	30		

表 10.20　硅表面活性剂农药增效剂配方 3[20]

组分	含量/%	组分	含量/%
聚醚改性六甲基二硅氮烷①	0.1	水	余量

① 由甲基封端聚氧乙烯醚与六甲基二硅氮烷反应得到。

表 10.21　硅表面活性剂农药增效剂配方 4[21]

组分	含量/%	组分	含量/%
聚醚改性三硅氧烷	10	C$_{10}$烷基多糖苷	20
C$_{12\sim16}$烷基甜菜碱	35	脂肪醇聚氧乙烯醚-3-羧基-1-磺酸丙酸酯二钠盐	7
月桂酸咪唑啉季铵盐	6	聚氧乙烯失水山梨醇酐三油酸酯	6
聚乙二醇	3	牛脂胺聚氧乙烯醚	6
十二烷基苯磺酸钠	2.5	水	余量

表 10.22　硅表面活性剂农药增效剂配方 5①[22]

组分	含量/%	组分	含量/%
聚醚改性七甲基三硅氧烷②	0.16～1	水	余量

① 防治对象为柑橘树红蜘蛛、蚜虫等。

② 为 Silwet® 408。

表 10.23　硅表面活性剂农药增效剂配方 6[23]

组分	质量份	组分	质量份
聚醚改性硅油	9	三乙醇胺	6
增效剂	1	二氯甲烷	7
表面活性剂	1	异丙醇	5
异氰酸酯	6	甲哌啶	7
脲酶抑制剂	6	叶面吸收助剂	8

表10.24　硅表面活性剂农药增效剂配方7[24]

组分	含量/%	组分	含量/%
硅表面活性剂	20	阿维菌素类杀虫剂	10
水	余量		

第四节
硅表面活性剂在化妆品中的应用

　　硅表面活性剂在日化行业中是一种用量很大的表面活性剂，可作为乳化剂用于各种化妆品。在香精、洗发水中使用具有乳化、起泡、分散、增溶的作用，能使洗发水泡沫丰富、细密而稳定；另外，还有抗静电的效果。

　　硅表面活性剂对人体无副作用，能在皮肤表面形成脂肪层的保护膜，防止皮肤干燥，是优良的皮肤润滑剂和保湿剂，且特别适合作为乳化剂和乳化稳定剂配制面部、眼部化妆品。

　　硅表面活性剂应用于化妆品的配方见表10.25、表10.26。

表10.25　硅表面活性剂化妆品应用配方1[25]

组分	含量/%	组分	含量/%
聚醚改性硅油衍生物 a①	12	聚醚改性硅油衍生物 b②	2.2
过氧化苯甲酰	5.3	鲸蜡醇棕榈酸酯	8.9
月桂酸甘油酯	10.9	汉生胶	0.5
去离子水	60.2		

① 七甲基三硅氧烷与烯丙基环氧醚反应得到聚醚改性硅油，再与亚硫酸氢钠反应制得。

② 七甲基三硅氧烷与烯丙基环氧醚反应得到聚醚改性硅油，再与二甲基乙醇胺盐酸盐反应制得。

表10.26　硅表面活性剂化妆品应用配方2[26]

组分	含量/%	组分	含量/%
聚醚改性硅油	1.3	5-正辛酰水杨酸	0.3
聚丙烯酰胺基甲基丙磺酸	0.78	菊粉月桂基氨基甲酸酯	0.73
交联丙烯酸均聚物	0.4	硅氧烷弹性体和环己硅氧烷混合物	15

组分	含量/%	组分	含量/%
角鲨烷	3	乙二胺四乙酸二钠盐	0.1
羟乙基纤维素	0.15	防腐剂	适量
水	余量		

第五节
硅表面活性剂的其他应用

硅表面活性剂在浊点温度以上水中溶解度下降，并能在发泡介质中迅速分散或自行乳化而呈极好的消泡性。硅表面活性剂应用于消泡剂的配方见表 10.27～表 10.30。

表 10.27 硅表面活性剂消泡剂应用配方 1[27]

组分	含量	组分	含量
聚醚改性硅油 a[①]	200 g	聚醚改性硅油 b[②]	160 g
疏水白炭黑	10 g	氢氧化钾	8 μg/g
油酸聚氧乙烯醚(10)	40 g	吐温-60	50 g
羟乙基纤维素	20 g	水	520 g

① 为聚氧丙烯改性硅油。

② 为聚氧乙烯聚氧丙烯改性硅油。

表 10.28 硅表面活性剂消泡剂应用配方 2[28]

组分	质量份	组分	质量份
聚醚改性硅油[①]	39.8	纳米二氧化硅粉末	8.8
硅氮烷	1.3	山梨醇	5
吐温-60	4	羟甲基纤维素钠	2
去离子水	2000		

① 由 40 质量份含氢量 0.08%的含氢硅油和 24 质量份烯丙基聚醚（聚氧乙烯/聚氧丙烯嵌段聚醚）在铂催化剂下反应制得。

表10.29 硅表面活性剂消泡剂应用配方3[29]

组分	质量份	组分	质量份
聚醚改性硅油	20	疏水气相二氧化硅[①]	1
邻苯二甲酸二辛酯	1	脂肪烃矿物油[②]	32
乙氧基化炔醇	16	聚氧乙烯蓖麻油三异硬脂酸酯	18
碳酰二胺	2	水	3
乙二醇二缩水甘油醚	0.6	亲水气相二氧化硅[③]	5

① 比表面积 150~300 m²/g。

② 沸点 180~240 ℃。

③ 比表面积 200~400 m²/g。

表10.30 硅表面活性剂消泡剂应用配方4[30]

组分	质量份	组分	质量份
聚醚改性硅油	20	石蜡油	18
白炭黑	2	硅树脂	3
硬脂酸	2	邻苯二甲酸酯偶联剂	1
Span-60	2	吐温-60	2
聚丙烯酸	2	10%氢氧化钠水溶液	适量[①]
水	150		

① 调节 pH 至 6.5~7。

　　流平剂是常用的涂料助剂，其作用是使涂料干燥成膜过程中形成平整、光滑、均匀的涂膜。流平剂能有效降低涂饰液表面张力，提高其流平性和均匀性。应用硅表面活性剂的流平剂可提供低表面张力和爽滑性，是流平剂的一个重要种类。

　　硅表面活性剂应用于流平剂的配方见表 10.31~表 10.34。

表10.31 硅表面活性剂流平剂应用配方1[31]

组分	质量份	组分	质量份
聚醚改性硅油[①]	8	聚酯树脂	355
羟烷基酰胺	15	蜡粉	1
安息香	2	钛白粉	125

① 为聚氧乙烯聚氧丙烯醚改性硅油。

表10.32　硅表面活性剂流平剂应用配方2[32]

组分	质量份	组分	质量份
超高分子量聚醚改性硅油	10	仲醇聚氧乙烯醚	0.7
水	2		

说明：室温下黏度为1200000 mPa·s。

表10.33　硅表面活性剂流平剂应用配方3[33]

组分	质量份	组分	质量份
聚醚改性硅油①	3	水性丙烯酸树脂	48
非离子表面活性剂	2.8	改性丙烯酸	0.1
消泡剂	0.3	水性异氰酸酯	4.1
水	52		

① 为聚氧乙烯聚氧丙烯醚改性硅油。

表10.34　硅表面活性剂流平剂应用配方4[34]

组分	质量份	组分	质量份
含磷聚醚改性硅油①	1	聚醚改性硅油	4

① 由聚醚改性硅油与三氯氧磷反应制得。

应用硅表面活性剂的阻燃剂是近年发展起来的一种新型、高效、低毒、防熔滴、环境友好的无卤阻燃剂，也是一种成炭型抑烟剂，能赋予基材优异的阻燃性能、加工性能、耐热性，但成本较高，应用受到限制。含硅表面活性剂的阻燃剂配方见表10.35。

表10.35　硅表面活性剂阻燃剂应用配方[35]

组分	质量份	组分	质量份
聚醚改性硅油	4	碳纳米管	4
介孔分子筛	4	纳米碳化硅	1
纳米氮化铝	1	有机硅橡胶废料	280
三聚氰胺	140	硅烷偶联剂KH550	14
氢氧化钠	70	乙醇	1120
水	420		

第六节
硅表面活性剂在新技术领域的应用举例

硅表面活性剂由于结构特殊、表面活性优异，很多科研工作者正努力拓展其应用范围。下面介绍的均为近几年对硅表面活性剂研究的科技文献，这些研究虽处于实验室阶段，但对未来工业应用配方的发展方向可能有指导意义。因此对硅表面活性剂的科技文献进行如下总结以飨读者，方便读者了解有哪些新技术领域、如何应用，以期给配方的设计多些选择和启发。

一、硅表面活性剂在分析检测方面的应用

1.水质检测

硅表面活性剂可应用于水质检测分析领域。例如，Mohd 等[36]报道了采用浊点萃取-分光光度法，以聚醚改性聚硅氧烷类非离子型硅表面活性剂为萃取剂，进行莠去津（atrazine）的分离。研究了两种类型的硅表面活性剂（DC193C 和 OFX 0309），其中 DC 193C 为 PEG-12 改性聚二甲基硅氧烷，分子量 3100。研究了这些表面活性剂在浊点萃取法中对莠去津的有效性。详细研究了表面活性剂和莠去津的浓度、外加盐、温度和 pH 等操作参数对莠去津提取的影响，找出了最佳操作条件。在水样中的检出限为 $0.09 \sim 0.59\ \mu g/L$，定量限为 $0.31 \sim 1.95\ \mu g/L$。加标回收率分别为 $84\% \sim 105\%$（采用 OFX 0309 的浊点萃取法）和 $59\% \sim 69\%$（采用 DC193C 的浊点萃取法），相关性（R^2）良好，两种方法 R^2 均在 $0.9927 \sim 0.9993$ 范围内。

2.食品检测

硅表面活性剂也应用于食品检测分析领域。例如，Mohd 等[37]报道了非离子型绿色有机硅表面活性剂用浊点萃取法，可成功地对牛奶样品中的致癌农药进行提取，该手段可作为分光光度法测定牛奶样品中致癌除草剂的预备步骤。该工作中选用非离子型硅表面活性剂 $CH_3C(O)OSi(CH_3)_2OSi(CH_3)(CH_2CH_2CH_2OH)OSi(CH_3)_2O(CH_2CH_2O)_nH$（Dow Corning OFX 0309）作为绿色萃取溶剂。通过考查表面活性剂的种类（发现碳氢表面活性剂 Triton X-114 和 Tween-80 不适用）、浓度和体积、pH 值、盐、温度、培养时间和水含量等参数对致癌农药莠去津（atrazine）和扑灭津（propazine）浊点萃取的影响，优化筛选得出最佳条件。所有校正曲线的相关系数（R^2）均在 $0.991 \sim 0.997$ 之间，令人满意。其检出限为 $1.06\ \mu g/L$（莠去津）和 $1.22\ \mu g/L$（扑灭津），定量限为 $3.54\ \mu g/L$（莠去津）和 $4.07\ \mu g/L$（扑灭津）。

在 5 μg/L 和 1000 μg/L 的牛奶样品中，回收率结果较为满意（81 % ~ 108 %），相对标准偏差低，为 0.301 % ~ 7.45 %（n=3）（以牛奶基质计）。该方法简便、快速、经济、环保，适用于食品分析。

上述研究表明，将非离子型硅表面活性剂 OFX 0309 应用于浊点萃取，该非离子型硅表面活性剂对食品样品中三嗪类除草剂具有良好的萃取性能。于是，在上述研究的基础上，Mohd 等[38]又研究了 OFX 0309 修饰的磁性活性炭，将其作为新型磁性固相萃取吸附剂，所用的评价方法是，以三嗪类除草剂为模型化合物，测定三嗪类除草剂在选定的牛奶和大米样品中的含量。Mohd 等在该项研究中，将活性炭与 OFX 0309 结合起来，合成了 OFX 0309 修饰的、磁性纳米粒子包覆的活性炭，并用 FTIR、VSM、SEM、TEM 和 BET 对其进行表征。利用 OFX 0309 的聚硅氧烷聚醚链与三嗪类除草剂之间的疏水相互作用，将该新型材料作为磁性吸附剂进行三嗪类除草剂的预富集和分离。在最佳条件下，采用磁性固相萃取法（使用了该新型吸附剂）对牛奶和大米样品中的三嗪类除草剂进行了萃取，再经分离、处理、制样后，用高效液相色谱-二极管阵列检测器进行分析。该方法在 1 ~ 500 μg/L 范围内线性关系良好，测定系数（R^2）在 0.992 ~ 0.998 范围内。该方法的检出限分别为 0.04 ~ 0.05 μg/L（牛奶样品）和 0.02 ~ 0.05 μg/L（大米样品）；定量限分别为 0.134 ~ 0.176 μg/L（牛奶样品）和 0.075 ~ 0.159 μg/L（大米样品）。三嗪类化合物的加标回收率分别为 81 % ~ 109 %（牛奶样品）和 81 % ~ 111 %（大米样品），相对标准偏差（RSD）分别小于 13.5 %（牛奶样品）和 12.1 %（大米样品）。这项报道尚属首次，利用 OFX 0309 修饰的、磁性纳米粒子包覆的活性炭对食品样品中的三嗪类除草剂进行预处理。这显示了硅表面活性剂在分析领域的应用潜力。

二、硅表面活性剂在聚氨酯泡沫领域的最新应用

硅表面活性剂在聚氨酯泡沫领域也有应用。在聚氨酯发泡过程中，表面活性剂在聚合物-气体界面处稳定气室，防止气泡聚并。硅氧烷表面活性剂通常用来在界面处产生表面张力梯度。疏水部分和亲水部分的化学结构影响表面活性剂的性质，进而影响泡沫的形貌。Hasan 等[39]通过硅氢化反应合成了高产率的硅氧烷-聚乙二醇(PEG)醚，作为形状记忆聚合物（shape memory polymer, SMP）泡沫的表面活性剂，分子结构如图 10.2 所示，疏水部分由三硅氧烷或聚二甲基硅氧烷组成，亲水部分为聚乙二醇烯丙基甲基醚（n=8 或 25）。成功合成表面活性剂后，测定其表面张力以研究其用于发泡的适用性。用这四种硅表面活性剂合成了 SMP 泡沫，并考查了表面活性剂的结构和浓度对泡沫形貌的影响。所制备的表面活性剂的表面张力均很低，为 20 ~ 21 mN/m，表明其具有降低界面张力的能力。SMP 泡沫的气室大小和形貌可根据表面活性剂的类型和浓度进行调节。

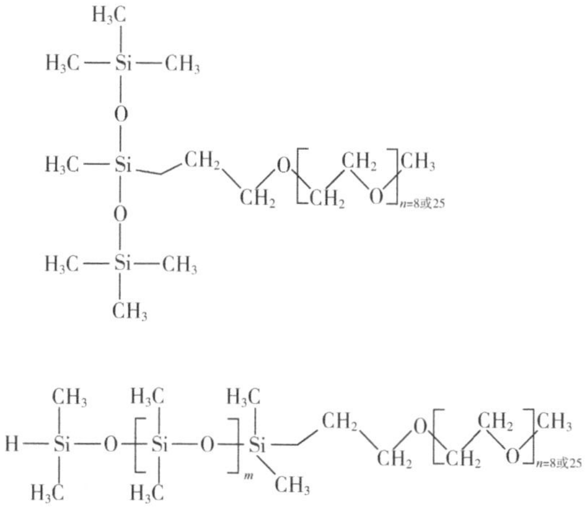

图10.2 多孔形状记忆聚合物体系中作为气室稳定剂的硅氧烷表面活性剂的分子结构

聚硅氧烷部分M_n约580

再举一个例子，Hasani Baferani 等研究硅表面活性剂对气室敞开的柔性聚氨酯泡沫的力学性能、热学性能和声学性能的影响[40]。首先，通过介绍发泡的反应以及表达其化学计量关系，给出一个用来选择基本化合物量的方法以获得理想的性能。在选择一定量的用于反应的发泡剂后，通过了解多元醇的羟基数和异氰酸酯的NCO含量，便可得出产生所需泡沫的每种化合物的量。然后用不同量的表面活性剂制出不同的泡沫。制备出合适的样品，使用不同的仪器测量或计算泡沫的力学性能、热学性能、非声学性能和声学性能。非声学特性的获得基于两种不同的方法，即半现象学方法和间接方法。将理论计算的声吸收系数与实测的声吸收系数进行比较，验证了所得到的性质。结果表明，表面活性剂增加少许，泡沫样品的声学性能提高了 50 %左右，而泡沫的力学性能和热学性能没有明显变化。这种改善源于网状率和气室大小的改变。此外，在化学计量关系中考虑的初始理想孔隙度和密度在所得样品中均圆满达成。这些结果验证了化学计量关系的准确性。

表 10.36 给出了 Szycher 推荐的柔性聚氨酯泡沫配方[41]。

表10.36 柔性聚氨酯泡沫配方[41]

组分	质量份
多元醇	105
异氰酸酯	25 ~ 60
水	1.5 ~ 7.5
胺类催化剂	0.1 ~ 1
锡催化剂	0 ~ 0.5

续表

组分	质量份
硅表面活性剂	0.5 ~ 2.5
物理发泡剂	0 ~ 35

以表 10.36 为基础，Hasani Baferani 等设计了表 10.37 所示的配方，其中，硅表面活性剂采用了四个不同的添加量。结果发现：随着表面活性剂用量的少量增加，在 3000 Hz 以下的频率，泡沫的声吸收系数可提高 50 %左右，而泡沫的力学性能和热学性能没有明显变化；随着表面活性剂的加入量增加，气室体积、支柱长度和支柱厚度等几何参数均有所减小；增大表面活性剂用量会增加弯曲度，同时降低了热特征长度和黏性特征长度；增加表面活性剂的用量会使气室体积变小且更加封闭，从而使流阻率增大；所制造的泡沫的力学性能和热学性能不会因表面活性剂量的改变而有明显变化。

表 10.37　聚氨酯泡沫配方[40]

组分	质量份
多元醇（Yukol 4813，羟基数 48，酸值 0.1）	105
异氰酸酯（MDI，NCO 含量 29）	36.56
蒸馏水（化学发泡剂）	1.5
胺类催化剂（Dabco 33LV）	0.55
锡催化剂（U28）	0.25
硅表面活性剂（Dabco DC 2585）	0.5，1.0，1.5，2.5
物理发泡剂（二氯甲烷）	5.81

说明：所得密度和孔隙度分别为 50 kg/m^3 和 0.85。

三、硅表面活性剂在药物传输体系中的应用

硅表面活性剂胶束是目前尚未开发的药物增溶体系之一。硅表面活性剂作为医药添加剂越来越重要，因为它的聚二甲基硅氧烷部分可使活性药物具有很强的渗透性。针对硅表面活性剂在医药学方面的应用，目前有很多研究工作。例如，地塞米松是一种难溶于水的药物，Sastry 等研究了不同碳氢表面活性剂作为添加剂，对地塞米松在硅表面活性剂胶束中增溶行为的影响，并将琼脂膜作为载体研究药物的释放[42]。其中，碳氢表面活性剂包括十二烷基硫酸钠（SDS）、十二烷基三甲基溴化铵（DTAB）、聚氧乙烯辛基苯基醚（TX-100），硅表面活性剂为一种聚氧乙

烯-聚氧丙烯嵌段的烯丙基聚醚改性的三硅氧烷。将增溶了地塞米松的胶束溶液均匀分散在琼脂水凝胶（作为载体）中，在不同的时间间隔监测干铸的凝胶膜中地塞米松的释放（通过简单稀释），并根据扩散模型对释放数据进行数学分析。计算药物扩散系数 D_{drug}，发现随碳氢表面活性剂或硅表面活性剂的浓度增大，D_{drug} 值呈线性下降，而碳氢表面活性剂的加入则增大了硅表面活性剂胶束溶液中的 D_{drug}，表明碳氢表面活性剂不仅促进了地塞米松的释放，而且提高了其释放速率。Sastry 等推测，药物释放的增强现象可能是由于当碳氢表面活性剂存在时，硅表面活性剂的胶束溶解成更小的实体。

四、硅表面活性剂在甲烷存储方面的应用

硅表面活性剂也被尝试用于甲烷存储技术。例如，硅表面活性剂和阴离子碳氢表面活性剂结合使用，对甲烷水合物的形成具有动力学促进作用，同时还能防止泡沫形成，为甲烷存储的扩展提供了前景。下面介绍一下这项研究的背景。

由于贮存条件温和、气体保留容量高且温和（非爆炸性）等特点，以固体水合物形式贮存甲烷成为一种相当有吸引力和低风险的大规模气体贮存方式。然而，这种方式也有一定的局限性，水合物的形成速度缓慢是其中一个最突出的问题。十二烷基硫酸钠（SDS）等表面活性剂的添加显著加快了甲烷水合物的形成过程，但是，这些表面活性剂在水合物形成和分解过程中产生的大量泡沫是推广该技术的主要障碍。Bhattacharjee 等在研究工作中[43]，将少量的硅表面活性剂作为消泡剂，与阴离子表面活性剂 SDS 联合使用，可以消除泡沫，同时促进甲烷水合物生成。这个想法很简单，成本低廉，在开发一种商业上可扩展的甲烷存储技术的过程中，可能会成为一个潜在的游戏改变者。

五、硅表面活性剂用于制备高含水量的新型油包水乳液

有机硅类赋形剂（silicone excipient）是广泛应用于外用配方的无刺激性成分。Binder 等在研究中，开发了一种由非离子型硅表面活性剂稳定的高含水量的新型油包水乳液[44]，考查了配方组成对其性能和稳定性的影响，制备出了高稳定性水体积分数高达 80 %的乳液（配方如表 10.38 所示）。该乳液具有良好的应用性能，如不黏腻和凉爽的品质。他们发现了黏度与含水率的关系，这为制备可精细调节流变特性的乳液提供了机会。此外，皮肤实验表明，亲水模型药物（荧光素钠）的体外释放受油相构型影响。使用胶带剥离和 ATR-FTIR 联合实验监测了硅表面活性剂和其他添加剂的渗透情况，发现化合物仍然停留在角质层的浅层，从而将刺激皮肤的风险降到最低。

表 10.38　高稳定性高含水量的 W/O 乳液配方[44]

组分	含量/%
硅表面活性剂 Emulsifier 10（Dow Corning 公司，HLB 值 2.2）	2
油相物质①	18
水	80

　　① 该研究中分别选择了液体石蜡和肉豆蔻酸异丙酯两种物质作为油相，油相物质的选择会影响不同性质负载药物的释放。

六、硅表面活性剂作为超铺展剂应用于配方的若干指导建议

　　硅表面活性剂的特色之一就是某些硅表面活性剂的水溶液具有超铺展能力。比较有代表性的是某些三硅氧烷表面活性剂。三硅氧烷表面活性剂是硅氧烷表面活性剂的一个特殊子类，结构如图 10.3 所示。这类表面活性剂在其他类型表面活性剂应用效率较低的领域得到了应用，例如，疏水性底物的快速润湿和作为农业辅助药剂。

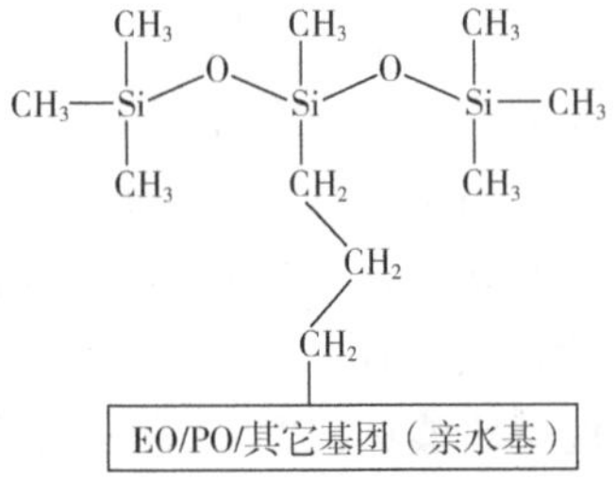

　　1.超铺展对外部应用条件的要求

　　需要指出的是，超铺展的前提条件是空气湿度[45]。在干燥空气中不存在超铺展现象，在设计配方时尤其需要注意。

图 10.3　三硅氧烷表面活性剂的分子结构示意图

　　2.超铺展对分子结构的要求

　　许多三硅氧烷表面活性剂水溶液（约 0.1%）在疏水表面上表现出超铺展现象[45]。最广为人知的超铺展剂分子结构是：一个三硅氧烷疏水片段加上一个由 7~8 个 EO 单元组成的聚氧乙烯亲水基[（（CH₃）₃SiO）₂Si(CH₃)(CH₂)₃(OCH₂CH₂)₇₋₈OP]，其中 P 代表封端的基团。这种化学结构公认的表示法是：M（D′E8）M，其中 M 代表(CH₃)₃SiO—，D′代表—Si(CH₃)(R)—。

　　设计超铺展配方时要选择结构合适的三硅氧烷表面活性剂[45]。例如，M（D′E8）M（商品名 Silwet L-77）是人们熟知的一种优良的超铺展剂，而 M（D′E16）M（Silwet L-7607）则是非超铺展剂。端基和分子构型也有很多选择，例如，四种三硅氧烷表面活性剂 M（D′E8OH）M，M（D′E8OAc）M，MDM′E8OH，M（D′E7.5Me）M 均被称为优良的超铺展剂。其中三个分子[M（D′E8OH）M，M（D′E8OAc）M，M（D′E7.5Me）M] 是 T 型，而第四个（MDM′E8OH）不是 T 型。

　　3.对超铺展剂使用浓度的要求

　　设计超铺展剂配方时要考虑选取硅表面活性剂的浓度。已知 Silwet L-77 的

cmc 是 0.113 mmol/L[45]。图 10.4 定量说明了 Silwet L-77 的超铺展程度与浓度的关系。可以看出，随时间推移，铺展逐渐变慢，直至润湿面积不变，这取决于 Silwet L-77 的浓度。

4.基底材质对铺展的影响

设计超铺展配方时还要考虑基底材质对铺展的影响。不同基底润湿的速率不同。许多早期的研究表明，液滴足迹半径随时间的演化遵循 r–t^n 幂律[47]，其中 n 为润湿指数，润湿指数反映了润湿的速率。在文献中，对三硅氧烷表面活性剂水溶液在疏水性不同基底上的铺展进行了测试。需要注意的是，不同报道的润湿指数 n

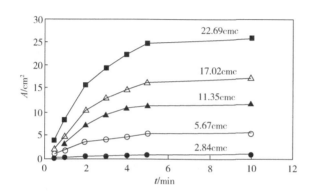

图10.4　新制的不同浓度的Silwet L-77分散液在石蜡膜上的铺展（液滴重量0.0078 g）[46]

彼此各不相同。但同一篇报道的数值可用来得出规律性结果，即可以用来评估润湿指数对基底疏水程度的依赖性有多大[45]。结果表明，润湿指数 n 与基底疏水性有关，疏水性越高，润湿指数越低。表 10.39 列出了不同疏水性基底（以接触角来表征）上的润湿指数。润湿指数 n 与疏水性之间存在明显相关性的原因尚不清楚。这种依赖关系可能是由于层状表面活性剂的疏水基团可以与疏水表面相互作用。需要注意的是，表 10.39 反映的是润湿速率，而不是最终的湿斑半径。

表 10.39　0.1 %的三硅氧烷表面活性剂水溶液在不同基底上的润湿指数的文献报道值[48]

基底	润湿指数	纯水接触角/（°）
PET	0.8	70
PS	0.7	75
PS	0.5	80
Cabbage	0.2	87
Parylene	0.18	90
Parafilm	0.095	105

基底	润湿指数	纯水接触角/(°)
Cytop	0.041	110
PTFE AF	0.039	117
Teflon	0.036	120

七、硅表面活性剂在离子液体中的应用

某些硅表面活性剂已被证明可在离子液体中发挥表面活性剂的功用。室温离子液体是一类相对新型的绿色溶剂，在许多工业反应中已被证明是极性溶剂的可行替代品。由于离子液体具有独特的理化特性，如低蒸气压（不挥发）、不易燃、优异的化学稳定性和热稳定性、宽的液体温度范围等，非常受欢迎。近年来，人们试图制备含离子液体的非水反相微乳，以提供极性微环境。

Feng 等研究了室温离子液体（IL）1-乙基-3-甲基咪唑双（三氟甲基磺酰）亚胺（[EMIM][NTf$_2$]，见图 10.5）和聚甘油改性硅表面活性剂（KF-61，见图 10.5）二元体系以及 KF-61/[EMIM][NTf$_2$]/硅油三元体系，采用表面张力、动态光散射（DLS）、低温透射电镜（cryo-TEM）和紫外-可见光谱（UV-vis）等方法对其表面活性、相行为和聚集性质进行了表征[49]。结果表明，KF-61 能显著降低 [EMIM][NTf$_2$]的表面张力至 23.4 mN/m，并在不同浓度下形成直径为 5~80 nm 的胶束。通过引入硅油，首次配制出了由[EMIM][NTf$_2$]/KF-61/硅油组成的非水反相微乳液，并用甲基橙（MO）的 UV-vis 吸收光谱研究了相图，以验证不同组成的硅油包[EMIM][NTf$_2$]微乳液（IL/Si）的特性。结果表明，随着[EMIM][NTf$_2$]不断加入 KF-61/硅油体系中，微环境的极性增大，一旦 IL 池形成，微极性将保持不变。微乳液中 IL 池从 25 nm 增长到 94 nm，这可能为微反应区等潜在应用提供积极因素。

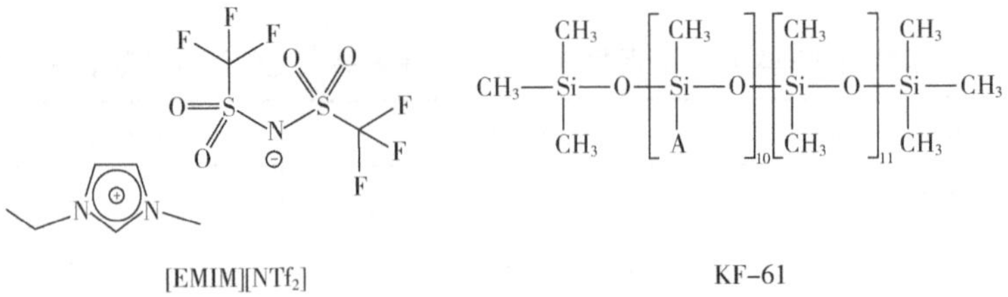

[EMIM][NTf$_2$]　　　　　　KF-61

图10.5　离子液体和硅表面活性剂的分子结构

聚甘油改性硅表面活性剂 KF-61 具有梳状结构，其分子量为 4216 g/mol，

图中所示为主成分的结构，且支链基团呈统计学沿着有机硅主链分布

八、硅表面活性剂在矿物浮选中的应用

　　某些结构特殊的硅表面活性剂被设计出来用于矿物浮选。Deng 等合成了一种具有特殊官能团的阳离子型有机硅表面活性剂（DTA）作为菱锌矿浮选捕收剂[50]，其分子式为 [(C₂H₅)₃Si—O]₂—Si—（CH₃)（C₄H₈NHC₂H₄NH₂)。该表面活性剂具有低表面张力、低泡、低临界胶束浓度、优良的铺展能力等独特优点，有利于菱锌矿浮选。通过纯矿物的浮选试验，验证了硅表面活性剂的浮选性能。结果表明，与传统的捕收剂十八胺、十四胺和十二胺相比，DTA 对菱锌矿呈现出强捕收能力和更好的选择性（与石英、方解石和白云石对照）。根据 FTIR 光谱分析、zeta 电位测量、X 射线光电子能谱和密度泛函理论计算可知，DTA 在菱锌矿表面的吸附主要为化学吸附（chemisorption）和静电吸附。DTA 的独特性质，包括两个配位点（—NH₂ 和—NH—）以及—OSi(C₂H₅)₃ 的"降落伞"形状结构，形成了对菱锌矿优越的捕收能力。

九、硅表面活性剂在气田开采方面的应用

　　在低渗透凝析气藏开发过程中，泥浆滤液、酸化液和压裂液侵入储层和凝析气，毛管压力和水润湿性增加严重降低了储层的渗透性。Yin 等合成了一种含磺酸基团的有机硅低聚表面活性剂（OSSF，见图 10.6），以改善此类流体的返排现象[51]。通过测定平衡表面张力确定了临界胶束浓度和临界表面张力。表面张力随着热轧温度升高而增大，随 NaCl、KCl 或 CaCl₂ 的加入量而降低。当浓度超过临界胶束浓度时，形成胶束，胶束尺寸随浓度增大而增大。OSSF 在固液表面的吸附改变了岩心的表面化学组成，通过降低表面能使岩心的润湿性由水润湿转变为气润湿。同

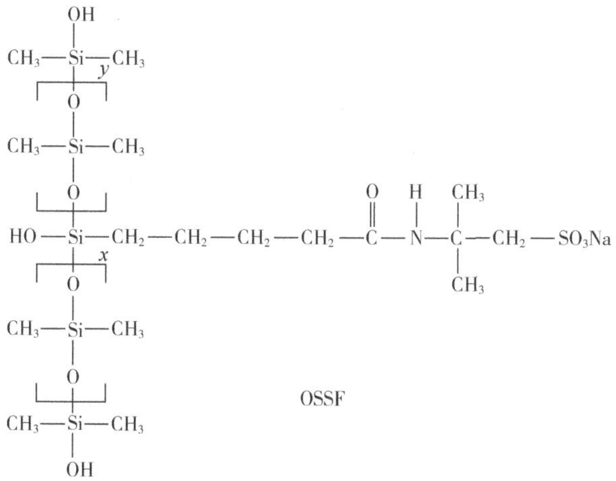

图10.6　有机硅低聚表面活性剂 OSSF 的分子结构

时，温度升高导致石英砂在 OSSF 溶液中的吸附等温线由 Langmuir 型（L 型）变为"双平台型"（LS 型）。另外，NaCl 减小了 OSSF 的相对泡沫体积，延长了泡沫半衰期。OSSF 降低了十二烷基苯磺酸钠（SDBS）的初始发泡体积和诱导期的稳定性，加速了 SDBS 泡沫瓦解。

十、硅表面活性剂在金属萃取方面的应用

某些特殊结构的硅表面活性剂可被用于金属萃取。例如，Fang 等合成了两种阳离子型有机硅表面活性剂（Si4pipCl 和 Si4pyrCl，分子结构见图 10.7）[52]。通过表面张力、电导率、动态光散射（DLS）和透射电镜（TEM）分析了它们在水溶液中的聚集行为。表面张力测量结果表明，这两种阳离子型硅表面活性剂可将水的表面张力降低至近 20 mN/m。这表明表面活性剂具有显著的表面活性。还探讨了无机盐（氯化钠、溴化钠、碘化钠和硫酸钠）对 Si4pyrCl 和 Si4pipCl 聚集行为的影响。结果表明，盐促进了 Si4pyrCl 和 Si4pipCl 的聚集，聚集能力的顺序为 NaI>NaBr>Na2SO4>NaCl。透射电镜观察到直径范围在 200~600 nm 的球状聚集体，DLS 得出了聚集体的直径分布。他们首次研究了氯仿中表面活性剂对几种金属离子[Co（Ⅱ）、Mn（Ⅱ）、Fe（Ⅲ）、Ni（Ⅱ）、Cu（Ⅱ）、Al（Ⅲ）、Sn（Ⅳ）、Zn（Ⅱ）、Ce（Ⅲ）、Li（Ⅰ）、Mg（Ⅱ）、Au（Ⅲ）、Pd（Ⅱ）]的萃取行为。结果表明，Si4pipCl 和 Si4pyrCl 对 Au（Ⅲ）和 Pd（Ⅱ）有较好的萃取能力。

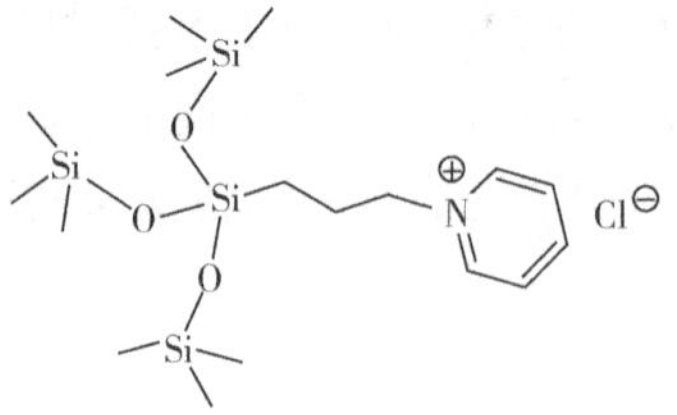

Si4pyrCl   Si4pipCl

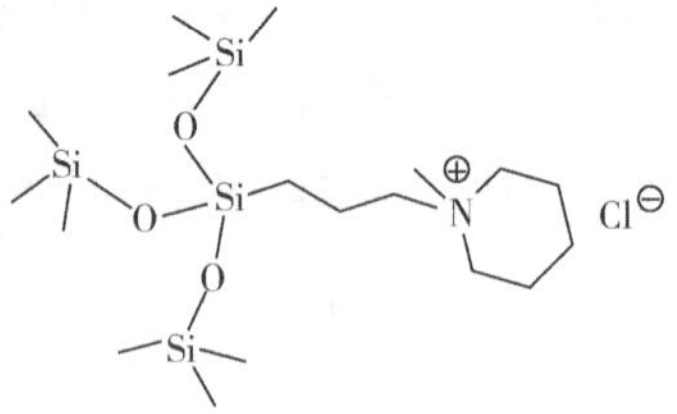

图 10.7　阳离子型有机硅表面活性剂的分子结构

参考文献

[1] 汪多仁.有机硅表面活性剂的合成与应用[J].表面活性剂工业, 1999, 3: 20-26.

[2] 李秋雁, 杜永卫, 童星.防蛀型不缩水不变形羊毛羊绒丝毛专用洗涤剂及制备方法: CN 108395946A[P]. 2018-08-14.

[3] 刘冬雪, 贾俊, 魏峰, 等.一种嵌段结构有机硅柔软剂及其制备方法: CN 103215817A[P]. 2013-07-24.

[4] 杨坡，张豪华，潘晓.一种氨基聚醚改性有机硅柔软剂及其制备方法：CN 104233822A[P]. 2014-12-24.

[5] 田琪，王艾德，崔金德.超亲水柔软剂乳液的制备方法：CN 110408036A[P]. 2019-11-05.

[6] 李兵，涂胜宏，谭函彬.一种面料柔软剂及其制备方法：CN 110791965A[P]. 2020-02-14.

[7] 蔺泽辉，陈文龙，刘成卓，等.一种嵌段聚醚氨基硅油柔软剂及其制备方法：CN 111304925A[P]. 2020-06-19.

[8] 朱胜伟.一种有机硅抗静电剂的制备方法和应用：CN 106947083A[P]. 2017-07-14.

[9] 王艺霖，曹东立.一种制抗静电剂用聚醚改性硅油的制备方法：CN 1072863848A[P]. 2017-10-24.

[10] 马建中，吕斌，高党鸽，等.一种皮革用聚醚型有机硅改性加脂剂的制备方法：CN 101532067A[P]. 2009-09-16.

[11] 刘军海，葛红光，唐小波，等.一种水性硅油皮革加脂剂及其制备方法与应用：CN 104694677A[P]. 2015-06-10.

[12] 高圩，严建林.一种防水加脂剂及其制备方法：CN 106148591A[P]. 2016-11-23.

[13] 李桂军，张国杰，金叶玲，等.水性氟硅聚氨酯树脂预聚体分散液及水性人造革雾洗亮涂饰剂：CN 102786649A[P]. 2012-11-21.

[14] 聂秋林，袁求理.有机硅改性聚醚型聚氨酯乳液皮革涂饰剂的制备方法：CN 103088644A[P]. 2013-05-08.

[15] 赵旭忠，徐家宽，钟望，等.一种高附着力涂饰剂及其制备方法：CN 109897524A[P]. 2019-06-18.

[16] 涂伟萍，崔航，王锋，等.一种硅油改性聚氨酯手感剂及其制备方法与应用：CN 105482439A[P]. 2016-04-13.

[17] 高鹏东，徐运欢，孙东明.一种有机硅手感剂及其制备方法：CN 104927057A[P]. 2015-09-23.

[18] 刘玉龙，陈惠明.一种有机硅农药增效剂及其制备方法：CN 101011062A[P]. 2007-08-08.

[19] 陈列忠，王莉，陈建明，等.一种农药增效剂及其制备方法：CN 101589714A[P].2009-12-02.

[20] 邱万军，叶光华.一种有机硅农药增效剂及其制备方法：CN 101720779A[P]. 2010-06-09.

[21] 张琦，何华雄，朱极，等.广谱型农药水剂专用增效剂及其制备方法：CN 107439543A[P]. 2017-12-08.

[22] 胡剑锋，沈学锋.聚醚改性七甲基三硅氧烷有机硅用于制备防治作物虫害的农药的用途：CN 107926974A[P]. 2018-04-20.

[23] 李贤才.一种化学农药增幅药剂：CN 108464310A[P]. 2018-08-31.

[24] 吴红霞.一种液体农药制剂：CN 108782555A[P]. 2018-11-13.

[25] 谭意平，孟巨光.一种有机硅表面活性剂及其制备方法和在化妆品中的应用：CN 105434190A[P]. 2016-03-30.

[26] M.德维伊.包含含磺基聚合物、疏水多糖和有机硅表面活性剂的化妆品组合物：CN 105658199A[P]. 2016-06-08.

[27] 张振，刘杨，吴飞，等.一种水性涂料用乳液型消泡剂及其制备方法：CN 105153785A[P]. 2015-12-16.

[28] 潘朝群，林思雯，黄丙生.一种涂料和油墨的消泡剂及其制备方法：CN 108299938A[P]. 2018-07-20.

[29] 朱明琴.一种水性工业涂料用矿物油消泡剂及其制备方法：CN 109647008A[P].2019-04-19.

[30] 姚虎，龚家全，邵玲，等.一种高效水性涂料消泡剂及制备方法：CN 110960892A[P]. 2020-04-07.

[31] 孙东明，高鹏东，徐运欢.一种有机硅流平剂及其制备方法：CN 105315757A[P]. 2016-02-10.

[32] 王春晓，伊港，刘海龙，等.一种流平剂用超高分子量聚醚改性聚硅氧烷及其制备方法与应用：CN 108047452A[P]. 2018-05-18.

[33] 朱淮军，黄雪萍，蒋殿君，等.一种有机硅流平剂及其复涂性能好的涂料：CN 110256892A[P]. 2019-09-20.

[34] 朱建民，刘兆滨，董振鹏，等.一种含磷聚醚改性有机硅流平剂的制备方法与应用：CN 111116922A[P]. 2020-05-08.

[35] 刘雷.一种含阻燃增效组合物的阻燃剂及其制备方法：CN 104910630A[P].2015-09-16.

[36] Mohd N I, Raoov M, Mohamad S, et al. Performance evaluation of non-ionic silicone surfactants OFX 0309 and DC 193C as a new approach in cloud point extraction–spectrophotometry for determination of atrazine in water samples [J]. RSC Advances, 2018, 8: 13556-13566.

[37] Mohd N I, Zain N N M, Raoov M, et al. Determination of carcinogenic herbicides in milk samples using green non-ionic silicone surfactant of cloud point extraction and spectrophotometry [J]. Royal Society Open Science, 2018, 5: 171500.

[38] Mohd N I, Gopal K, Raoov M, et al. Evaluation of a magnetic activated charcoal modified with non-ionic silicone surfactant as a new magnetic solid phase extraction sorbent with triazine herbicides as model compounds in selected milk and rice samples [J]. Talanta, 2019, 196: 217-225.

[39] Hasan S M, Easley A D, Monroe M B B, et al. Development of siloxane-based amphiphiles as cell stabilizers for porous shape memory polymer systems [J]. Journal of Colloid and Interface Science, 2016, 478: 334-343.

[40] Hasani Baferani A, Keshavarz R, Asadi M, et al. Effects of silicone surfactant on the properties of open-cell flexible polyurethane foams [J]. Advances in Polymer Technology, 2018, 37: 21643.

[41] Szycher M. Szycher's handbook of polyurethanes [M]. Boca Raton (FL): CRC Press, 1999.

[42] Sastry N V, Singh D K, Thummar A D, et al. Effect of hydrocarbon surfactants on dexamethasone solubilization into silicone surfactant micelles in aqueous media and its release from agar films as carriers [J]. Journal of Molecular Liquids, 2017, 225: 11-19.

[43] Bhattacharjee G, Barmecha V, Kushwaha O S, et al. Kinetic promotion of methane hydrate formation by combining anionic and silicone surfactants: scalability promise of methane storage due to prevention of foam formation [J]. Journal of Chemical Thermodynamics, 2018, 117: 248-255.

[44] Binder L, Jatschka J, Baurecht D, et al. Novel concentrated water-in-oil emulsions based on a non-ionic silicone surfactant: appealing application properties and tuneable viscoelasticity [J]. European Journal of Pharmaceutics and Biopharmaceutics, 2017, 120: 34-42.

[45] Sankaran A, Karakashev S I, Sett S, et al. On the nature of the superspreaders [J]. Advances in Colloid and Interface Science, 2019, 263: 1-18.

[46] Zhu S, Miller W G, Scriven L E, et al. Superspreading of water-silicone surfactant on hydrophobic surfaces [J]. Colloids and Surfaces A: Physicochemical and Engineering Aspects, 1994, 90: 63-78.

[47] Ivanova N A, Starov V M. Wetting of low free energy surfaces by aqueous surfactant solutions [J]. Current Opinion in Colloid & Interface Science, 2011, 16: 285-291.

[48] Radulovic J, Sefiane K, Shanahan MER. Dynamics of trisiloxane wetting: effects of diffusion and surface hydrophobicity [J]. Journal of Physical Chemistry C, 2010, 114: 13620-13629.

[49] Feng C, Chen L, Yan Z. Phase behavior and aggregation property of polyglyceryl-modified silicone surfactant in [EMIM][NTf₂] [J]. Journal of Molecular Liquids, 2016, 222: 133-137.

[50] Deng R, Zuo W, Ku J, et al. Synthesis of a cationic organic silicone surfactant and its application in the flotation of smithsonite [J]. International Journal of Mineral Processing, 2017, 167: 113-121.

[51] Yin D, Luo P, Zhang J, et al. Synthesis of oligomeric silicone surfactant and its interfacial properties [J]. Applied Sciences, 2019, 9: 497.

[52] Fang L, Tan J, Zheng Y, et al. Synthesis, aggregation behavior of novel cationic silicone surfactants in aqueous solution and their application in metal extraction [J]. Journal of Molecular Liquids, 2017, 231: 134-141.

第十一章

表面活性剂在其他工业领域中的应用

第一节

表面活性剂在纺织工业中的应用

　　纺织工业包括天然纤维（棉、毛、丝、麻等）及合成纤维从原料到产品的一系列加工工序。为使各工序顺利进行，提高织物性能，需要加入表面活性剂等助剂。据统计，纺织行业中用到的表面活性剂达 3000 多种，从散纤维的精制、纺丝、纺纱、织布、染色、印花到后期整理等工序，都需要表面活性剂参与，可提高织物品质、改善纱线织造性能、缩短加工时间。不同来源纤维的纺织加工工艺如图 11.1 所示。

　　根据表面活性剂在纺织工序中的应用，可将其分为前处理剂、染色助剂和加工整理剂。前处理剂包括洗涤剂、润湿剂、渗透剂、乳化剂、分散剂、精炼剂及退浆剂等；染色助剂包括染色剂、固色剂及消泡剂等；加工整理剂包括柔软剂、防水剂、抗菌剂、抗皱剂及抗静电剂等。

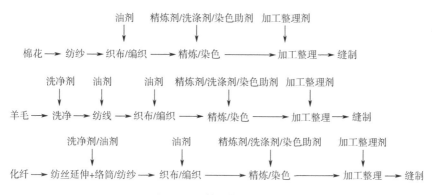

图11.1　纺织加工工艺

一、洗涤剂

洗涤剂主要用于天然纤维的洗涤，其作用原理为表面活性剂与污垢以及污垢与纤维表面之间发生一系列物理、化学作用，例如润湿、渗透、乳化、增溶、分散及起泡等，并借助机械搅动，使污垢从纤维表面脱离，悬浮于介质中而被去除。对于不同的天然纤维，虽然洗涤原理一样，但使用的表面活性剂和洗涤方法不一样。

洗涤棉纤维主要除去蜡、蛋白质、矿物油（纺织工艺中引入）等，其中蜡是主要污染物，工业上常采用碱洗工艺。表面活性剂可促进碱液对棉纤维的吸附、润湿和渗透，加快蜡和油的乳化、分散，提高清洗效率。典型棉纤维清洗剂配方见表11.1。

表11.1　棉纤维清洗剂配方[1]

组分	质量份	组分	质量份
脂肪醇聚氧乙烯醚硫酸钠	7	椰油酰胺丙基甜菜碱	5
脂肪醇聚氧乙烯醚	5	钾皂	4
α-磺基脂肪酸烷基酯盐	15	碳酸钾	0.5
氢氧化钠	6	苧烯	4
米糠	2	酯基季铵盐	3
轻度氯化石蜡	2	防腐剂	2
七水合硫酸镁	2	硝基甲烷	1
柠檬酸钠	4	乙醇	2
水	60		

动物纤维中，羊毛（绒）中含较多的羊毛脂、羊毛汗等油性污垢，且羊毛（绒）纤维的耐碱性较棉纤维差，通常采用中性洗涤液处理。表面活性剂可显著提高洗涤

液对油性污垢的增溶能力和溶解能力，广泛应用于羊毛（绒）洗涤，典型配方见表 11.2、表 11.3。蚕丝纤维表面包裹一层蛋白质，也需在洗涤工艺中除去，适用于丝类的洗涤剂见表 11.4。

表11.2　山羊绒洗涤配方[①][2]

组分	质量份	组分	质量份
脂肪醇聚氧乙烯醚硫酸盐	40	添加剂②	1
羧甲基纤维素钠	0.05	水	49.95

① 经该洗涤剂处理后，羊绒残脂率为 1.9%～3.4%。

② 为硫酸钠、碳酸钠、氯化钠、柠檬酸钠、三聚磷酸钠、硅酸钠中的任一种。

表11.3　羊毛洗涤剂配方[3]

组分	含量/%	组分	含量/%
脂肪醇聚氧乙烯醚硫酸钠	7～10	EP 型聚醚	0.3～1
磺胺脒	1～2	丁基溶纤剂	1～2
去离子水	余量		

表11.4　丝类洗涤剂配方[4]

组分	质量份	组分	质量份
异构 C_8 聚氧乙烯聚氧丙烯醚①	6	C_{9-11} 脂肪醇聚氧乙烯醚②	6
腰果酚聚氧乙烯醚	4	椰油酰两性基二乙酸二钠	4
阴离子羟基硅油乳液	3	聚硅氧烷柔软剂	2
氢氧化钠	2	1,3-丁二醇	2
香精	0.2	甲基氯异噻唑啉酮	0.08
谷氨酸二乙酸四钠	0.08	柠檬酸	0.08
水	57.34		

① 型号为陶氏 CA-90。

② 型号为 BEROL266。

二、渗透剂

渗透剂能促使纤维或织物表面快速地被水润湿，并向纤维内部渗透。渗透剂和润湿剂不仅主要用于退浆、煮练、丝光或漂白等前处理工序，也广泛应用于印染和后整理工序。前处理传统工艺为退浆、煮练、漂白三步法，路线长、效率低、能耗大，后来逐渐发展为退煮一步法或退煮漂一步法，新工艺需要在工作液中加入渗透剂，对渗透剂的起效速度、碱耐受性要求较高。含表面活性剂的渗透剂配方见表11.5～表11.8。

表 11.5　纺织用渗透剂配方 1[5]

组分	质量份	组分	质量份
十八胺聚氧乙烯醚	6	壬基酚聚氧乙烯醚	6
乙酸锌	4	聚丙烯酸	12
二月桂酸二丁基锡	12	苯基三乙氧基硅烷	4
柠檬酸钠	5	丙烯酸甲酯	10
水	100		

表 11.6　纺织用渗透剂配方 2[6]

组分	质量份	组分	质量份
脂肪醇聚醚	12	仲烷基磺酸钠	20
十二烷基硫酸钠	18	磷酸酯	20
水	30		

表 11.7　纺织用渗透剂配方 3[7]

组分	含量/%	组分	含量/%
脂肪醇磷酸酯[1]	22	脂肪醇聚氧乙烯醚磷酸酯[2]	10
十二烷基苯磺酸	8	仲烷基磺酸钠[3]	3
氢氧化钠	10	有机硅氧烷（消泡剂）	0.1
水	46.9		

[1] 为 C_{8-13} 脂肪醇磷酸酯。

[2] 为 C_{8-13} 脂肪醇聚氧乙烯醚磷酸酯。

[3] 为 SAS60 仲烷基磺酸钠。

丝光处理可以提高棉织物的光泽度、吸附性和尺寸稳定性，是重要的棉织物处理环节。丝光处理中使用的高浓度碱液存在黏度大、渗透性差等问题，易导致棉织物表面出现丝光现象，须用丝光渗透剂（见表11.8）加以缓解。

表 11.8　纺织用丝光渗透剂配方[8]

组分	质量份	组分	质量份
烷基醇硫酸酯钠盐	15	烷基磷酸酯聚氧乙烯醚	20

组分	质量份	组分	质量份
二乙基苯胺	3	丙烯酸羟丙酯	20
琥珀酸丁酯	20	月桂酸钠	10
乙醇	5		

三、染色剂

纺织面料在染色过程中，采用大量的化学染料，成品的染料在使用过程中易脱落，对健康、环境不利。用表面活性剂制得的染色剂上色容易、褪色困难，可保持布料柔软、爽滑。常见染色剂及染色工艺用乳化剂配方见表 11.9 ～ 表 11.13。

表 11.9 纺织用染色剂配方[9]

组分	质量份	组分	质量份
月桂酸聚氧乙烯酯	3.4	聚乙二醇双油酸酯	2.6
聚丙二醇	30	聚乙烯吡咯烷酮	8
邻苯二甲酸二丁酯	12	偶氮二异丁腈	3
硫酸钴	12	乙酸乙酯	32
羧甲基纤维素钠	32	栀子	12
紫胶	4.8	大青叶提取素	5.2
去离子水	8		

表 11.10 纺织用乳化剂配方 1[10]

组分	质量份	组分	质量份
十二烷基苯磺酸钠	5	硫酸化蓖麻油	10
聚山梨醇酯	12	聚甘油蓖麻醇酯	20
聚丁二酸丁二醇酯	6	水	120

表 11.11 纺织用乳化剂配方 2[11]

组分	质量份	组分	质量份
琥珀酸二辛酯磺酸钠	1	羟甲基纤维素	0.2
脂肪酸失水山梨醇酯	3	羟乙基磺酸钠	3
十二烷基苯磺酸钠	1	十八醇	3
乙酸甲酯	10	水	100

表11.12　纺织用乳化剂配方3[12]

组分	质量份	组分	质量份
表面活性剂复合物①	6	环糊精	3
油酸	30	引发剂	1
水	400		

① 由10%直链烷基苯磺酸钠、10%柠檬酸钠、20%次氯酸钠及少量扩散剂、消泡剂、缓冲剂和水混合得到。

传统工艺中，涤纶的除油和染色分两步进行，生产流程长，水电消耗大。应用复合乳化剂（见表11.13）可实现一浴法涤纶的除油、染色。

表11.13　纺织用乳化剂配方4[13]

组分	含量/%
三苯乙烯基苯酚聚氧乙烯聚氧丙烯醚苯甲酸酯	18
三苯乙烯基苯酚聚氧乙烯聚氧丙烯醚硫酸铵	8
异构十三醇聚氧乙烯聚氧丙烯醚硫酸钠	8
异构十三醇聚氧乙烯醚	3
水	余量

四、柔软剂

织物整理助剂可处理天然纤维和合成纤维（涤纶、尼龙等），处理后的织物防皱、防静电、防起球、蓬松柔软、富有弹性光泽。柔软剂是一种重要的织物整理助剂，可提高纺织印染加工领域的产品品质，增加产品附加值。常见柔软剂配方见表11.14～表11.16。

表11.14　纺织用柔软剂配方[14]

组分	质量份	组分	质量份
脂肪酸山梨坦	5.4	聚山梨酯	6.6
十六烷基溴化吡啶	13.5	异丙醇	4.5
聚醚氨基硅油	90	第一助剂①	25
pH值调节剂②	12	第二助剂③	8

① 由10%降解壳聚糖、52%柠檬酸、38%次磷酸钠混合而成。

② 由25%山梨酸、30%冰醋酸、30%磷酸二氢钠、15%酸性焦磷酸钠混合而成。

③ 由4%刺云实胶、6%去离子水、3%植物提取液、46.2%改性沸石、15%纳米珍珠粉、25%改性纳米氧化锌、0.8%邻苯二甲酸酯偶联剂混合而成。

表11.15 纺织用环保型柔软剂配方[15]

组分	含量/%	组分	含量/%
双十八烷基二甲基氯化铵	15	咪唑啉	7.5
十二烷基氨基丙酸盐	5.5	三乙醇胺	3
十二烷基磺丙基甜菜碱	4	羟基硅油	6
荧光增白剂（CBS-X）	0.3	苯甲酸钠	0.05
香精	0.3	水	余量

有机硅类柔软剂对环境污染严重，增大了污水的化学需氧量，提高了污水处理成本，且有机硅类高分子难降解，蓬松度差。无硅柔软剂（表11.16）能有效克服上述缺点。

表11.16 纺织用无硅柔软剂配方[16]

组分	质量份	组分	质量份
十二烷基硫酸钠	3	牛油	50
硬脂酸	15	二乙烯三胺	10
硫酸二乙酯	8	异丙醇	7
改性聚乙烯醇	5		

纺织工业在我国有悠久的历史，对表面活性剂在其中的应用也进行了大量的研究。随着人民的生活水平不断提高，对纺织品的品质、性能、环保性等要求不断提高。新的纺织技术不断推出，促使纺织工业用表面活性剂研究和应用推进。设计新型表面活性剂结构、对传统表面活性剂进行改性和复配、研发表面活性剂新的应用工艺都是本领域今后一定时期内的研究重点。

第二节
表面活性剂在造纸工业中的应用

造纸工艺常用流程为：①制浆（以植物纤维为原料的制浆工艺见图11.2，以废纸为原料的制浆工艺见图11.3）；②抄纸（湿部加工、施胶、干燥等）；③涂布；④加工。

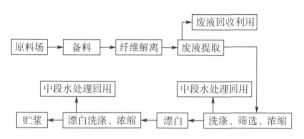

图11.2　以植物纤维为原料的制浆工艺流程

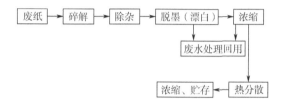

图11.3　以废纸为原料的制浆工艺流程

　　表面活性剂是造纸化学品的重要组成部分，广泛应用于造纸制浆、湿部加工、施胶、涂布及废水处理等过程。

一、表面活性剂在制浆过程中的应用

　　植物纤维主要化学成分是纤维素、半纤维素和木质素，其中纤维素、半纤维素为糖类，木质素为芳香化合物。木质素将植物纤维相互黏合成植物体，在制浆过程中必须除去。表面活性剂在以植物纤维为原料的制浆工艺中作蒸煮助剂，在以废纸为原料的制浆工艺中作脱墨剂。

1.蒸煮助剂

　　表面活性剂作蒸煮助剂，可促进蒸煮液对纤维的渗透作用，加快木质素分离，达到缩短生产时间、降低能耗、减少污染的目的。典型蒸煮助剂配方见表11.17～表11.20。

表11.17　蒸煮助剂配方1[17]

组分	含量/%	组分	含量/%
烷基磺酸	25	C_{6-8}脂肪醇聚氧乙烯醚(10)	5
氨基磺酸	3	蒽醌	21
碳酸钠	46		

表11.18　蒸煮助剂配方2^[18]

组分	含量/%	组分	含量/%
十二烷基苯磺酸钠	6	过氧化戊醇	24
水	70		

表11.19　蒸煮助剂配方3[19]

组分	质量份	组分	质量份
壬基酚聚氧乙烯醚	20	苯乙烯酚聚氧乙烯醚	10
苯乙基酚聚氧乙烯醚	10	辛基苯基聚氧乙烯醚	5
十二烷基聚氧乙烯醚	5	三氟甲磺酸	50
对甲苯磺酸	50	α-炔醇蒽醌衍生物	1
甲萘醌	2	十二烷基磷酸聚乙二醇酯	5
双十八烷基磷酸酯	3	硅酸钠	5
1,5-萘二磺酸钠	5	三聚磷酸钠	3
偏磷酸钠	3	水	150

表11.20　蒸煮助剂配方4[20]

组分	质量份	组分	质量份
十二烷基苯磺酸钠	6.7	烷基糖苷	11.1
茶皂素	2.2	绿氧①	10
聚天冬氨酸钠	15	磷酸钾	5
保水剂②	10	去离子水	90

① 为合成高分子氧化剂。

② 为甲基纤维素、羟丙基甲基纤维素、羟乙基甲基纤维素（质量比6∶4∶1）的混合物。

2.脱墨剂

　　脱墨剂是使废纸纤维和油墨分离的造纸助剂，主要破坏油墨对纸纤维的黏附力，使油墨从纤维上剥离并分散于水中，通常由多种表面活性剂复配而成。目前市场上使用的主要是浮选法脱墨剂，由阴离子脂肪酸盐类、非离子脂肪醇（醚）类、生物酶类等组成。脱墨剂配方见表11.21。

表11.21　造纸工业脱墨剂配方[21]

组分	质量份	组分	质量份
12-甲基硬脂基聚氧乙烯醚(12)	0.8	油酸聚氧乙烯酯	0.2

续表

组分	质量份	组分	质量份
聚醚 L61	0.05	氯化钠	0.2
牛羊油脂肪酸	0.8	硬脂酸	1.4
滑石粉	2.2		

二、表面活性剂在湿部加工中的应用

制浆工艺之后到纸张烘干前的阶段称造纸湿部，多种造纸助剂应用于该过程，称为湿部化学品。

1.施胶剂

施胶剂是重要的湿部化学品，其作用是使纸和纸板获得抗水性能，多数用于书写、印刷、包装和建筑用纸和纸板。我国从 1989 年开始引进中性抄纸化学品及技术，现已逐步国产化并在高档纸中迅速普及，如铜版纸几乎 80 % 已采用中性施胶剂抄造。

添加表面活性剂的施胶剂见表 11.22、表 11.23。

表 11.22　造纸工业施胶剂配方 1[22]

组分	质量份	组分	质量份
油酸聚氧乙烯酯	1	甘露醇	1
聚二甲基硅氧烷	2	海藻酸钠	3
复合施胶基料①	30	补强添加剂②	15

① 由生物材料和助剂通过发酵法制备。

② 由卵磷脂、助剂、十二烷基苯磺酸钠以质量比 6∶1∶0.4 混合、冷冻、研磨得到。

表 11.23　造纸工业施胶剂配方 2[23]

组分	质量份	组分	质量份
烷基酚聚氧乙烯醚	0.1	十六烷基三甲基溴化铵	0.1
阳离子玉米淀粉	3	反应料液 A①	5
环氧氯丙烷	3	水	105

① 由硬脂酸 60 g、二乙醇胺 2 g、二乙烯三胺 6 g 于 140 ℃反应 6 h 降温得到。

2.树脂障碍控制剂

经过制浆处理后的纸浆在漂白过程中会析出残余的树脂，如不及时分离会形成黏性淤积物，黏附于设备、纸机铜网、毛布及烘缸上，造成造纸障碍，影响正常抄纸，还会产生纸病。另外在以废纸为原料的造纸工艺中，废纸中的胶黏剂、油墨粘连料、涂布黏合剂等树脂性物质同样会产生树脂障碍影响抄造。应用树脂障碍控制剂可显著改善上述情况。一种树脂障碍控制剂配方见表 11.24。

表 11.24　树脂障碍控制剂配方[24]

组分	含量/%	组分	含量/%
阳离子硬脂酰胺	0.45	低分子量聚乙烯亚胺	0.05
水	99.5		

说明：该树脂障碍控制剂以 0.03 %绝干纸浆质量比加入以废纸为原料的纸浆中，树脂的附着量显著减少，纸产量增加 20 %。

3.消泡剂

造纸制浆和抄纸过程中需用到蒸煮剂、助留剂、助滤剂、施胶剂等助剂，均以高分子化合物为主体，易在水中形成泡沫，且因高分子吸附而增强了泡沫的强度，消泡困难。同时纤维表面、内部均可能吸附微小气泡，难以除去。须用特定消泡剂消除，造纸工业用消泡剂配方见表 11.25 ~ 表 11.30。

表 11.25　造纸工业消泡剂配方 1[25]

组分	质量份	组分	质量份
十八烷基聚氧丙烯醚(10)	5	壬基酚聚氧乙烯醚(10)	2
壬基酚聚氧乙烯醚(3)	2	十二醇	5
硬脂酸辛酯	4	有机硅组合物①	6
水	70		

① 由 90 %聚二乙基硅氧烷、7 %白炭黑和 3 %氢氧化钠组成，黏度 1000 mPa·s。

表 11.26　造纸工业消泡剂配方 2[26]

组分	质量份	组分	质量份
吐温-80	5	乙二醇单硬脂酸酯	6
有机硅	18	亚乙基双硬脂酰胺	6
二甲苯	8	N-酰基乙二胺三乙酸盐	0.3

表 11.27　造纸工业消泡剂配方 3[27]

组分	含量/%	组分	含量/%
咪唑啉季铵盐	15	油酸聚乙二醇双酯	60

续表

组分	含量/%	组分	含量/%
异十三醇磷酸酯	10	聚乙二醇 400	15

表 11.28　造纸工业消泡剂配方 4[28]

组分	含量/%	组分	含量/%
十二烷基磺酸钠	6	烷基酰胺磺酸盐	5
三甲基氯硅烷	24	乙基乙烯基醚	15
二甲基硅油	45	聚合物微球悬浮液①	5

① 具有硬核软壳结构；球壳以含羟基丙烯酸基的软单体为原料通过乳液聚合制成，球核以苯乙烯硬单体为原料通过乳液聚合形成，聚合物微球粒径 400～550 nm，分子量 50 万～100 万。

表 11.29　造纸工业消泡剂配方 5[29]

组分	质量份	组分	质量份
十二烷基磺酸钠	10	烷基硫酸盐	3
聚合物微球悬浮液	10	$C_8H_{17}O(EO)_{15}(PO)_{29}H$	30
二甲基硅油	20	聚甲基硅氧烷	20

表 11.30　造纸工业消泡剂配方 6[30]

组分	含量/%	组分	含量/%
Span-80	0.1	硅氧烷 Q2/5247①	1.9
消泡化合物 A①	84.3	疏水二氧化硅	1
稳定剂	0.8	植物油混合物	6
硅氧烷油	6		

① 为陶氏化学产品。

4.柔软剂

柔软性是对纤维而言的，表面活性剂能在纤维表面形成疏水基向外的吸附，降低纤维物质的动、静摩擦系数，从而获得平滑柔软的手感。

纸巾、餐巾、面巾和盥洗室薄纸的重要特征是柔软度好、吸水性强和强度高，通常通过纤维素悬浮液脱水压制生产，需应用提高纸品柔软度的处理剂。

典型造纸工业用柔软剂配方见表 11.31～表 11.34。

表11.31 造纸工业柔软剂配方1[31]

组分	含量/%	组分	含量/%
椰油基苄磺酸	3.75	C$_{16~18}$烷基聚氧乙烯醚(5)	3.75
精炼油①	7.5	聚合物水溶液②	85

① 为植物油（葡萄油、橄榄油、椰油、棕榈油等）。

② 为1%~4%聚二烯丙基二甲基氯化铵。

表11.32 造纸工业柔软剂配方2[32]

组分	含量/%	组分	含量/%
二油基二甲基氯化铵①	2	水	98

① 以植物油为原料生产的季铵盐表面活性剂。

表11.33 造纸工业柔软剂配方3[33]

组分	含量/%	组分	含量/%
氨基改性聚二甲基硅氧烷①	0.75	矿物油②	2.25
水	余量		

① 为 Dow Corning 8075，陶氏化学产品。

② 为 Witco PD-23，Witco 为化学（美国）产品。

表11.34 造纸工业柔软剂配方4[34]

组分	含量/%	组分	含量/%
二油基二甲基氯化铵①	4	水溶性柔顺剂②	20
丙二醇	76		

① 以动物油为原料生产的季铵盐表面活性剂。

② 由 C$_{18~24}$饱和脂肪醇、C$_{32}$饱和蜡与脂肪醇聚氧乙烯醚组成。

5.纤维分散剂

纤维分散剂的作用是减少纤维絮凝，改进纸料成型。纤维分散剂可在纤维表面形成双分子层结构，外层分散剂极性头基与水的亲和力较强，增强水润湿性，并通过电荷排斥作用达到纤维分散效果。

纤维分散剂配方见表11.35、表11.36。

表11.35 纤维分散剂配方1[35]

组分	质量份	组分	质量份
辛基酚聚氧乙烯醚	1	烯丙氧基壬基苯氧基丙醇聚氧乙烯醚硫酸盐	2.1

续表

组分	质量份	组分	质量份
碳酸氢钠	10	碳酸钠	45
丙烯酰胺	210	硫脲	42
水	790		

说明：在氮气下反应4h，所得胶状物用无水乙醇提取、烘干，得到纤维分散剂。

表11.36　纤维分散剂配方2[36]

组分	质量份	组分	质量份
油酸聚氧乙烯酯	0.5	木质素磺酸钠	0.5
羟甲基羟乙基纤维素	2	改性大豆磷脂	1
水溶性壳聚糖	1	藻蛋白酸钠	1
聚氧乙烯	2	淀粉磷酸酯	2
瓜尔胶	0.2	六偏磷酸钠	0.3
聚乙烯醇	1	去离子水	50

三、表面活性剂在涂布中的应用

表面涂布是将化学品施加到纸的表面，用以改善纸的印刷性能和整体性能。

造纸涂布用润滑剂可改善纸张的稳定性、平滑度、光泽度、表面强度、油墨吸收性、印刷光泽度等性能，向纸张表面涂布石蜡乳液还可提高纸张的防水能力和耐刮擦能力。相关应用配方分别见表11.37和表11.38。

表11.37　造纸涂布润滑剂配方[37]

组分	含量/%	组分	含量/%
烷基酚聚氧乙烯醚(10)	12.5	Span-80	0.8
氧化聚乙烯蜡	15.4	吗啉	1.5
三偏磷酸钠	2.5	聚硅氧烷	4.2
水	63.1		

表11.38　造纸工业用石蜡乳液配方[38]

组分	质量份	组分	质量份
月桂酸钠	6	吐温-60	5
石蜡	20	氯化钠	1
去离子水	68		

四、表面活性剂在造纸工业中其他方面的应用

造纸工业用水细菌含量较高，细菌及其分泌物构成菌泥，进而造成腐浆，引起纸病，产生洞眼、斑点、着色不均匀等问题，需使用杀菌剂对造纸系统中的细菌进行灭除。常用的造纸工业用杀菌剂有氧化型和非氧化型两大类。氧化型杀菌剂性能优异，但不稳定、易分解、作用时间短、易与金属管道/容器/纤维添加剂等反应，影响生产。非氧化型杀菌剂具有选择性好、作用时间长等优势。典型的造纸工业用杀菌剂配方见表 11.39。

表 11.39　造纸工业用杀菌剂配方[39]

组分	质量份	组分	质量份
十二烷基二甲基苄基氯化铵	6	十二烷基硫酸钠	1.5
次氯酸钙	35	二氯异氰尿酸钠	3
三氯异氰尿酸	0.7	去离子水	150

造纸废水主要来自制浆和抄纸两过程。

制浆是将植物原料中的纤维分离制成浆料，为保证纤维的品质，在蒸煮过程中将原料中的木质素、部分半纤维素和少量纤维素溶出，出浆率较低（40%~45%），每吨纸消耗 3~4 m^3 木材或 4~6 t 植草，每吨纸浆消耗 100~300 m^3 水，同时产生大量的造纸废水。

抄纸是浆料稀释、成型、压榨、烘干，制成纸张的过程，也产生造纸废水。造纸废水污染极高，COD 浓度高、pH 高、味臭、降解性差，含大量硫化物和氯化物。

因此，造纸工艺中产生的废水必须经处理后才能排放，废水处理剂配方见表 11.40。

表 11.40　造纸废水处理剂配方[40]

组分	质量份	组分	质量份
$C_8F_{17}C_2H_4CONHC_3H_6N^+(CH_3)_3I^-$	10	聚丙烯酰胺	1
聚合氯化铝	10	硫酸铝	5
水	60		

造纸工艺除产生废水外，还产生大量恶臭气体，需用除臭剂进行改善。除臭剂配方见表 11.41。

表11.41 造纸工业除臭剂配方[41]

组分	含量/%	组分	含量/%
烷基酚聚氧乙烯醚[①]	0.1～6	乙二胺四乙酸	0.1～3
硬脂酸	0.1～5	柠檬酸[②]	1～12
单过硫酸氢钾	8～30	碳酸氢钾[③]	2～8
2,2-二溴-3-氨基丙酰胺	2～15	水	40～80

① 也可为吐温-80、烷基糖苷。

② 也可为苹果酸、酒石酸。

③ 也可为碳酸氢钠,或碳酸氢钾和碳酸氢钠的混合物。

纸浆在高速运转的烘缸上被干燥成纸、成卷,不能出现断纸,卷纸要平滑齐整,需使用干网喷淋剂,减小成纸在烘缸表面的附着力,使纸张迅速脱离烘缸。干网喷淋剂配方见表11.42。

表11.42 造纸用干网喷淋剂配方[42]

组分	质量份	组分	质量份
Span-80	12	吐温-80	22
油酸	15	AEO-3	23
二甲基硅油	10	58号全精炼石蜡	177
聚乙二醇600双油酸酯	36	羧甲基淀粉钠	5
去离子水	700		

综上所述,表面活性剂在造纸工业的制浆、湿部加工、涂布加工等过程中都有着极其广泛的应用。随着我国造纸工业的高速发展,在造纸工艺中有重要应用的表面活性剂将发挥越来越重要的作用。

第三节

表面活性剂在皮革工业中的应用

皮革制作工艺是将原皮加工成成品皮革的过程,通常包括准备工作、鞣制工作和整理工作三部分。

准备工作：除去生皮中的制革无用物（毛、表皮、脂肪、纤维间质、皮下组织等），松散胶原纤维。

鞣制工作：使生皮变成皮革的物理、化学过程。

整理工作：加入处理剂或经过多种机械加工使皮革获得使用特性。

皮革加工流程依次为：浸水、去肉、脱脂、浸碱、膨胀、脱灰、软化、浸酸、鞣制、剖层、削匀、中和、染色、加脂、填充、干燥、整理、涂饰等。皮革成品还需专用清洗剂、亮光剂等进行维护保养。

皮革生产是一个复杂的化学处理和机械处理过程。在皮革生产过程中，表面活性剂作为一类重要的助剂几乎应用于皮革生产的各个湿加工工序和涂饰工序中，其已成为皮革工业不可或缺的材料。表面活性剂除具有乳化、润湿、渗透、去污、匀染、柔软、杀菌和防霉等作用外，还能够促进其他皮革化学品渗透、扩散、吸收或铺展等，缩短了皮革生产周期，节约了化工原料，提高了成革品质。

一、脱脂剂

在制革过程中，存在于皮纤维周围的脂肪妨碍碱液渗透入皮纤维内部，使得生皮在浸碱时膨胀分离不充分，影响鞣制。同时，油脂与鞣制液反应生成的铬皂使蓝皮颜色不均匀。因此，必须通过脱脂工艺除去生皮中的脂肪。

脱脂剂中，具有亲水亲油特性的表面活性剂是其重要组成，脱脂剂应用配方如表 11.43、表 11.44 所示。

表 11.43　皮革脱脂剂配方[43]

组分	含量/%	组分	含量/%
脂肪酸甲酯磺酸钠	10	椰油二乙醇酰胺	5
辛/癸醇聚氧乙烯醚	3	月桂醇聚氧乙烯醚	2
十二烷基磺酸钠	3	烷基糖苷	15
氯化钠	3	去离子水	59

说明：脱脂前用水对生皮预洗，按皮重的 0.8 %加入脱脂剂，在 40 ℃下浸泡 90 min 进行脱脂。

表 11.44　耐冻增溶型皮革脱脂剂配方[44]

组分	质量份	组分	质量份
脂肪醇聚氧乙烯醚(2)硫酸钠①	18	脂肪酸甲酯乙氧基化物(9)②	28
氯化钠	0.5	柠檬酸钠	5
去离子水	48.5		

① 脂肪醇为 $C_{12} \sim C_{14}$ 脂肪醇。

② 脂肪酸为 $C_{12} \sim C_{14}$ 脂肪酸。

二、软化剂

皮革软化剂能缓解皮革变硬、变脆现象。含有表面活性剂的皮革软化剂的优点有：渗透能力强，可深入皮纤维内部进行修复；软化剂与皮纤维作用较强，与皮纤维结合紧密。

典型皮革软化剂配方如表 11.45 所示。

表 11.45　软化剂配方[45]

组分	质量份	组分	质量份
月桂酰谷氨酸钠	8	月桂基甜菜碱	20
1-羟乙基-2-椰油基咪唑啉乙酸盐	7	脂肪酸聚氧乙烯酯	9
水性聚氨酯	1	水	40

三、浸酸助剂

皮革浸酸工序可降低皮革钙、镁离子含量，避免皮革发硬、提高成革得革率。浸酸工艺中，pH 在 3.2 以下，低于裸皮等电点，易产生酸膨胀。现行工艺通常采取加盐方式抑制酸膨胀，增加了制革污水中污染物的含量。而使用含表面活性剂的浸酸助剂可显著降低水中污染物含量。

典型的浸酸助剂配方见表 11.46、表 11.47。

表 11.46　浸酸助剂配方 1[46]

组分	含量/%	组分	含量/%
平平加 O-15	10	十二烷基苯磺酸钠	10
戊二酸	60	偏聚磷酸钠	20

说明：应用后，平均增尺 0.5 % 。

表 11.47　浸酸助剂配方 2[47]

组分	质量份	组分	质量份
OP-10	15	碱性蛋白酶	3
pH 缓冲剂	0.1	渗透剂 T	0.15

四、加脂剂

加脂剂是皮革加工过程中重要的化学品，与油脂一同使用处理皮革，使皮革吸收一定量的油脂而赋予皮革一定的物理、力学、使用性能。加脂剂以化学键方式固定在纤维上，使其耐热、耐溶剂抽提而不发生流失。现有加脂剂大多由油脂经硫酸化、磺化处理得到，主要目的是将油脂乳化，并提高油脂结合能力，使油脂可在皮革上固定，提供长久的加脂效果。单纯硫酸根提供的乳化性能有限，与皮革的结合强度也较弱。新型加脂剂配方见表 11.48。

表 11.48　皮革加脂剂配方[48]

组分	含量/%	组分	含量/%
大豆油酸酰胺二乙基醇琥珀酸酯磺酸盐	25	AEO-5	2
鸡油酸酰胺乙基醇琥珀酸酯磺酸盐	20	Span-80	5
尼泊金丙酯	3	乙醇	5
水	40	32 号白油	30

五、填充剂

皮革填充树脂用于解决皮革松面问题，其组成中的表面活性剂可提高产品渗透能力，提高填充效果。典型皮革填充剂（树脂）的配方如表 11.49 所示。

表 11.49　皮革填充剂（树脂）配方[49]

组分	含量/%	组分	含量/%
十二烷基苯磺酸钠	0.5	过硫酸钾	0.1
丙烯酸	2.9	丙烯酸甲酯	5.8
丙烯酸乙酯	17.5	丙烯酸丁酯	2.9
丁基硫醇	0.6	乙醇	14.6
丁酮	4.9	氢氧化钾	1.5
水	48.7		

六、整理剂

皮革根据鞣制方式可以分为铬鞣革和植鞣革两类。植鞣革是用天然鞣质鞣制而成的皮革，不含有毒物质，皮质密度较大，成型性好，可用于手工制取皮革，但易出现表面不平的现象，烫边后仍无法完全消除。植鞣革裂缝的原因为：皮革内油脂含量不足，普通物理打磨或用水性无色封边液处理时，多余油脂无法渗出，无法覆盖裂缝或凹痕；胶原纤维较疏松，打磨时易出现凹痕。

通过整理剂处理可有效减少可见的皮革贴合裂缝，典型的处理剂配方见表11.50。

表11.50 皮革贴合裂缝处理剂配方[50]

组分	质量份	组分	质量份
琥珀酸-2-乙基己酯磺酸钠	0.1	蓖麻油磷酸酯	3
有机硅消泡剂 DHX-65	0.05	丙酮	2.5
硝酸铬	0.05	聚氨酯丙烯酸酯	8
丙烯酸月桂酯	0.8	纳米二氧化硅	2.2
落叶松胶-蛋白复合物	8.5	去离子水	75

七、涂饰剂

皮革涂饰剂是用于皮革表面涂饰保护和美化皮革的一类助剂，通常由成膜材料、着色材料和助剂组成。在皮革加工过程中，表面涂饰基本是必需的。

水乳液型涂饰材料成本低、无污染、安全性好，已逐步取代纯溶剂型涂饰材料。表面活性剂是涂饰剂的重要组分。配方举例见表11.51~表11.56。

表11.51 水乳液型皮革涂饰剂配方[51]

组分	含量/%	组分	含量/%
Span-80	1	吐温-80	3.5
聚乙烯醇	0.5	甲基硅油	0.8
香料	0.5	乙酸丁酯	4.2
二甲苯	6.5	乙酸苄酯	24.6
硝化纤维	3.5	丙烯酸酯改性醇酸树脂	18.5
水	余量		

表11.52 皮革涂饰剂配方1[52]

组分	含量/%	组分	含量/%
平平加 A20	5	巴西棕榈蜡	30
丙烯酸树脂乳液	12	硬脂醇	4
油酸酰胺	2	水	余量

表11.53 皮革涂饰剂配方2[53]

组分	质量份	组分	质量份
蓖麻油聚氧乙烯醚[①]	6.5[①]	聚乙烯蜡	50
去离子水	43.5		

① 由 6.5 g 蓖麻籽油和 5~15 mol 环氧乙烷反应得到。

表 11.54　皮革涂饰剂配方 3[54]

组分	质量份	组分	质量份
脂肪醇聚氧乙烯醚(3)	2	Span-60	4.4
脂肪醇聚氧乙烯醚(25)	1.2	吐温-60	9
十六烷基三甲基氯化铵	0.2	巴西棕榈蜡	18
OP 蜡	2	二甲基硅油	0.2
十六醇	2	硬脂酸	0.2
去离子水	295		

表 11.55　皮革防水涂饰剂配方[55]

组分	质量份	组分	质量份
表面活性剂[①]	0.3	加脂剂[②]	8
聚氨酯乳液	100	十七氟癸基三乙氧基硅烷	2.8
N-(2-氨乙基)-3-氨丙基三甲氧基硅烷	2	六甲基二硅氮烷	2.5
稀释剂[③]	50	纳米二氧化硅	9
氧化石墨烯	1	蒙脱土	1

① 为硬脂酸聚氧乙烯酯、烷基酚聚氧乙烯醚中的一种或混合物。
② 由磺酸盐加脂剂、氧化亚硫酸化鱼油、氧化亚硫酸化菜油、羊毛脂混合而成。
③ 为石油醚、丙酮、异丙醇中的一种或多种的混合物。

　　蛋白质涂饰剂是皮革涂饰剂中的重要一员，尤以酪蛋白为代表，具有黏着力强、耐高温、耐压、耐熨烫、可打光等优良性能，形成的涂层光泽度高、手感舒适、卫生性能好。加入表面活性剂可改善蛋白质涂饰剂的成膜性能、耐水性能。
　　典型蛋白质涂饰剂配方见表 11.56。

表 11.56　改性蛋白质皮革涂饰配方[56]

组分	含量/%	组分	含量/%
十二烷基二甲基苄基卤化铵[①]	0.4	丝胶蛋白	1.6
盐酸	0.04	丙烯酰胺	1.2
丙烯酸乙酯	5.9	丙烯酸十八烷酯	1.1
甲基丙烯酸丙酯	0.4	过硫酸盐	0.1
亚硫酸盐	0.04	水	余量

① 也可用十二烷基三甲基卤化铵、十六烷基三甲基卤化铵、十八烷基三甲基卤化铵。

八、颜料膏

颜料膏是各种面革产品的重要装饰材料，其与亲水性树脂等一起涂于面革表面，遮盖表面伤残及瑕疵，使皮革粒面细腻、颜色鲜艳、丰满柔软、富有弹性。颜料颗粒较粗时，着色力和遮盖力不足，导致皮革涂层较厚，平滑性和细腻感差，影响涂饰的品质。含有表面活性剂的颜料膏（见表 11.57）可提高产品耐久性和耐候性。

表 11.57　耐候型颜料膏配方[57]

组分	质量份	组分	质量份
十二烷基苯磺酸钠	3	湿润分散剂①	5
酞菁蓝②	6	乙酸乙酯	20
乙酸丁酯	15	聚四氟乙烯蜡粉	5
过氯乙烯树脂	3	磷酸锌	5
乙烯-乙酸乙烯共聚物	10	邻苯二甲酸二丁酯	6
二氧化硅	5	水	40

① 为 BYK-163，德国毕克化学产品。

② 也可为氧化铁红、钛白粉、硫酸钡、耐光黄、甲苯胺红、氧化铬绿、氧化铁黄。

九、光亮剂/消光剂

皮革光亮剂是清洁皮革并使其光亮的助剂。传统皮革光亮剂多为膏体，即以蜡类为基本光亮成分、松节油或煤油为溶剂制成，涂擦阻力大、涂膜光而不滑、不透气、不能除垢，且有溶剂异味。乳液型皮革光亮剂具有去污、光亮、柔软、防水、防霉、芳香等多种功能。表面活性剂是乳液型皮革光亮剂的重要组分，对乳液稳定性、铺展性能、蜡质分散性能等有重要作用。典型光亮剂配方见表11.58 ~ 表 11.61。

表 11.58　皮革光亮清洁剂配方[58]

组分	含量/%	组分	含量/%
壬基酚聚氧乙烯醚	10 ~ 15	羟基聚硅氧烷①	20 ~ 28
八甲基环四硅氧烷	2 ~ 2.5	保湿剂	3 ~ 5
去离子水	49.5 ~ 65		

① 分子量为 12 万 ~ 14 万。

表11.59　飞机皮革及油漆表面抛光剂[59]

组分	含量/%	组分	含量/%
壬基酚聚氧乙烯醚	2	Span-80	2
柠檬香精	0.3	水	26.7
蜂蜡	10	石蜡	10
甘油	19	32 号白油	30

表11.60　皮革表面光亮剂配方[60]

组分	质量份	组分	质量份
平平加 O-15[①]	3	水性树脂消泡剂	0.2
精制棕榈蜡	6.5	精制蜂蜡	3.3
去离子水	110		

① 也可为平平加 O-20、O-25。

表11.61　皮革光亮剂配方[61]

组分	质量份	组分	质量份
脂肪醇聚氧乙烯醚	4	全氟烷基甜菜碱	0.2
双十八烷基仲胺	0.3	消泡剂 HX-5041	0.2
氧化聚乙烯蜡	20	水	70

　　具有真皮感的无亮度或弱亮度的皮革是一种时尚，消光剂可降低革面的光泽、消除涂层过于光亮产生的塑料感。因此，消光剂也具有一定的商业价值。典型消光剂配方见表 11.62。

表11.62　皮革表面消光剂配方[62]

组分	质量份	组分	质量份
甘油脂肪酸（非离子表面活性剂）	3	三嗪类紫外线吸收剂	1
2,6-二叔丁基对甲酚	0.5	乙酸乙酯	5
水	20	羟丙甲基纤维素	4
15 %铝溶胶	15	纳米二氧化硅	5
棕榈蜡	25	改性水性聚氨酯乳液[①]	100

① 由甲苯-2,4-二异氰酸酯 40 份、聚醚 E-210 26 份、2,2-二羟基丙酸 14 份、烷羟基硅油 25 份、二丁基二月桂酸锡 3 份、新戊二醇 7 份、丙酮、三乙胺等反应得到。

十、清洗护理剂

皮革由天然蛋白质纤维在三维空间紧密编织而成，其表面有一种特殊的粒面层，具有自然的粒纹和光泽，手感舒适。其柔软的根本原因在于制革时将油脂引入动物皮的内部，形成全面覆盖皮内纤维表面的油膜。皮革内部纤维间移动的摩擦力相当于油分子的摩擦力。随着时间的推移，皮革内部的油脂在自然状态下慢慢挥发流失或损坏，遇水、遇潮时还会产生霉变，需要专用皮革护理剂进行护理。

同时，皮革制品的材质具有特殊性，易受潮、起霉、生虫，不能用普通衣物洗涤剂清洗，须用皮革清洗剂清洁。

表面活性剂是皮革清洗剂和护理剂的重要组分，典型皮革清洗剂配方见表11.63 ~ 表11.69，护理剂配方见表11.70 ~ 表11.73。

表 11.63　皮革清洗剂配方 1[63]

组分	质量份	组分	质量份
脂肪醇聚氧乙烯醚	5	Span-20	2
矿物油	2	叔丁基甲酚	0.2
聚氨酯树脂	0.2	水	20

表 11.64　皮革清洗剂配方 2[64]

组分	质量份	组分	质量份
脂肪醇硫酸钠	10	薄荷	3
甘油	11	聚乙二醇	10
荆芥挥发油	8	溶剂油	55

表 11.65　皮革清洗剂配方 3[65]

组分	质量份	组分	质量份
脂肪酸聚氧乙烯酯	18	烷基酚聚氧乙烯醚磷酸酯	167
甘油	93	上光剂	60
杀菌剂	1.8	香精	0.5

表 11.66　皮革环保清洗剂配方[66]

组分	质量份	组分	质量份
十二烷基苯磺酸钠	3	烷基酚聚氧乙烯醚	7
脂肪胺聚氧乙烯醚	7	山梨醇脂肪酸酯	2

组分	质量份	组分	质量份
丁基羟基茴香醚	4	芦荟油	25
茉莉精油	20	甲基纤维素	13
硬脂酸	8	乙二胺四乙酸二钠盐	17
丙烯酸乙酯	7	丙烯腈	8
甘油	12	乙氧基化烷基酸铵	2
去离子水	55		

表 11.67 皮革清洗剂配方 4[67]

组分	质量份	组分	质量份
失水山梨醇脂肪酸酯环氧乙烷加成物	3	三氯乙烷	10
二氟四氯乙烷	1	叔丁基对苯二酚	0.5
异丙醇	20	起泡剂	2.5
聚乙二醇	3	植物油	2
直馏汽油	1	水	20

表 11.68 皮革清洗剂配方 5[68]

组分	质量份	组分	质量份
烷基苯磺酸钠	10～18	十二烷基二甲基氯化铵	0.7～3.6
烷基醇酰胺	2～6	茶皂素	4～9
乙二胺四乙酸钠	3～8	乙酸	1～6
水	50～80		

表 11.69 皮革清洁剂配方[69]

组分	质量份	组分	质量份
烷基二甲基甜菜碱	4	甘油	5
丙三醇	5	山梨醇	5
石蜡	3	蜂蜜	2
乳木果油	8	绿茶提取物	3

表 11.70 皮革护理剂配方[70]

组分	质量份	组分	质量份
脂肪酸聚氧乙烯酯	0.43	脂肪酸甘油酯	0.28

续表

组分	质量份	组分	质量份
十二烷基苯磺酸钠	0.14	烷基酚聚氧乙烯醚	2.14
椰油酸钠	5	聚丙烯酸	0.6
亚磷酸三苯酯	0.4	防腐剂①	0.2
多元醇	0.75	透明质酸	2.25
叔丁基甲酚	1	防霉杀菌剂②	1
棕榈油	7	去离子水	8
溶剂③	55		

① 为羟苯甲酯和羟苯乙酯（质量比2:1）的混合物。

② 为茶树提取液、芦荟提取液、艾叶提取液（质量比2:1:2）的混合物。

③ 为异十八醇、乙醇、丙酮（质量比2:4:1）的混合物。

表11.71　家具皮革保养剂配方[71]

组分	质量份	组分	质量份
脂肪醇聚氧乙烯醚	11	有机聚硅氧烷乳液	15
鸸鹋油	6	透明质酸	12
金银花提取液	5	精油	2
异丙醇	3	水	14

表11.72　抗菌乳液型皮革处理剂配方[72]

组分	含量/%	组分	含量/%
脂肪醇聚氧乙烯醚	2	壬基酚聚氧乙烯醚	2
十二烷基二甲基苄基氯化铵	2	十八醇	2
苯甲酸甲酯	0.1	苯甲酸	0.03
改性硅油	0.1	香精	0.2
液体石蜡	10	纯净水	81.77

表11.73　防静电皮革护理剂配方[73]

组分	质量份	组分	质量份
烷基酚聚氧乙烯醚	52	季铵盐表面活性剂	3.8
月桂基硫酸钠	3	顺丁烯二酸酐	6.5

续表

组分	质量份	组分	质量份
氰尿酸锌	9	尿素	4.5
甲基异丁酮	6	季戊四醇	8.5
三乙醇胺	3	聚乙烯吡咯烷酮	3.5
改性青苔①	18	水	32

① 青苔干粉用盐酸、丙烯酸、过硫酸铵、石蜡等处理后烘干得到。

绒面皮革易脏，水洗会导致皮革颜色变浅、变旧、变硬，且绒面皮革不易干，影响使用，可用翻新干洗剂（见表 11.74）进行清洁。

表11.74　绒面皮革翻新干洗剂配方[74]

组分	质量份	组分	质量份
AES-2①	0.5 ~ 2	脂肪醇聚氧乙烯醚(9)	0.1 ~ 1
烷基糖苷	0.3 ~ 0.5	异构脂肪醇聚氧乙烯醚	0.5 ~ 2.5
月桂酰胺丙基二甲基甜菜碱	0.02 ~ 0.1	N-羟甲基甘氨酸钠	0.1 ~ 0.3
水溶性硅油	0.1 ~ 0.3	氨基硅油	0.01 ~ 4
乙二醇	3 ~ 5	乙醇	0 ~ 50
柠檬酸	0.1 ~ 0.3	香精	0.2 ~ 0.4
去离子水	35 ~ 95		

① 还可为 AES-3、AOS 或其混合物。

随着皮革工业的发展和新工艺、新技术、新材料的不断涌现，新型表面活性剂也越来越多地应用于皮革工业中。皮革用新型表面活性剂不仅具有传统表面活性剂的优良性能，而且其特殊结构可赋予皮革更多优异的性能，如防污性、防雾性和阻燃性等，所以加强新型表面活性剂在制革中的应用，对创新型皮革化工产品的开发具有重要作用。因此，开发新型皮革用表面活性剂，拓展表面活性剂在皮革领域中的深入应用是今后皮革工业发展的重要方向，对增强产品品质、提高原料利用率、缩短能耗工时等均有很大帮助，最终有利于提高产品附加值。

第四节

表面活性剂在其他领域的应用

表面活性剂基于结构特点和表/界面活性，除应用于前述各领域外，在其他领域也有一定的应用。

一、表面活性剂在化工产品防结块工艺中的应用

在工业生产中，粉末状的化学品有利于溶解、称量、分装、品质检验等。但化学品本身性质（吸潮、反应等效应）使得一些化学品在运输、贮存过程中出现结块现象。表面活性剂具有特殊的两亲结构，在化学品防结块领域有广泛的应用。

粉状岩石硝铵炸药主要有两类：铵梯炸药（含 TNT）、铵油和铵松蜡炸药（不含TNT）。铵梯炸药爆炸性能好，但其中 TNT 组分不利于身体健康，贮存、使用中易吸湿结块。铵油和铵松蜡炸药中无 TNT，但爆速、猛度、爆炸力等性能都较低。通过加入含表面活性剂的助剂可使无 TNT 炸药性能实现较大提高，详见表 11.75 ~ 表 11.77。

表 11.75　无 TNT 硝铵炸药配方[75]

组分	含量/%	组分	含量/%
复合表面活性剂[①]	0.1	复合添加剂[②]	0.5
复合油[③]	3.5	木粉	5
硝酸铵	90.9		

① 为硬脂酸（盐）、油酸（钠）、十二烷基硫酸钠、十二烷基苯磺酸钠、石油磺酸钠、十二烷胺（乙酸盐）、十八烷胺（乙酸盐）、Span、吐温之中，亲水性强的表面活性剂和亲油性强的表面活性剂 1:1 的混合物。

② 由硝酸铁、硝酸锌、硝酸钴、硝酸铬、硝酸铅、硝酸铜、硝酸脲、硝酸胍、氯化锌、氯化铜、氯化钠、氯化钾、氯化铵、重铬酸钾、重铬酸钠、重铬酸铵、脲类、胍类、脒类、脲醛缩合物、醛胺缩合物、氰胺聚合物中 2 ~ 4 种无机盐和有机化合物等比例混合而成。

③ 由轻柴油、重柴油、白石蜡、黄石蜡、地蜡、蜂蜡、鲸蜡、微晶蜡、褐煤蜡、石蜡油、松香、松香酸、硬脂酸、软脂酸、油酸、机油、白油、玉米油、棉籽油、花生油等中的 2 ~ 4 种油、蜡混合而成。

表 11.76　硝铵炸药松散剂配方[76]

组分	含量/%	组分	含量/%
十六烷基三甲基溴化铵	30	亚甲基双甲基萘磺酸钠	35
丁基萘磺酸钠	7	海泡石粉	15

组分	含量/%	组分	含量/%
硬脂酸钠	10	十溴联苯醚	3

说明：该松散剂以硝铵炸药质量 0.1 %混合，得到松散型炸药。

表11.77　硝铵炸药用膨化剂配方[77]

组分	质量份	组分	质量份
石油磺酸钠	500	硬脂酸季戊四醇	5000
分散剂 MF	1000	氢化牛脂胺	1000
松香	1500	复合蜡	1000

说明：该膨化剂 1.2 kg、40 kg 复合油、40 kg 木粉、80 kg 水和 920 kg 硝酸铵混合精制得到膨化硝铵；炸药密度 0.90 g/cm³，爆速 3477 m/s。

脲醛树脂黏合剂原料成本低廉，在竹木行业应用广泛。固体脲醛树脂易结块，影响使用，向其中加入聚硅氧烷表面活性剂（见表 11.78），可制得均匀的粉末状树脂。

表11.78　固体脲醛树脂配方[78]

组分	含量/%	组分	含量/%
聚硅氧烷表面活性剂	0.25	液体脲醛树脂	余量

说明：喷雾干燥得到粉状脲醛树脂。

氯酸钠通常为白色或微黄色等轴晶体；易溶于水、微溶于乙醇；在酸性溶液中有强氧化作用，300 ℃以上分解放出氧气；不稳定，与磷、硫及有机物混合受撞击时易发生燃烧和爆炸，易吸潮结块；工业上主要用于制造二氧化氯、亚氯酸钠、高氯酸盐及其他氯酸盐。氯酸钠制备好放置一段时间后，会结块甚至板结，影响使用性能，添加表面活性剂可有效防止结块（见表 11.79 ~ 表 11.81）。

表11.79　防结块氯酸钠配方1[①][79]

组分	含量	组分	含量
十二烷基苯磺酸钠	0.001 %[②]	氯酸钠饱和水溶液	1500 L
氯酸钠固体	500 kg		

① 各组分混合均匀后，收集固体，烘干得到防结块氯酸钠。

② 氯酸钠饱和溶液为 100 %。

表11.80　防结块氯酸钠配方2[80]

组分	含量	组分	含量
脂肪酸甘油酯	1.2 g	Span	0.8 g
饱和氯酸钠溶液	500 mL	氯酸钠晶体	500 g

说明：各组分混合均匀后结晶，抽滤收集固体，恒温干燥得到防结块氯酸钠。

表11.81　氯酸钠防结块剂配方[81]

组分	质量份	组分	质量份
十二烷基苯磺酸钠	1	十二烷基硫酸钠	1
硬脂酸	5	二氧化硅	13

说明：该防结块剂以3%比例加入氯酸钠溶液中，脱水、干燥得到氯酸钠防结块剂。

　　硝酸锶为白色结晶或粉末，可用作分析试剂和电子管阴极材料，也用于焰火、信号弹、火焰筒、火柴、光学玻璃和医药生产。硝酸锶易吸水潮解，在生产、储运、存放时通常会产生结块，影响正常使用，可通过加入表面活性剂实现防结块（见表11.82）。

表11.82　防结块硝酸锶配方[82]

组分	含量/%	组分	含量/%
苯磺酸	0.3	硝酸锶清液	余量

说明：各组分混合后蒸发结晶、固液分离、烘干冷却得到防结块硝酸锶。

　　产气药用于在加热燃烧或碰撞的启动条件下产生爆炸、推进或填充膨胀用的气体，在民用领域得到了广泛的应用，如交通设备上的安全气囊、航行领域中用到的信号弹。高氯酸铵具有高有效氧含量、不含重金属离子、高热安定性和高化学稳定性等优点，是产气药的重要组分。但高氯酸铵具有较强的吸湿性，易团聚成块，对该应用有极大的限制，使用表面活性剂可减少上述限制，相关产品配方见表11.83。

表11.83　产气药防结块剂配方[83]

组分	含量/%	组分	含量/%
三-(2-甲基氮丙啶基-1)氧化膦	36	癸二酸二辛酯	18
纳米二氧化硅	46		

说明：该防结块剂以1%的用量加到高氯酸铵粉体中，3个月内粒径变化较小。

　　氯气广泛用于各种生产领域，如氯碱厂、造纸厂、纺织厂、污水处理厂、自来水厂和制药厂等。氯气在常态下为气体，毒性强、危害程度高，因而泄漏出的氯气必须进行处理，降低危害。以石灰为主料的氯气捕集剂易吸潮、结块，影响处理效果，而添加了表面活性剂的氯气捕集剂（见表11.84）效果优异，不易结块。

表11.84　氯气处理剂配方[1][84]

组分	质量份	组分	质量份
十二烷基磺酸钠	0.1	氢氧化钙	10
混合硅油[2]	1.5	丙酮	1.9
硅酸钠	0.5		

　　① 各组分以3 L水为溶剂混合、甩干、烘干、风选，收集粒径低于5 μm的颗粒。

　　② 为1质量份乙基含氢硅油和0.5质量份羟基含氢硅油的混合物。

二、表面活性剂在融雪剂中的应用

　　冬季融化冰雪常用的物质是氯盐，含氯盐的雪融化后渗入土壤中会影响植物生长；氯盐易引发金属锈蚀。乙二醇融雪剂成本过高，复合化学试剂型融雪剂对植物危害较大，难以广泛应用。而含有表面活性剂的融雪剂（表11.85）价格低廉，可以广泛应用。

表11.85　融雪剂配方[85]

组分	含量/%	组分	含量/%
烷基苯磺酸钠	0.2～1	硫酸铵	0.2～27
膨润土	0.5～5	粉煤灰	0.5～5
水	70～97		

三、表面活性剂在固态铁活化方面的应用

　　铁是植物生长发育必需的元素，在光合作用、呼吸作用、固氮、蛋白质和核酸合成中都有重要作用。铁在土壤中的平均含量为3.8%，但多以$Fe(OH)_3$的形式存在，在中性和碱性土壤中的溶解度极低，易被土壤固定，限制了土壤中铁的有效性。生产应用最早的直接用外源铁是硫酸亚铁或螯合铁，硫酸亚铁在自然条件下极易转化为三价铁化合物而难以被利用，应用范围较窄、效能低下；螯合铁在较宽pH范围内都是良好的铁源，但工艺复杂，生产成本高，通常作为叶面肥喷施，持效期短，需要反复使用。含表面活性剂的固态铁活化剂（见表11.86）效果持久，

三价铁浓度提升效果明显。

表11.86　固态铁活化剂配方[86]

组分	质量份	组分	质量份
十二烷基硫酸钠	1	月桂醇硫酸钠	2
脂肪胺聚氧乙烯醚	1	二乙烯三胺五亚甲基膦酸钠	1
轻质碳酸钙	5	磷酸二氢钾	70
尿素	10	二氧化硅	5
无水硫酸镁	4.8	萘乙酸	0.1
吲哚丁酸	0.1		

参考文献

[1] 田敬强.一种改进的棉制品专用洗涤剂：CN 104862149A[P]. 2015-08-26.

[2] 李树青，谢天瑛，洪迪华，等.山羊绒洗净剂的制备方法：CN 1073970A[P]. 1993-07-07.

[3] 陆平.羊毛洗涤剂：CN 101921662A[P]. 2010-12-22.

[4] 张向明，杨亚茹.一种针对动物纤维清洗的植物清洗剂：CN 109762678A[P].2019-05-17.

[5] 厉秀华.一种用于纺织前处理的新型渗透剂：CN 104818614A[P]. 2015-08-05.

[6] 加明磊，金一丰，宋明贵，等.一种快速耐碱渗透剂及其复配方法：CN 106368009A[P]. 2017-02-01.

[7] 王云峰.一种棉织物前处理用耐碱渗透剂及其制备方法：CN 110424162A[P]. 2019-11-08.

[8] 陶海峰.一种用于棉织物的丝光渗透剂：CN 110424156A[P]. 2019-11-08.

[9] 朱爱民.一种纺织面料用染色剂：CN 107558254A[P]. 2018-01-09.

[10] 徐伟.一种纺织用复合乳化剂：CN 102965943A[P]. 2013-03-13.

[11] 叶伟然.一种纺织染整用乳化剂：CN 103938437A[P]. 2014-07-23.

[12] 不公告发明人.一种纺织染整用乳化剂：CN 110230220A[P]. 2019-09-13.

[13] 刘作平，孙思恒，邓斐，等.一种用于涤纶织物的除油匀染复合乳化剂的制备方法：CN 109267393A[P]. 2019-01-25.

[14] 黄进，张辽丰.一种织物用蓬松柔软剂及其制备方法：CN 110184822A[P]. 2019-08-30.

[15] 张星杰，娄平均.一种新型环保织物柔软剂及其制备方法：CN 110284328A[P]. 2019-09-27.

[16] 胡伟强.一种无硅柔软剂及其制备方法：CN 110644233A[P]. 2020-01-03.

[17] 杨福廷.烷基醌聚氧乙烯醚磺酸盐蒸煮助剂：CN 1071476A[P]. 1993-04-28.

[18] 刘绍英，罗仕忠，杨先贵，等.一种造纸制浆用蒸煮催化剂：CN 1552993A[P]. 2004-12-08.

[19] 黄文武.一种造纸蒸煮工艺中专用助剂：CN 104695259A[P]. 2015-06-10.

[20] 陈朝民.一种造纸蒸煮助剂：CN 104790243A[P]. 2015-07-22.

[21] 朱超宇，竹百均，朱丽丹，等.一种造纸用绿色环保型矿物脱墨剂：CN 102120901A[P]. 2011-07-13.

[22] 陈关荣.一种高强度造纸施胶剂：CN 110616590A[P]. 2019-12-27.

[23] 王晴.一种新型造纸施胶剂的制备方法：CN 108221474A[P]. 2018-06-29.

[24] 吕建平，钱献华，梁超，等.造纸用树脂障碍控制剂：CN 1277285A[P]. 2000-12-20.

[25] 吴飞，曹添，钟翔，等.一种造纸抄纸体系用消泡剂：CN 102154939A[P]. 2011-08-17.

[26] 季爱英.一种造纸用消泡剂：CN 103818979A[P]. 2014-05-28.

[27] 孙晓丹，喻果，徐飞.造纸专用柔软剂：CN 104099809A[P]. 2014-10-15.

[28] 尹立华.一种造纸用乳液型消泡剂：CN 104667587A[P]. 2015-06-03.

[29] 王婷.一种造纸用消泡剂组合物及其制备方法：CN 107893344A[P]. 2018-04-10.

[30] 郑淮南，费尔南德斯 E O，希皮 J M.用于纸浆和造纸应用的消泡剂：CN 101072614A[P]. 2007-11-14.

[31] 里森 J，安德森 A，马姆博格-奈斯特龙 K.组合物及其在造纸中的用途：CN 101094956A[P]. 2007-12-26.

[32] Phan D V, Trokhan P D. Tissue paper containing a vegetable oil based quaternary ammonium compound: WO 9807927A[P]. 1998-02-26.

[33]Ampulski R S. Process for applying a thin film containing low levels of a functional-polysiloxane and a mineral oil to tissue paper: US 5389204A[P]. 1995-02-14.

[34] Bruno B, Jean-Francois L. Softening lotion composition, use thereof in paper making, and resulting paper product: US 6146648[P]. 2000-11-14.

[35] 刘皓，李岳军，徐坤，等.聚丙烯酰胺类高效造纸纤维分散剂的生产新工艺：CN 101654891[P]. 2010-02-24.

[36] 李子寅，金天.一种纸纤维分散剂及其制备方法：CN 106638135A[P]. 2017-05-10.

[37] 徐振明.以氧化聚乙烯蜡为主要原料制备造纸涂布专用润滑剂的生产工艺：CN 1584204A[P]. 2005-02-23.

[38] 程振锋，王傲宇，张俊文.一种造纸用石蜡微乳液及其制备方法：CN 110373937A[P]. 2019-10-25.

[39] 尹立华.一种复配造纸杀菌剂：CN 104420397A[P]. 2015-03-18.

[40] 张静.一种用于造纸工业制浆污水的处理剂：CN 106865719A[P]. 2017-06-20.

[41] 夏新兴，黄普聪，马海珠，等.一种造纸厂除臭剂及其制备方法：CN 110844985A[P]. 2020-02-28.

[42] 邓强，董宝明.一种造纸干网喷淋剂及其制备方法：CN 107653741A[P]. 2018-02-02.

[43] 武文洁，李雅林.一种液体皮革脱脂剂：CN 110343791A[P]. 2019-10-18.

[44] 温朋鹏，孙永强，郭建国，等.一种耐冻增溶型皮革脱脂剂及其制备方法：CN 106995862A[P]. 2017-08-01.

[45] 沈忠权，刘小明，钟伟，等.皮革软化剂及其制备方法：CN 108754046A[P]. 2018-11-06.

[46] 白清泉，冯练亭，曲树光.一种用于皮革浸酸工序的新型助剂：CN 101643798A[P]. 2010-02-10.

[47] 王连义.一种皮革浸水助剂：CN 102453773A[P]. 2012-05-16.

[48] 胡新华.一种皮革加脂剂组合物及其制备方法：CN 110343792A[P]. 2019-10-18.

[49] 贾锂，刘宗惠，魏德卿.水溶胶型皮革填充树脂的制备方法：CN 1458174A[P]. 2003-11-26.

[50] 苏小舟，董兆永，栗蕾.一种皮革贴合裂缝处理剂及其制备方法：CN 110257571A[P]. 2019-09-20.

[51] 王南.水乳液型皮革顶层涂饰材料：CN 1047683A[P]. 1990-12-12.

[52] 赵起超，时伯军，郑庆华.一种用于皮革及其制品表面涂饰的含蜡组合物：CN 1611560A[P]. 2005-05-04.

[53] Muller M W, Klingelhoefer P, Weiss S. Stable aqueous polyolefin wax dispersions: US 5746812A[P]. 1998-05-05.

[54] 柴玉叶，兰云军，卢圣遨，等.一种皮革加工过程用的阳离子蜡乳液及其制备方法：CN 101585968A[P]. 2009-11-25.

[55] 周良正.一种皮革专用防水涂饰剂：CN 108264831A[P]. 2018-07-10.

[56] 邵双喜.皮革封底涂饰剂的制备方法：CN 1285379A[P]. 2001-02-28.

[57] 凌元若.一种耐候型皮革用颜料膏：CN 102943398A[P]. 2013-02-27.

[58] 张琼.皮革清洁光亮剂：CN 1071678A[P]. 1993-05-05.

[59] 刘勇.飞机皮革及油漆表面抛光剂：CN 103013352A[P]. 2013-04-03.

[60] 冯练享，白清泉.一种皮革用表面光亮剂及其制备方法：CN 103881587A[P]. 2014-06-25.

[61] 许益生，徐奎，王琪宇.一种增加皮革光亮度的水性蜡乳液：CN 104087183A[P]. 2014-10-08.

[62] 吴龙秀.一种水性环保的皮革表面用的消光处理剂：CN 107118681A[P]. 2017-09-01.

[63] 吴娟.一种皮革清洗剂：CN 102876478A[P]. 2013-01-16.

[64] 郭宽.一种皮革清洗剂：CN 104450217A[P]. 2015-03-25.

[65] 郭宽.一种皮革清洁剂：CN 105695132A[P]. 2016-06-22.

[66] 龚晓东.一种皮革制品用环保清香无刺激清洗剂及其制备方法：CN 107502466A[P]. 2017-12-22.

[67] 杨伟帅.一种高效皮革清洗剂：CN 108587807A[P]. 2018-09-28.

[68] 吴元兴.非离子型皮革乳化剂：CN 108690509A[P]. 2018-10-23.

[69] 王耀斌.一种用于皮革制品的清洁剂及其制备方法：CN 108865502A[P]. 2018-11-23.

[70] 张力.一种环保高效多功能皮革护理剂及其制备方法：CN 107400740A[P]. 2017-11-28.

[71] 龚晓东.一种家具皮革保养剂：CN 107488762A[P]. 2017-12-19.

[72] 唐青，冀红珍，冀红玉，等.一种抗菌乳液型皮革护理剂：CN 102943001A[P]. 2013-02-27.

[73] 王忠权，谭代华，任明元，等.一种防静电型皮革渗透剂及其制备方法：CN 104313917A[P]. 2015-01-28.

[74] 李泉清，许佩佩，其木格，等.一种绒面皮革制品的翻新干洗剂及其制备方法：CN 105754750A[P]. 2016-07-13.

[75] 温瑞远，王波庆.无梯岩石硝铵炸药：CN 1051548[P]. 1991-05-22.

[76] 殷海权，蔡剑斌.高稳定性和耐高热的硝铵松散剂：CN 1233607[P]. 1999-11-03.

[77] 谢斌.一种膨化硝铵炸药用膨化剂：CN 102603441A[P]. 2012-07-25.

[78] 陈剑慧，许志钢，管晨.一种脲醛树脂黏合剂的制备方法：CN 1243854[P]. 2000-02-09.

[79] 郑建美，许瑞光.氯酸钠晶体防结块性能的改进方法：CN 1319559[P]. 2001-10-31.

[80] 张海波.一种防结块氯酸钠的生产工艺：CN 106757134A[P]. 2017-05-31.

[81] 邓长全，余朝庆，刘群兵，等.一种氯酸钠的制备方法：CN 108560014A[P]. 2018-09-21.

[82] 宋文强，苑志强，陈仲，等.一种硝酸锶的防结块的生产方法：CN 105668603A[P]. 2016-06-15.

[83] 张秀艳, 仇玉成, 刘爱琴, 等.一种用于产气药氧化剂的防结块助剂及其制备方法: CN 106866321A[P]. 2017-06-20.

[84] 夏元超, 邓久兰.氯气捕消剂及其制备方法和应用: CN 1973965[P]. 2007-06-06.

[85] 王建.新型融雪剂: CN 1380372[P]. 2002-11-20.

[86] 王兰英, 曾显斌, 赵国正, 等.土壤中无效态铁的活化剂: CN 102826927A[P]. 2012-12-19.